中文版

AutoCAD 2018
实用教程

麓山文化 编著

机械工业出版社

本书是一本AutoCAD 2018实用教程，系统全面地讲解了AutoCAD 2018的基本功能及其在工程绘图中的具体应用。

本书共14章，按照工程绘图的方法与流程，循序渐进地介绍了快速入门、绘图环境优化、图层与图形特性、二维图形绘制和编辑、图案填充、文字与表格、块与设计中心、尺寸标注、三维绘图基础、三维实体与网格曲面的创建和编辑、图形打印与输出等内容。最后一章为综合实例，讲解了AutoCAD在机械、建筑、室内、电气和产品造型设计中的具体应用。

本书附带资源可以扫码下载，提供了本书实例涉及的所有素材、结果文件及语音视频教学。并特别赠送了建筑施工图绘制、机械二维和三维零件设计和装配、室内装潢设计和园林设计四套语音视频教学，以帮助读者快速掌握相关专业的绘图技能和技巧，真正物超所值。

本书具有很强的针对性和实用性，且结构严谨、叙述清晰、内容丰富、通俗易懂，既可以作为大中专院校相关专业以及CAD培训机构的教材，也可以作为从事CAD工作的工程技术人员的自学指南。

图书在版编目（CIP）数据

中文版 AutoCAD 2018 实用教程/麓山文化编著.—4 版.—北京：机械工业出版社，2018.3
  ISBN 978-7-111-59759-9

Ⅰ．①中⋯　Ⅱ．①麓⋯　Ⅲ．①AutoCAD软件—教材　Ⅳ．①TP391.72

中国版本图书馆 CIP 数据核字(2018)第 082803 号

机械工业出版社（北京市百万庄大街 22 号　邮政编码 100037）
责任编辑：曲彩云　　责任校对：张秀华　　责任印制：孙　炜
北京中兴印刷有限公司印刷
2018 年 7 月第 4 版第 1 次印刷
184mm×260mm · 18 印张 · 456 千字
0001－3000 册
标准书号：ISBN 978-7-111-59759-9
定价：69.00 元

凡购本书，如有缺页、倒页、脱页，由本社发行部调换
电话服务　　　　　　　　　　　网络服务
服务咨询热线：010-88361066　　机工官网：www.cmpbook.com
读者购书热线：010-68326294　　机工官博：weibo.com/cmp1952
　　　　　　　010-88379203　　金 书 网：www.golden-book.com
编辑热线：　　010-88379782　　教育服务网：www.cmpedu.com
封面无防伪标均为盗版

关于AutoCAD

　　AutoCAD是美国Autodesk公司开发的专门用于计算机绘图和设计工作的软件。自20世纪80年代Autodesk公司推出AutoCAD R1.0以来，由于其具有简便易学、精确高效等优点，一直深受广大工程设计人员的青睐。迄今为止，AutoCAD历经了十余次的扩充与完善，AutoCAD 2018中文版极大地提高了二维制图功能的易用性，增强了三维建模功能。

本书内容

　　本书以理论知识为基础，以机械、建筑中最常见的图形为练习对象，全面介绍了AutoCAD 2018的各种功能，使读者达到独立绘制二维和三维图形的目的。

　　本书共14章，具体内容如下。

　　第1章：主要介绍AutoCAD 2018的基本功能和基础知识，包括AutoCAD功能介绍、图形文件的管理、AutoCAD命令的使用、坐标系的概念等。

　　第2章：主要介绍绘图环境优化设置，包括图形界限设置、图形单位、参数选项和辅助绘图工具等。

　　第3章：介绍图层和图形特性的设置方法。

　　第4章：介绍使用点、线、圆、矩形等基本绘图工具绘制二维图形的方法。

　　第5章：介绍编辑图形的基本命令，包括构造选择集、复制、镜像、移动等编辑工具的使用方法和技巧。

　　第6章：介绍面域和图案填充工具的概念及其使用方法。

　　第7章：介绍文字和表格的使用方法。

　　第8章：介绍块的使用，以及用外部参照和AutoCAD设计中心插入各种对象的方法和技巧。

　　第9章：介绍尺寸标注样式的设置、各类尺寸标注的用途及操作、尺寸标注的编辑、多重引线标注，以及参数化设计的使用方法。

　　第10章：介绍AutoCAD 2018的三维绘图基础，设置三维视图和建立用户坐标系，以及空间点和空间线的绘制方法。

　　第11章：介绍在AutoCAD 2018中创建基本三维模型的方法，以及长方体、球体、圆柱体、楔体、拉伸、旋转、扫掠、放样等常用建模工具的使用方法。

　　第12章：介绍编辑三维实体方法，以及检查实体间干涉和编辑实体的面、边和体等元素的方法和技巧。

　　第13章：介绍图形布局的创建和管理方法，以及图形的打印、输出功能。

　　第14章：分别讲解了AutoCAD在机械、建筑、室内、电气和产品设计中的具体应用方法，以帮助读者提高综合运用AutoCAD进行工程绘图的能力。

本书配套资源

　　本书物超所值，除了书本之外，用微信扫描"资源下载"二维码即可获得以下资源的下载方式。

　　配套教学视频：配套书中所有实例的高清语音教学视频，读者可以先通过教学视频学习本书内容，然后对照书本加以实践和练习，以提高学习效率。

　　本书实例的文件和完成素材：书中所有实例均提供了源文件和素材，读者可以使用AutoCAD 2018打开或编辑。

资源下载

本书作者

　　本书由麓山文化编著，具体参加编写和资料整理的有陈志民、江凡、张洁、马梅桂、戴京京、骆天、胡丹、陈运炳、申玉秀、李红萍、李红艺、李红术、陈云香、陈文香、陈军云、彭斌全、林小群、刘清平、钟睦、刘里锋、朱海涛、廖博、喻文明、易盛、陈晶、张绍华、黄柯、何凯、黄华、陈文轶、杨少波、杨芳、刘有良、刘珊、赵祖欣、毛琼健、宋瑾等。

读者交流

　　由于作者水平有限，书中错误、疏漏之处在所难免。在感谢您选择本书的同时，也希望您能够把对本书的意见和建议告诉我们。

　　读者服务邮箱：lushanbook@qq.com。

　　读者QQ群：327209040。

麓山文化

Contents 目录

第4章 绘制基本二维图形

第5章 编辑二维图形

第6章 面域、查询与图案填充

第7章 文字与表格

第8章 块、外部参照与设计中心

第9章 尺寸标注

第10章 三维绘图基础

第 11 章　创建三维实体和网格曲面

第 12 章　编辑三维实体

第13章 打印与输出

第14章 综合实例

第1章

AutoCAD 2018 快速入门

AutoCAD 是由美国 Autodesk 公司开发的通用计算机辅助设计软件，使用它可以绘制二维图形和三维图形、标注尺寸、渲染图形及打印输出图纸等，具有易掌握、使用方便、体系结构开放等优点，广泛应用于机械、建筑、电子、航空等领域。

本章主要介绍中文版 AutoCAD 2018 的基础知识，使读者了解 AutoCAD 2018 的使用方法。

本章主要内容：
❀ AutoCAD 2018 工作空间与工作界面
❀ AutoCAD 2018 文件操作与命令执行
❀ AutoCAD 2018 视图与坐标系

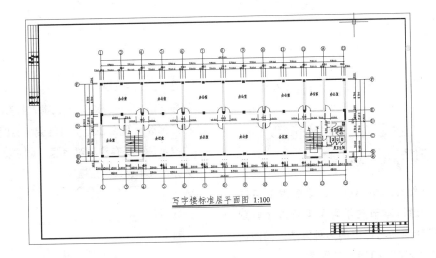

写字楼标准层平面图 1:100

1.1 了解AutoCAD 2018

作为一款广受欢迎的电脑辅助设计（Computer Aided Design）软件，AutoCAD 2018在其原有版本的基础上精益求精，使其功能更为完善。本节将带领大家认识AutoCAD 2018，了解其新的特性以及启动与退出的方式。

1.1.1 AutoCAD概述

AutoCAD是美国Autodesk公司于1982年推出的计算机辅助设计软件，用于二维绘图和三维设计，现已经成为国际上广为流行的绘图工具。

AutoCAD广泛应用于土木工程、园林工程、环境艺术、数控加工、机械、建筑、测绘、电气自动化、材料成形、城乡规划、市政工程、交通工程、给排水等领域，*.dwg文件格式为该软件二维绘图的标准格式。

AutoCAD自推出以来，不断地进行功能的修改与完善，该软件具有如下显著的特点。

- ♣ 具有完善的图形绘制功能。
- ♣ 有强大的图形编辑功能。
- ♣ 可以采用多种方式进行二次开发或用户定制。
- ♣ 可以进行多种图形格式的转换，具有较强的数据交换能力。
- ♣ 支持多种硬件设备。
- ♣ 支持多种操作平台。
- ♣ 具有通用性、易用性，适用于各类用户。

1.1.2 AutoCAD 2018的启动与退出

本节将介绍AutoCAD 2018常用的启动与退出方法，通过本节的学习不但可以了解到AutoCAD 2018启动与退出的多种方法，同时还能初步了解AutoCAD 2018的工作界面。

❶ AutoCAD 2018的启动

启动AutoCAD有以下几种常用方法。

- ♣ 成功安装好AutoCAD 2018应用程序后，双击Windows桌面上的快捷方式图标 ，即可快速启动AutoCAD 2018。
- ♣ 单击Windows桌面左下角的【开始】按钮，然后在【所有程序】菜单中找到Autodesk子菜单，逐级选择至AutoCAD 2018，即可启动AutoCAD 2018。
- ♣ 双击已经存在的标准文件也可快速启动AutoCAD 2018。

❷ AutoCAD 2018的退出

退出AutoCAD 2018有以下几种常用的方式。

- ♣ 单击左上角的【菜单浏览器】按钮 ，再选择【关闭】命令，退出AutoCAD2018。
- ♣ 单击界面右上角的【关闭】按钮 ，可以快速退出AutoCAD 2018。
- ♣ 在命令行中输入QUIT命令，按下Enter键即可退出AutoCAD 2018。

专家点拨

如果在退出AutoCAD 2018前对打开的文件进行过修改，那么在退出时将会弹出图1-1所示的提示是否保存改动对话框，此时就可以根据具体情况单击相应按钮。

图1-1 "是否保存改动"对话框

AutoCAD 2018工作界面

启动AutoCAD 2018后即进入图1-2所示的工作空间与界面。

AutoCAD 2018提供了【草图与注释】、【三维基础】和【三维建模】3种工作空间，默认情况下使用的为【草图与注释】工作空间，该工作空间提供了十分强大的"功能区"，十分方便初学者的使用，接下来具体了解该空间对应的工作界面。

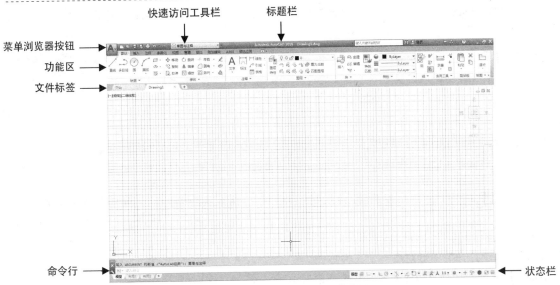

图1-2 AutoCAD 2018默认工作界面

1.2.1 菜单浏览器按钮

【菜单浏览器】按钮▲位于界面左上角。单击该按钮，系统弹出用于管理AutoCAD图形文件的命令列表，包括【新建】、【打开】、【保存】、【另存为】、【输出】及【打印】等命令。

1.2.2 快速访问工具栏

快速访问工具栏位于【菜单浏览器】右侧，包含最常用的快捷按钮，如图1-3所示。

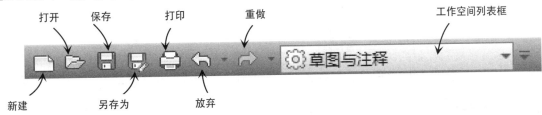

图1-3 快速访问工具栏

快速访问工具栏右侧为【工作空间列表框】，如图1-4所示，用于切换AutoCAD 2018工作空间。快速访问工具栏中包含多个快捷按钮，分别为【新建】、【打开】、【保存】、【另存为】、【放弃】、【重做】和【打印】等。

图1-4 切换工作空间

13

1.2.3 ∙ 标题栏 ∙

【标题栏】位于界面的最上方，如图1-5所示，用于显示当前正在运行的程序名及文件名等信息。

图1-5 标题栏

1.2.4 ∙ 功能区 ∙

功能区位于标题栏下方，由多个功能面板组成，这些面板被组织到依任务进行标记的选项卡中，如图1-6所示。

图1-6 功能区

在默认状态的"草图和注释"空间中，【功能区】有10个选项卡，每个选项卡中包含若干个面板，每个面板中又包含许多由图标表示的命令按钮，用户单击面板中的命令图标按钮，即可快速执行该命令。

1.2.5 ∙ 文件标签栏 ∙

文件标签栏由多个文件选项卡组成，如图1-7所示。每个打开的图形对应一个文件标签，单击标签即可快速切换至相应的图形文件。单击标签栏右侧的"+"按钮能快速新建图形。

在【标签栏】空白处单击鼠标右键，系统会弹出快捷菜单，用于对文件进行相关操作。内容包括新建、打开、全部保存和全部关闭。如果选择【全部关闭】命令，就可以关闭标签栏中的所有文件选项卡，而不会关闭AutoCAD 2018软件。

图1-7 文件标签栏

1.2.6 ∙ 绘图区 ∙

【绘图区】位于【标签栏】下方，占据了AutoCAD整个界面的大部分区域，用于显示绘制以及编辑图形与文字，如图1-8所示。单击【绘图区】右上角的【恢复窗口大小】按钮 ，可将绘图区进行单独显示，如图1-9所示，此时的窗口显示【绘图区】标题栏、窗口控制按钮、坐标系图标、十字光标等元素。

图1-8 界面中的绘图区窗口

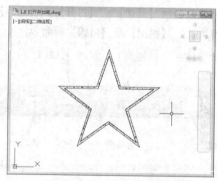

图1-9 还原后的绘图区窗口

1.2.7 ∙ 命令行与文本窗口 ∙

【命令行】窗口位于【绘图区】左下方，用于接收输入的命令，并显示AutoCAD提示信息，如图1-10所示。接下来了解【命令行】窗口的一些常用操作。

- 将光标移至命令行窗口的上边缘，当光标呈
  形状时，按住鼠标左键向上拖动鼠标指针可以
  增加命令窗口显示的行数，如图1-11所示。

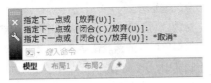

图1-10 命令行窗口

图1-11 增加命令行显示行数

- 鼠标左键按住【命令行】窗口左侧的灰色区
  域，可以对其进行移动，使其成为浮动窗
  口，如图1-12所示。
- 按下键盘上的F2键，弹出AutoCAD文本窗
  口，利用独立的窗口接收输入的命令，显示
  AutoCAD提示信息。该独立窗口可以说是放
  大的【命令行】窗口，如图1-13所示。

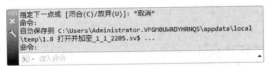

图1-12 【命令行】浮动窗口

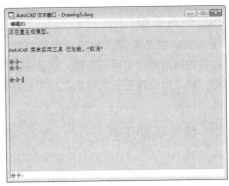

图1-13 AutoCAD文本窗口

- 在其窗口内单击鼠标右键，单击【选项】命
  令，系统弹出【选项】对话框，单击【显
  示】选项卡，再单击【显示】选项卡中的
  【字体】按钮，还可以调整【命令行】内的
  字体，如图1-14所示。

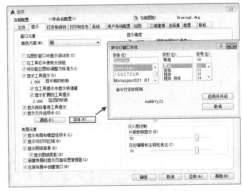

图1-14 调整【命令行】字体

1.2.8 状态栏

状态栏位于【命令行】窗口下方，显示有AutoCAD 2018当前光标的坐标、绘图辅助按键以及快
速查看、注释工具等按钮，如图1-15所示。

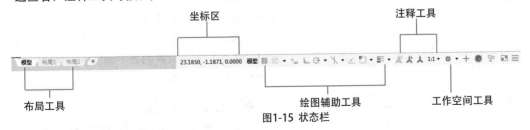

图1-15 状态栏

1. 坐标区

坐标区从左至右三个数值分别是十字光标所
在X、Y、Z轴的坐标数据。如果当前Z轴数值为
0，说明在绘制二维平面图形。

2. 注释工具

- 注释比例：注释时可通过此按钮调整
  注释的比例。
- 显示注释对象：单击该按钮，可选择仅显
  示当前比例的注释或是显示所有比例的注释。

③ 布局工具

使用其中的工具可以快速地预览打开的图形，打开图形的模型空间与布局，以及在其中切换图形，使之以缩略图形式显示在应用程序窗口的底部。

④ 绘图辅助工具

- 推断约束 📐：该按钮用于开启或关闭推断约束。推断约束即自动在正在创建或编辑的对象与对象捕捉的关联对象或点之间应用约束，如平行、垂直等。
- 捕捉模式 ▦▾：该按钮用于开启或者关闭捕捉。捕捉模式可以使光标能够很容易抓取到每一个栅格上的点。
- 显示图形栅格 ▦：该按钮用于开启或者关闭栅格的显示。
- 正交限制光标 ⌐：该按钮用于开启或者关闭正交模式。正交即光标只能走与X轴或者Y轴平行的方向，不能画斜线。
- 极轴追踪 ⊙▾：该按钮用于开启或者关闭极轴追踪模式。用于捕捉和绘制与起点水平线

成一定角度的线段。

- 对象捕捉 ⬚▾：该按钮用于开启或者关闭对象捕捉。对象捕捉即能使光标在接近某些特殊点时能够自动指引到那些特殊点，如中点、垂足等。
- 对象捕捉追踪 ∠：该按钮用于开启或者关闭对象捕捉追踪。该功能和对象捕捉功能一起使用，用于追踪捕捉点在线性方向上与其他对象的特殊点的交点。
- 动态输入 ⊾：动态输入的开启和关闭。
- 显示/隐藏线宽 ☰▾：该按钮控制线宽的显示或隐藏。

⑤ 常用的工作空间工具

- 切换工作空间 ⚙▾：可通过此按钮切换AutoCAD 2018的工作空间。
- 隔离对象 ⊠：当需要对大型图形的个别区域重点进行操作并需要显示或隐藏部分对象时，可以使用该功能在图形中临时隐藏和显示选定的对象。
- 全屏显示 ⛶：用于开启或退出AutoCAD 2018的全屏显示。

1.3 AutoCAD 2018工作空间

AutoCAD 2018提供了【草图与注释】、【三维基础】和【三维建模】3种工作空间模式。

要在各工作空间模式中进行切换，有以下常用的2种方法。

- 利用【快速访问】工具栏中的【工作空间列表框】进行切换，如图1-16所示。
- 在状态栏中单击【切换工作空间】按钮 ⚙▾ 进行空间切换，如图1-17所示。

① 草图与注释空间

系统默认打开的是"草图与注释"空间，该空间界面主要由【菜单浏览器】、功能区、快速访问工具栏、绘图区、命令行和状态栏构成。通过【功能区】选项板中的各个选项卡，可以方便地绘制和标注二维图形。

② 三维基础空间

"三维基础"空间界面如图1-18所示，使用该工作空间能够非常方便地调用三维建模、布尔运算和三维编辑等功能创建三维图形。

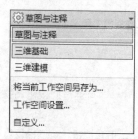

图1-16 通过快速访问工具栏进行工作空间转换

图1-17 通过状态栏进行工作空间转换

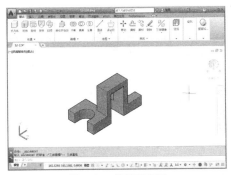

图1-18 三维基础空间

板，能完成三维曲面、实体、网格模型的制作、细节的观察与调整，并对材质、灯光效果的制作、渲染和输出提供了便利的操作环境，空间界面如图1-19所示。

图1-19 三维建模工作空间

三维建模空间

在三维建模空间【功能区】内集中了"常用""实体""曲面""网格""渲染""插入""注释""视图""管理"和"输出"等面

1.4 AutoCAD 2018执行命令的方式

AutoCAD调用命令的方式非常灵活，主要采用键盘和鼠标结合的命令输入方式，通过键盘输入命令和参数，通过鼠标执行工具栏中的命令、选择对象、捕捉关键点以及拾取点等。其中命令行输入是普通Windows应用程序所不具备的。

1.4.1 通过功能区执行命令

功能区分门别类地列出了AutoCAD绝大多数常用的工具按钮，例如在【功能区】单击【常用】功能选项卡内的绘制圆图按钮，在绘图区内即可绘制圆图形，如图1-20所示。

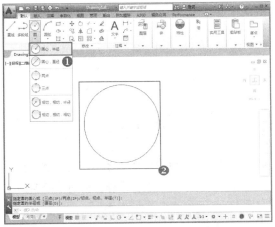

图1-20 通过【功能区】按钮执行命令

1.4.2 通过菜单栏执行命令

"草图与注释"界面默认不显示出菜单栏，用户可以单击快速访问工具栏中的下拉按钮，在展开的下拉列表中，选择"显示菜单栏"命令，显示菜单栏，如要进行圆的绘制，可以执行【绘图】→【圆】命令，即可在【绘图区】根据提示进行圆的绘制，如图1-21所示。

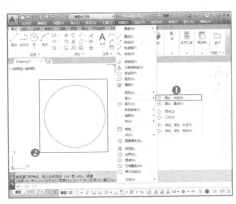

图1-21 通过菜单栏执行命令

1.4.3 通过键盘执行命令

在命令行内输入对应的命令字符或快捷键命令，就可执行命令，如在命令行中输入"Circle"／"C"并按Enter键执行，即可在【绘图区】进行圆形的绘制，如图1-22所示。

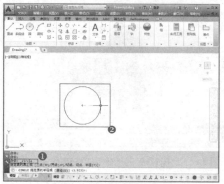

图1-22 通过键盘执行命令

专家点拨

AutoCAD2018命令行具有自动完成命令功能，在命令行输入命令时，系统会自动显示相关命令列表，并自动完成输入，从而大大降低了用户使用命令的难度。

在【草图与注释】、【三维基础】和【三维建模】工作空间中，也可以显示菜单栏，方法是单击【快速访问工具栏】右侧下拉按钮，在下拉菜单中选择【显示菜单栏】命令，如图1-23所示。

AutoCAD 2018还可以通过键盘直接执行Windows程序通用的一些快捷键命令，如使用"Ctrl+O"组合键打开文件、使用"Alt+F4"组合键关闭程序等。此外，AutoCAD 2018也赋予了键盘上的功能键对应的快捷功能，如"F3"键为开启或关闭对象捕捉的快捷键。

图1-23 显示菜单栏

1.4.4 通过鼠标按键执行命令

除了通过键盘按键直接执行命令外，在AutoCAD中通过鼠标左、中、右三个按钮单独或是配合键盘按键还可以执行一些常用的命令。

常用的鼠标按键与其对应的功能如下。

- ♣ 单击鼠标左键：拾取键。
- ♣ 双击鼠标左键：进入对象特性修改对话框。
- ♣ 单击鼠标右键：快捷菜单或Enter键功能。
- ♣ Shift+右键：对象捕捉快捷菜单。
- ♣ 在工具栏中单击鼠标右键：快捷菜单。
- ♣ 向前或向后滚动鼠标滚轮：实时缩放。
- ♣ 按住滚轮不放和拖曳：实时平移。
- ♣ 双击鼠标滚轮：缩放成实际范围。

1.4.5 命令的终止与重复

在使用AutoCAD绘图的过程中，有时会产生误操作，有时则需要重复使用某项命令。

❶ 终止命令

- ♣ 对于已经执行但尚在进行的命令，按下Esc键可退出当前命令。
- ♣ 而对于已经确定执行，但仍未在【绘图区】体现效果的命令，如比较复杂的【填充】效果，按Esc键同样可以终止，但有的命令可能需要连续按下两次Esc键。

❷ 重复命令

在绘图过程中经常会重复使用同一个命令，如果每一次都重复操作，会使绘图效率大大降低。下面介绍2种常用的重复使用命令的方法。

- ♣ 快捷键：按Enter键或空格键均可重复使用上一个命令。
- ♣ 鼠标：完成上次命令后单击鼠标右键，在弹出的快捷菜单中选择"最近使用的命令"选项，可重复调用上一个使用的命令。

1.4.6 放弃与重做

对于已经完成效果的命令，如果要取消其产生的效果，可以使用放弃操作，而对于错误的放弃操作，则可以通过重做进行还原。

❶ 放弃操作

AutoCAD 2018提供了如下2种常用方法执行放弃操作。

- ♣ 快捷键：按下Ctrl+Z的组合键，这是最常用的方法。
- ♣ 工具栏：单击【快速访问工具栏】中的【放弃】按钮◁·。

❷ 重做操作

AutoCAD 2018提供了如下2种常用方法执行重做操作。

- ♣ 快捷键：按下Ctrl+Y组合键，这是最常用的方法。
- ♣ 工具栏：单击【快速访问工具栏】中的【重做】按钮▷·。

1.5 AutoCAD图形文件的基本操作

AutoCAD 2018图形文件的基本操作主要包括新建图形文件、打开图形文件以及保存图形文件等。

1.5.1 新建图形文件

在AutoCAD 2018中创建新的图形文件有以下几种常用的方法。

- ♣ 快捷键：按下Ctrl + N组合键。
- ♣ 快速访问工具栏：单击【快速访问】工具栏中的【新建】按钮◻。
- ♣ 菜单栏：执行【文件】→【新建】命令。

执行上述任一命令后，系统弹出【选择样板】对话框，如图1-24所示。用户可以根据绘图需要，在对话框中选择打开不同的绘图样板，即可以样板文件创建一个新的图形文件。单击【打开】按钮下拉菜单可以选择打开样板文件的方式，有【打开】、【无样板打开-英制（I）】和【无样板打开-公制（M）】三种方式，通常选择默认的【打开】方式。

图1-24 【选择样板】对话框

1.5.2 打开图形文件

在AutoCAD 2018中打开已有的图形文件有

以下几种常用的方法。

- ♣ 快捷键：按下Ctrl+O组合键。
- ♣ 快速访问工具栏：单击【快速访问】工具栏中的【打开】按钮▷。
- ♣ 菜单栏：执行【文件】→【打开】命令。

执行上述任一命令后，系统会弹出【选择文件】对话框，如图1-25所示。

直接在对话框中双击目标文件名即可打开该图形，此外【打开】按钮下拉菜单提供了图1-25所示4种打开方式：打开、以只读方式打开、局部打开、以只读方式局部打开。

图1-25 【选择文件】对话框

1.5.3 保存图形文件

在绘图过程中，应该经常保存正在绘制的文件，以防止一些突发情况造成绘制图形丢失，保存文件有以下几种常用方式。

- ♣ 快捷键：按Ctrl+S组合键。
- ♣ 快速访问工具栏：单击【快速访问】工具栏

中的【保存】按钮圆。

♣ 菜单栏：执行【文件】→【保存】命令。

如果文件是首次进行【保存】，执行上述任一命令后，系统均会弹出【图形另存为】对话框，如图1-26所示。在【文件名】文本框中输入图形文件的名称，然后单击【保存】按钮即可完成文件的保存。

AutoCAD默认的DWG文件格式在2018版本中已更新，提高了打开和保存操作的效率，尤其是对于包含多个注释性对象和视口的图形。此外，三维实体和曲面创建现在使用最新的

Geometric Modeler (ASM)，它提供了更为优异的安全性与稳定性。

图1-26 【图形另存为】对话框

AutoCAD视图的控制

在使用AutoCAD绘图过程中经常需要对视图进行平移、缩放、重生成等操作，以方便观察视图并保持绘图的准确性。

1.6.1 视图缩放

图形的显示缩放命令可以调整当前视图大小，既能观察较大的图形范围，又能观察图形的细节，视图缩放不会改变图形的实际大小。

在AutoCAD中进行视图的缩放有以下几种常用方法。

♣ 鼠标：在【绘图区】内滚动鼠标滚轮进行视图缩放，这是最常用的方法。

♣ 功能区：进入【视图】选项卡，在【导航】面板选择视图缩放工具进行视图缩放操作，如图1-27所示。

♣ 菜单栏：打开【视图】→【缩放】菜单，在下级菜单中选择相应的命令，如图1-28所示。

♣ 命令行：在命令行输入ZOOM/Z并按Enter键，根据命令行的提示，缩放图形。

常用缩放形式和执行方法如下。

♣ 全部缩放：【全部缩放】将最大化显示整个模型空间的所有图形对象（包括绘图界限范围内、外的所有对象）和视觉辅助工具（如栅格），图1-29与图1-30为全部缩放前后对比效果。

♣ 中心缩放：【中心缩放】需要根据命令行的提示，首先在【绘图区】内指定一个点，然后设定整个图形的缩放比例，而这个点在缩放之后将成为新视图的中心点。

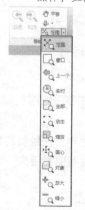

图1-27 【视图】选项卡

图1-28 【视图】菜单

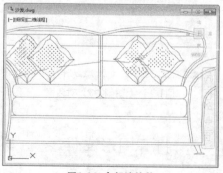

图1-29 全部缩放前

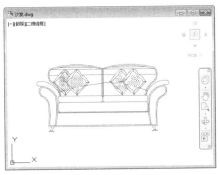

图1-30 全部缩放后

❤ 动态缩放：使用【动态缩放】时，绘图区将
　显示几个不同颜色的方框，拖动鼠标指针移
　动当前【视区框】到所需位置，然后单击鼠
　标左键调整方框大小，确定大小后按Enter
　键即可将当前视区框内的图形最大化显示，
　如图1-31与图1-32为动态缩放前后的对比
　效果。

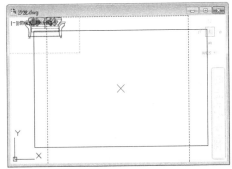

图1-31 动态缩放前

图1-32 动态缩放后

❤ 范围缩放：【范围缩放】能使所有图形对象
　最大化显示，充满整个视口。

❤ 比例缩放：可以根据输入的值对视图进行比
　例缩放，输入方法有直接输入数值（相对于
　图形界限进行缩放）、在数值后加X（相对
　于当前视图进行缩放）、在数值后加XP（相

对于图纸空间单位进行缩放）。在实际工
作中，通常直接输入数值进行缩放，如图
1-34即为图1-33所示视图放大2倍（即输
入2X）后的效果。

图1-33 比例缩放前

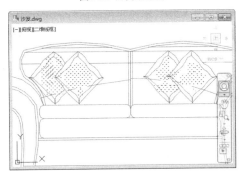

图1-34 比例缩放后

❤ 窗口缩放：以矩形窗口指定的区域缩放视
　图，需要用鼠标在【绘图区】指定两个角点
　以确定一个矩形窗口，该窗口区域的图形将
　放大到整个视图范围。

❤ 对象缩放：【对象缩放】方式使选择的图
　形对象最大化显示在屏幕上，图1-35与图
　1-36为对象缩放前后的对比效果。

❤ 实时缩放：【实时缩放】为默认选项，执行
　ZOOM命令后按Enter键即可。

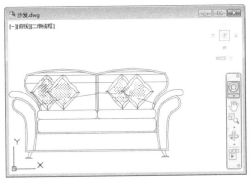

图1-35 对象缩放前

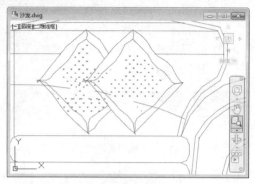

图1-36 对象缩放后

1.6.2 ❖ 视图平移 ❖

【视图平移】不改变视图图形的显示大小，只改变视图内显示的图形区域，以便于观察图形的组成部分，图1-37与图1-38为视图平移前后的对比效果。

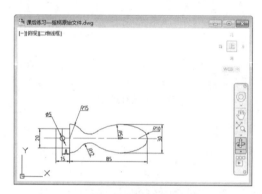

图1-37 视图平移前

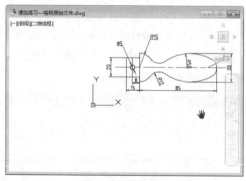

图1-38 视图平移后

在AutoCAD中执行平移命令的方法有以下几种。

* 命令行：在命令行中输入PAN/P并按Enter键执行。
* 功能区：单击【视图】选项卡【导航】面板

中的【平移】按钮🖐，如图1-39所示。

* 菜单栏：执行【视图】→【平移】命令，在弹出的子菜单中选择相应的命令，如图1-40所示。
* 鼠标：按住鼠标滚轮拖动，可以快速进行视图平移。

图1-39 【功能区】平移工具

图1-40 【视图】菜单平移命令

1.6.3 ❖ 使用导航栏 ❖

导航栏是一种用户界面元素，也是一个视图控制集成工具，用户可以从中访问通用导航工具和特定于产品的导航工具。单击视口左上角的"[-]"标签，在弹出菜单中选择【导航栏】选项，可以控制导航栏是否在视口中显示，如图1-41所示。

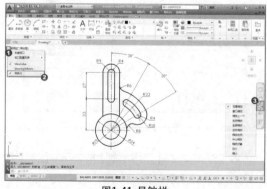

图1-41 导航栏

导航栏中有以下通用导航工具。

* ViewCube：指示模型的当前方向，并用于重定向模型的当前视图。

- SteeringWheels：用于在专用导航工具之间快速切换的控制盘集合。
- ShowMotion：用户界面元素，为创建和回放电影式相机动画提供屏幕显示，以便进行设计查看、演示和书签样式导航。
- 3Dconnexion：一套导航工具，用于使用3Dconnexion 三维鼠标重新设置模型当前视图的方向。

导航栏中有以下特定于产品的导航工具。

- 平移：沿屏幕平移视图。
- 缩放工具：用于增大或减小模型的当前视图比例的导航工具集。
- 动态观察工具：用于旋转模型当前视图的导航工具集。

1.6.4 命名视图

使用【命名视图】命令，可以将某些视图范围命名并保存下来，供以后随时调用。在AutoCAD中执行该命令的常用方法有以下几种。

- 命令行：在命令行输入VIEW/V并按Enter键执行。
- 功能区：单击【视图】选项卡【导航】面板【视图管理器】按钮，如图1-42所示。
- 菜单栏：执行【视图】→【命名视图】菜单命令，如图1-43所示。

图1-42 【视图】功能区按钮

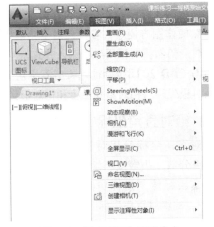

图1-43 【命名视图】菜单命令

执行上述任一命令后，系统弹出【视图管理器】对话框，单击【新建】按钮即可在弹出的【新建视图/快照特性】对话框中新建命名视图，如图1-44所示。单击【确定】按钮，返回【视图管理器】对话框，将新建的视图置为当前，单击【确定】按钮，完成设置，如图1-45所示。

图1-44 新建命名视图

图1-45 调用命名视图

1.6.5 重生成与重画视图

在AutoCAD中，某些操作完成后，操作效果往往不会立即显示出来，或者在屏幕上留下绘图的痕迹与标记。此时需要通过视图刷新对当前图形进行重新生成，视图刷新的命令主要有两个：【重生成】命令和【重画】命令。

【重生成】命令将重新计算当前视区中所有对象的屏幕坐标并重新生成整个图形。【重画】只刷新屏幕显示；而【重生成】不仅刷新显示，还更新图形数据库中所有图形对象的屏幕坐标。两个命令都是AutoCAD自动完成的，不需要输入任何参数，也没有预备选项。

在AutoCAD中执行重生成命令的常用方法有以下2种。

- 命令行：在命令行输入REGEN/RE并按Enter键执行。
- 菜单栏：执行【视图】→【重生成】菜单命令。

专家点拨

如果要重生成所有视图内图形，可以执行【视图】→【全部重生成】命令。

在绘制复杂图形时，重画命令耗时较短，可以经常使用刷新屏幕。每隔一段较长的时间，或【重画】命令无效时，可以使用一次【重生成】命令，更新后台数据库。

1.7 认识AutoCAD中的坐标系

在AutoCAD绘图过程中，常常需要使用某个坐标系作为参照，拾取点的位置，来精确定位某个对象。

1.7.1 认识坐标系

在AutoCAD 2018中，坐标系可以分为【世界坐标系】（WCS）和【用户坐标系】（UCS）。

❶ 世界坐标系（WCS）

【世界坐标系】（World Coordinate System）是AutoCAD默认的坐标系，该坐标系沿用笛卡尔坐标系的习惯，沿X轴正方向向右为水平距离增加的方向，沿Y轴正方向向上为竖直距离增加的方向，垂直于XY平面，沿Z轴方向从所视方向向外为Z轴距离增加的方向，如图1-46所示。

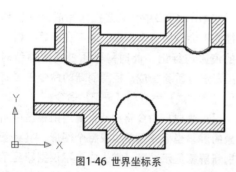

图1-46 世界坐标系

❷ 用户坐标系（UCS）

【用户坐标系】（User Coordinate System）是相对【世界坐标系】而言的，利用该坐标系可以根据需要创建无限多的坐标系，并且可以沿着指定位置移动或旋转，以便更为有效地进行坐标点的定位，这些被创建的坐标系即为【用户坐标系】，如图1-47所示。

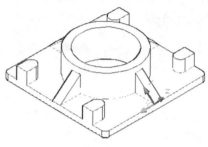

图1-47 用户坐标系

专家点拨

【世界坐标系】的轴向判断遵循右手定则，该坐标系的重要之处在于世界坐标总是存在于一个设计图形之中，并且不可更改。

1.7.2 坐标的表示方法

通常在调用某个AutoCAD命令时，还需要用户提供相应的附加信息与参数，以便指定该命令所要完成的工作或动作执行的方式、位置等。鼠标虽然使作图方便了许多，但当要精确地定位一个点时，仍然需要采用坐标输入方式。

AutoCAD 2018坐标输入方式有绝对直角坐标、绝对极坐标、相对直角坐标和相对极坐标。

❶ 绝对直角坐标

绝对直角坐标是相对于坐标原点的坐标，可以使用分数、小数或科学计数等形式表示点的X、Y、Z坐标值，坐标中间用逗号隔开。如图1-48中P点的绝对直角坐标为（5,4）。

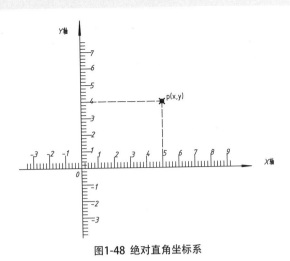

图1-48 绝对直角坐标系

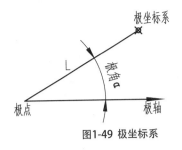

图1-49 极坐标系

③ 相对直角坐标和相对极坐标

相对直角坐标是基于上一个输入点而言，以某点相对于另一特定点的相对位置来定义该点的位置。相对特定坐标点（X、Y、Z）增量为（nX、nY、nZ）的坐标点的输入格式为（@nX，nY，nZ）。@字符表示使用相对坐标输入。

相对极坐标以某一特定的点为参考极点，输入相对于参考极点的距离和角度来定义一个点的位置。相对极坐标的格式输入为（@A＜角度），其中A表示指定点与特定点的距离。

② 绝对极坐标

极坐标系是由一个极点和一根极轴构成，极轴的方向为水平向右，如图1-49所示。平面上任意一点P都可以由该点到极点连线长度L（＞0）和连线与极轴的夹角α（极角，逆时针方向为正）来定义，即用一对坐标值（L＜α）来定义一个点，其中"＜"表示角度。绝对极坐标是指相对于坐标原点的极坐标。例如，某点的极坐标为（15＜30），表示该点距离极点的长度为15mm，与极轴的夹角为30°。

> **专家点拨**
>
> AutoCAD只能识别英文标点符号，所以在输入坐标时候，中间的逗号必须是英文标点，其他的符号也必须为英文符号。

1.8 综合实例——另存为低版本文件

在日常工作中，经常要与客户或同事进行文件内容的沟通，有时就难免碰到因为彼此AutoCAD版本不同而打不开文件的情况，如图1-50所示。原则上高版本的AutoCAD能打开低版本所绘制的图形文件，而低版本可能无法打开高版本的图形文件。因此对于使用高版本的用户来说，可以将文件通过【另存为】的方式转存为低版本。

图1-50 因版本不同出现的AutoCAD警告

01 ＊打开要【另存为】的图形文件。

02 ＊单击【快速访问】工具栏的【另存为】按钮，打开【图形另存为】对话框，在【文件类型】下拉列表中选择【AutoCAD2000/LT2000 图形（*.dwg）】选项，如图 1-51 所示。

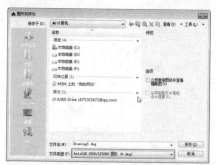

图1-51 【图形另存为】对话框

03 ＊设置完成后，AutoCAD 所绘图形的保存类型均为 AutoCAD 2000 类型，任何高于 2000 的版本均可以打开，从而实现工作文件的无障碍交流。

> **专家点拨**
>
> 保存文件时，除了文件命名的原则外，还要注意文件类型的选择，dwg文件是标准的AutoCAD文件，而dwt文件则是样板文件。

1.9 习题

❶ 填空题

(1) AutoCAD 2018 为用户提供了 ＿＿＿＿＿、＿＿＿＿＿ 和 ＿＿＿＿＿ 3 种工作空间模式。

(2) 图形文件可以以 ＿＿＿＿＿、＿＿＿＿＿、＿＿＿＿＿ 和 ＿＿＿＿＿4 种方式打开。

(3) 在【命令行】中执行 ＿＿＿＿＿ 命令可以打开 AutoCAD 文本窗口。

(4) 在命令执行过程中，可以随时按 ＿＿＿＿＿ 键终止执行任何命令。

❷ 操作题

AutoCAD 2018提供了一些实例图形文件（位于AutoCAD 2018安装目录下的Sample子目录），打开并浏览这些图形，试着将某些图形文件换名保存在相应的目录中。

第2章

设置绘图环境

利用 AutoCAD 进行工程设计和制图之前，根据工作需要和用户个人操作习惯设置好 AutoCAD 的绘图环境，有利于形成统一的设计标准和工作流程，提高设计工作的效率。绘图环境的优化包括设置绘图环境、设置辅助功能以及设置光标样式。

本章主要内容：
- ❀ 自定义功能区与工具栏
- ❀ 设置图形界限与单位
- ❀ 设置绘图区颜色与显示精度
- ❀ 设置鼠标右键功能与窗口元素
- ❀ 使用辅助绘图工具

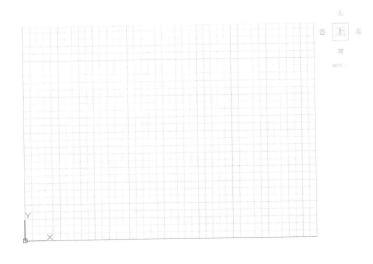

2.1 设置绘图环境

绘图环境的设置主要包括工作界面的显示，图形界限、图形单位、绘图区颜色、鼠标右键功能、窗口元素以及绘图系统的调整等。

2.1.1 自定义功能区面板

功能区为AutoCAD 2018在默认工作空间以及【三维基础】和【三维建模】工作空间内进行图形绘制、编辑、视图控制等操作的工作平台，使用最为频繁，因此对其进行显示与构成进行管理设置，能有效提高绘图效率。

❶ 切换功能区显示方式

单击【功能区】右侧下拉按钮，可以选择最小化选项卡、面板标题、面板按钮、菜单命令，如图2-1所示，以逐步扩大【绘图区】空间。

图2-1 功能区下拉按钮菜单

❷ 自定义选项卡及面板的构成

鼠标右击面板按钮，弹出显示控制快捷菜单，如图2-2与图2-3所示，可以分别调整【选项卡】与【面板】的显示内容，名称前被勾选则内容显示，反之则隐藏。

图2-2 调整功能选项卡显示 图2-3 调整选项卡内面板显示

专家点拨

面板显示子菜单会根据不同的选项卡进行变换，面板子菜单为当前打开选项卡的所有面板名称列表。

❸ 调整功能区位置

在【选项卡】名称上单击鼠标右键，将弹出如图2-4所示的菜单，选择其中的【浮动】命令，可使【功能区】浮动在【绘图区】上方，此时用鼠标左键按住【功能区】左侧灰色边框拖动，可以自由调整其位置。

图2-4 浮动功能区

专家点拨

如果选择菜单中的【关闭】命令，则将整体隐藏功能区，进一步扩大绘图区区域，如图2-5所示。

图2-5 关闭【功能区】

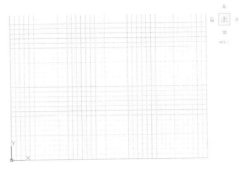

图2-7 查看图形界限大小

2.1.2 设置图形界限

绘图界限就是AutoCAD的绘图区域，也称图限。通常用于打印的图纸都有一定的规格尺寸，如A3（297mm×420mm）、A4（210mm×297mm）。为了将绘制的图形方便地打印输出，在绘图前应设置好图形界限。

下面以设置一张A3横放图纸为例，命令行的提示如下。

命令：LIMITS✓
重新设置模型空间界限。
指定左下角点或[开(ON)/关(OFF)]<0.0000,0.0000>:✓
//此时单击空格键或者Enter键默认坐标原点为图形界限的左下角点。若输入ON并确认，则绘图时图形不能超出图形界限，若超出系统不予绘出，输入OFF则准予超出界限图形
指定右上角点:420.000, 297.000✓
//输入图形界限右上角点并Enter键，完成界限设置

在命令行中输入DS，系统弹出【草图设置】对话框，选择【捕捉和栅格】选项卡，在此选项卡中取消勾选【显示超出界限的栅格】复选框，如图2-6所示。最后在状态栏中打开【栅格显示】并双击鼠标左键即可查看到设置好的图形界限大小，如图2-7所示。

图2-6 【草图设置】对话框

专家点拨

打开图形界限检查时，无法在图形界限之外指定点。但因为界限检查只是检查输入点，所以对象（例如圆）的某些部分仍然可能会延伸出图形界限。

2.1.3 设置图形单位

在AutoCAD 2018中，为了便于不同领域的设计人员进行设计创作，AutoCAD允许灵活更改工作单位，以适应不同的工作需求。

设置图形单位主要有以下两种方法。

♣ 命令行：UNITS/UN。

♣ 菜单栏：执行【格式】→【单位】命令。

执行上述任一命令后，系统弹出如图2-8所示的【图形单位】对话框。

该对话框中各选项的含义如下。

♣ 【角度】选项区域：用于选择角度单位的类型和精确度。

♣ 【顺时针】复选框：用于设置旋转方向。如选中此选项，则表示按顺时针旋转的角度为正方向，未选中则表示按逆时针旋转的角度为正方向。

♣ 【插入时的缩放单位】选项区域：用于选择插入图块时的单位，也是当前绘图环境的尺寸单位。

♣ 【方向】按钮：用于设置角度方向。单击该按钮将弹出如图2-9所示的【方向控制】对话框，在其中可以设置基准角度，即设置0°角。

♣ 【长度】选项区域：用于选择长度单位的类型和精确度。

图2-8 【图形单位】对话框　图2-9 【方向控制】对话框

2.1.4 设置图形显示精度

在AutoCAD 2018中，为了加快图形的显示与刷新速度，圆弧、圆以及椭圆都是以高平滑度的多边形进行显示。

在命令行中输入OP，系统弹出【选项】对话框，选择【显示】选项卡，如图2-10所示，根据绘图需要调整【显示精度】下的参数，以取得显示效果与绘图效率的平衡。

【显示精度】常用项参数选项的具体功能如下。

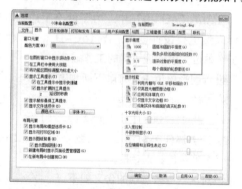

图2-10 【选项】对话框

❶ 圆弧和圆的平滑度

该参数选项用于控制圆弧、圆以及椭圆的平滑度。数值越大，生成的对象越平滑，如图2-11所示。该参数值的取值范围为1~20000，因此在绘图时可以保持默认数值为1000或是设置更低以加快刷新频率。

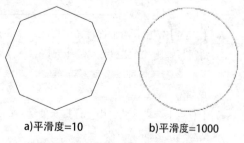

a)平滑度=10　　　b)平滑度=1000

图2-11 显示精度对圆的圆滑度的影响

❷ 每条多段线曲线的线段数图

该参数用于控制每条多段线曲线生成的线段数目，同样数值越大，生成的对象越平滑，所需要的刷新时间也越长，通常保持其默认数值为8。

❸ 渲染对象的平滑度

该参数用于控制曲面实体模型着色以及渲染的平滑度，该参数的设置数值与之前设置的【圆弧和圆的平滑度】的乘积最终决定曲面实体的平滑度，因此数值越大，生成的对象越平滑，但着色与渲染的时间也更长，通常保持默认的数值0.5即可。

❹ 每个曲面的轮廓素线

该参数用于控制每个实体模型上每个曲面的轮廓线数量，同样数值越大，生成的对象越平滑，所需要的着色与渲染时间也越长，通常保持其默认数值为4即可。

2.1.5 设置鼠标右键功能模式

在使用AutoCAD绘图过程中单击鼠标右键，可以调出快捷菜单命令，以快速选择与当前操作相关的命令，提高绘图效率。

用户可以根据自己的习惯设置或取消鼠标右键的功能，操作步骤如下。

在命令行中输入OP，系统弹出【选项】对话框，如图2-12所示，选择【用户系统配置】选项卡。

勾选【绘图区域中使用快捷菜单】复选框，单击【自定义右键单击】按钮，打开【自定义右键单击】对话框，如图2-13所示，用户可以根据需要设置参数。设置完成后单击【应用并关闭】按钮返回"选项"对话框，再单击【确定】按钮完成设置。

图2-12 用户系统配置选项卡

图2-13 自定义右键单击

2.2 使用辅助绘图工具

利用AutoCAD 2018可以绘制出十分精准的图形，这主要得益于其各种辅助绘图工具，如正交、捕捉、对象捕捉、对象捕捉追踪等。同时，灵活使用这些辅助绘图工具，能够大幅提高绘图的工作效率。

2.2.1 正交

在绘图过程中，使用【正交】功能便可以将十字光标限制在水平或者垂直轴向上，同时也限制在当前的栅格旋转角度内。使用【正交】功能就如同使用了丁字尺绘图，可以保证绘制的直线完全呈水平或垂直状态，方便绘制水平或垂直直线。

打开或关闭【正交】功能的方法如下。

- 快捷键：按F8键可以切换正交开、关模式。
- 状态栏：单击【正交】按钮，若亮显则为开启，如图2-14所示。

因为【正交】功能限制了直线的方向，所以绘制水平或垂直直线时，指定方向后直接输入长度即可，不必再输入完整的坐标值。开启正交后光标状态如图2-15所示，关闭正交后光标状态如图2-16所示。

图2-15 开启【正交】效果　图2-16 关闭【正交】效果

图2-14 状态栏中开启【正交】功能

2.2.2 极轴追踪

【极轴追踪】功能实际上是极坐标的一个应用。使用极轴追踪绘制直线时，捕捉到一定的极轴方向即确定了极角，然后输入直线的长度即确定了极半径，因此和正交绘制直线一样，极轴追踪绘制直线一般使用长度输入确定直线的第二点，代替坐标输入。【极轴追踪】功能可以用来绘制带角度的直线，如图2-17所示。

一般来说，极轴可以绘制任意角度的直线，包括水平的0°、180°与垂直的90°、270°等，因此某些情况下可以代替【正交】功能使用。【极轴追踪】绘制的图形如图2-18所示。

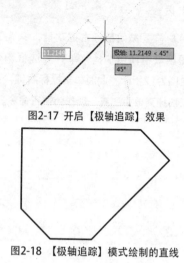

图2-17 开启【极轴追踪】效果

图2-18 【极轴追踪】模式绘制的直线

【极轴追踪】功能的开、关切换有以下两种方法。

- ♣ 快捷键：按F10键切换开、关状态。
- ♣ 状态栏：单击状态栏上的【极轴追踪】按钮 ⟲，若亮显则为开启，如图2-19所示。

右击状态栏上的【极轴追踪】按钮 ⟲，弹出追踪角度列表，如图2-19所示，其中的数值便为启用【极轴追踪】时的捕捉角度。然后在弹出的快捷菜单中选择【正在追踪设置】选项，则打开【草图设置】对话框，在【极轴追踪】选项卡中可设置极轴追踪的开关和其他角度值的增量角等，如图2-20所示。

图2-19 选择【正在追踪设置】命令

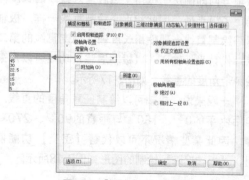

图2-20 【极轴追踪】选项卡

【极轴追踪】选项卡中各选项的含义如下。

- ♣ 【增量角】列表框：用于设置极轴追踪角度。当光标的相对角度等于该角，或者是该角的整数倍时，屏幕上将显示出追踪路径，如图2-21所示。
- ♣ 【附加角】复选框：增加任意角度值作为极轴追踪的附加角度。勾选【附加角】复选框，并单击【新建】按钮，然后输入所需追踪的角度值，即可捕捉至附加角的角度，如图2-22所示。

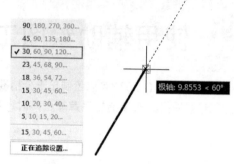

图2-21 设置【增量角】进行捕捉

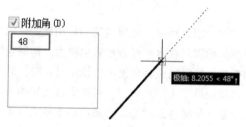

图2-22 设置【附加角】进行捕捉

【仅正交追踪】单选按钮：当对象捕捉追踪打开时，仅显示已获得的对象捕捉点的正交(水平和垂直方向)对象捕捉追踪路径，如图2-23所示。

- ♣ 【用所有极轴角设置追踪】单选按钮：对象捕捉追踪打开时，将从对象捕捉点起沿任何极轴追踪角进行追踪，如图2-24所示。

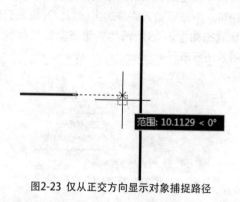

图2-23 仅从正交方向显示对象捕捉路径

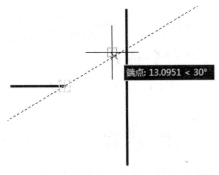

图2-24 可从极轴追踪角度显示对象捕捉路径

【极轴角测量】选项组：设置极轴角的参照标准。【绝对】单选按钮表示使用绝对极坐标，以*X*轴正方向为0°。【相对上一段】单选按钮根据上一段绘制的直线确定极轴追踪角，上一段直线所在的方向为0°，如图2-25所示。

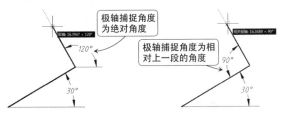

a)极轴角测量为【绝对】　b)极轴角测量为【相对上一段】

图2-25 不同的【极轴角测量】效果

2.2.3 对象捕捉

鉴于点坐标法与直接肉眼确定法的各种弊端，AutoCAD提供了【对象捕捉】功能。在【对象捕捉】开启的情况下，系统会自动捕捉某些特征点，如圆心、中点、端点、节点、象限点等。因此，【对象捕捉】的实质是对图形对象特征点的捕捉，如图2-26所示。

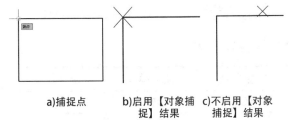

a)捕捉点　　b)启用【对象捕　c)不启用【对象
　　　　　　　捉】结果　　　捕捉】结果

图2-26 对象捕捉

在AutoCAD 2018中启用【对象捕捉】功能有以下两种常用的方法.

❤ 快捷键：按F3键。

❤ 状态栏：单击【对象捕捉】开关按钮 ▢ ▾。

在命令行中输入DS并Enter键，打开【草图设置】对话框，进入【对象捕捉】选项卡如图2-27所示。该选项卡共列出了14种对象捕捉点和对应的捕捉标记。需要利用到哪些对象捕捉点，就勾选这些捕捉模式复选框即可。设置完毕后，单击【确定】按钮关闭对话框。

图2-27 【对象捕捉】选项卡

各个对象捕捉点的含义如下。

❤ 端点：捕捉直线或曲线的端点。

❤ 中点：捕捉直线或弧段的中间点。

❤ 圆心：捕捉圆、椭圆或弧的中心点。

❤ 几何中心：捕捉多段线、二维多段线和二维样条曲线的几何中心点。

❤ 节点：捕捉用POINT命令绘制的点对象。

❤ 象限点：捕捉位于圆、椭圆或弧段上0°、90°、180°和270°处的点。

❤ 交点：捕捉两条直线或弧段的交点。

❤ 延伸：捕捉直线延长线路径上的点。

❤ 插入点：捕捉图块、标注对象或外部参照的插入点。

❤ 切点：捕捉圆、弧段及其他曲线的切点。

❤ 最近点：捕捉处在直线、弧段、椭圆或样条线上，而且距离光标最近的特征点。

❤ 外观交点：在三维视图中，从某个角度观察两个对象可能相交，但实际并不一定相交，可以使用"外观交点"捕捉对象在外观上相交的点。

❤ 平行：选定路径上一点，使通过该点的直线与已知直线平行。

专家点拨

通过右侧的【全部选择】与【全部清除】按钮可以快速进行所有捕捉点的选择与取消。

2.2.4 对象捕捉追踪

在绘图过程中，除了需要掌握对象捕捉的应用外，也需要掌握对象追踪的相关知识和应用的方法，从而能提高绘图的效率。

【对象捕捉追踪】功能的开、关切换有以下两种方法。

- 快捷键：按F11键，切换开、关状态。
- 状态栏：单击状态栏上的【对象捕捉追踪】按钮 。

启用【对象捕捉追踪】后，在绘图的过程中需要指定点时，光标可以沿基于其他对象捕捉点的对齐路径进行追踪，图2-28所示为中点捕捉追踪效果，图2-29所示为交点捕捉追踪效果。

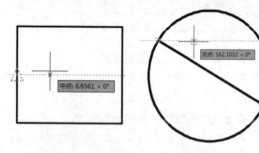

图2-28 中点捕捉追踪　　图2-29 交点捕捉追踪

已获取的点将显示一个小加号（+），一次最多可以获得7个追踪点。获取点之后，当在绘图路径上移动光标时，将显示相对于获取点的水平、垂直或指定角度的对齐路径。

例如，在如图2-30所示的示意图中，启用了【端点】对象捕捉，单击直线的起点1开始绘制直线，将光标移动到另一条直线的端点2处获取该点，然后沿水平对齐路径移动光标，定位要绘制的直线的端点3。

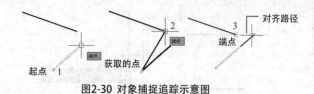

图2-30 对象捕捉追踪示意图

2.2.5 临时捕捉

临时捕捉是一种一次性的捕捉模式，这种捕捉模式不是自动的，当用户需要临时捕捉某个特征点时，需要在捕捉之前手工设置需要捕捉的特征点，然后进行对象捕捉。这种捕捉不能反复使用，再次使用捕捉需重新选择捕捉类型。

执行临时捕捉有以下两种方法。

- 右键快捷菜单：在命令行提示输入点的坐标时，如果要使用临时捕捉模式，可按住Shift键然后单击鼠标右键，系统弹出快捷菜单，如图2-31所示，可以在其中选择需要的捕捉类型。
- 命令行：可以直接在命令行中输入执行捕捉对象的快捷指令来选择捕捉模式。例如在绘图过程中，输入并执行MID快捷命令将临时捕捉图形的中点，如图2-32所示。AutoCAD常用对象捕捉模式及快捷命令见表2-1。

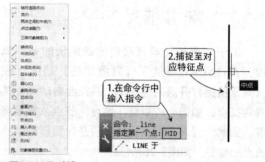

图2-31 临时捕捉快捷菜单　　图2-32 在命令行中输入指令

表2-1 常用对象捕捉模式及其指令

捕捉模式	快捷命令	捕捉模式	快捷命令	捕捉模式	快捷命令
临时追踪点	TT	节点	NOD	切点	TAN
自	FROM	象限点	QUA	最近点	NEA
两点之间的中点	MTP	交点	INT	外观交点	APP
端点	ENDP	延长线	EXT	平行	PAR
中点	MID	插入点	INS	无	NON
圆心	CEN	垂足	PER	对象捕捉设置	OSNAP

2.2.6 栅格与捕捉

❶ 栅格

【栅格】如同传统纸面制图中使用的坐标纸，按照相等的间距在屏幕上设置了栅格，使用者可以通过栅格数目来确定距离，从而达到精确绘图目的。但要注意的是屏幕中显示的栅格不是图形的一部分，打印时不会被输出。

在AutoCAD 2018中启用【栅格】功能有以下两种常用的方法。

- ❖ 快捷键：按F7键。
- ❖ 状态栏：单击【显示图形栅格】开关按钮▦。

在命令行中输入DS并Enter键，打开【草图设置】对话框，在【栅格间距】参数组中可以自定义栅格间距。

> 专家点拨
>
> 在命令行输入GRID命令，根据命令提示也可以设置栅格的间距和控制栅格的显示。

❷ 捕捉

【捕捉】(不是对象捕捉与临时捕捉)经常和栅格功能联用。当捕捉功能打开时，光标只能停留在栅格点上，因此此时只能移动与栅格间距整数倍的距离。

在AutoCAD 2018中启用【捕捉】功能有以下两种常用的方法。

- ❖ 快捷键：F9键。
- ❖ 状态栏：单击【捕捉模式】开关按钮▦ ▾。

在命令行中输入DS并Enter键，打开【草图设置】对话框，在【捕捉和栅格】选项卡中，设置参数。

2.2.7 动态输入

在绘图的时候，有时可在光标处显示命令提示或尺寸输入框，这类设置即称作【动态输入】。在AutoCAD中，【动态输入】有2种显示状态，即指针输入和标注输入状态，如图2-33所示。

【动态输入】功能的开、关切换有以下两种方法。

- ❖ 快捷键：按F12键切换开、关状态。
- ❖ 状态栏：单击状态栏上的【动态输入】按钮▭，若亮显则为开启，如图2-34所示。

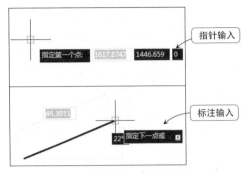

图2-33 不同状态的【动态输入】

图2-34 状态栏中开启【动态输入】功能

右键单击状态栏上的【动态输入】按钮▭，选择弹出【动态输入设置】选项，打开【草图设置】对话框中的【动态输入】选项卡，该选项卡可以控制在启用【动态输入】时每个部件所显示的内容。选项卡中包含3个组件，即指针输入、标注输入和动态显示，如图2-35所示，分别介绍如下。

图2-35 【动态输入】选项卡

❶. 指针输入

单击【指针输入】选项区的【设置】按钮，打开【指针输入设置】对话框，如图2-36所示。可以在其中设置指针的格式和可见性。在工具提示中，十字光标所在位置的坐标值将显示在光标旁边。命令提示用户输入点时，可以在工具提示框（而非命令行）中输入坐标值。

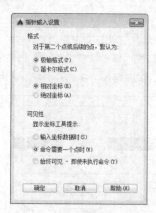

图2-36 【指针输入设置】对话框

2. 标注输入

在【草图设置】对话框的【动态输入】选项卡中，选择【可能时启用标注输入】复选框，启用标注输入功能。单击【标注输入】选项区域的【设置】按钮，打开如图2-37所示的【标注输入的设置】对话框。利用该对话框可以设置夹点拉伸时标注输入的可见性等。

3. 动态提示

【动态显示】选项组中各选项按钮含义说明如下。

- ❖ 【在十字光标附近显示命令提示和命令输入】复选框：勾选该复选框，可在光标附近显示命令显示。
- ❖ 【随命令提示显示更多提示】复选框：勾选该复选框，显示使用 Shift键和Ctrl键进行

夹点操作的提示。

- ❖ 【绘图工具提示外观】按钮：单击该按钮，弹出如图2-38所示的【工具提示外观】对话框，从中进行颜色、大小、透明度和应用场合的设置。

图2-37 【标注输入的设置】对话框

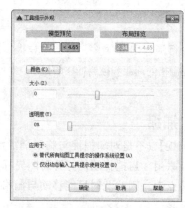

图2-38 【工具提示外观】对话框

2.3 综合实例——绘制一个简单的图形

本实例综合运用本章所学知识绘制一个简易的微波炉示意图。

01 * 双击桌面上的 AutoCAD 2018 快捷图标，启动软件。在快速访问工具栏上的【工作空间】下拉列表框中选择【草图与注释】选项。

02 * 按快捷键 Ctrl+N，系统弹出【选择样板】对话框，如图 2-39 所示，选择"acad.dwt"文件模板，然后单击【打开】按钮进入绘图界面。

03 * 单击【绘图】面板上的【直线】按钮，激活【直线】命令，绘制电器的外轮廓，如图 2-40 所示。命令操作如下。

```
命令: LINE✓              //调用直线命令
指定第一个点: 0,0✓        //输入坐标定义第1点
指定下一点或 [放弃(U)]: 0,80✓
                         //输入坐标定义第2点
指定下一点或 [放弃(U)]: 100,80✓
                         //输入坐标定义第3点
指定下一点或 [闭合(C)/放弃(U)]: 100,0✓
                         //输入坐标定义第4点
指定下一点或 [闭合(C)/放弃(U)]: C✓
                         //选择闭合轮廓
```

图2-39 【选择样板】对话框

图2-40 绘制外轮廓

04 ＊绘制的轮廓没有在屏幕范围内，通过【缩放】命令将图形缩放到屏幕范围。命令行操作如下。

```
命令:Z↙        //调用【视图缩放】命令
ZOOM
指定窗口的角点，输入比例因子 (nX或nXP)，或者
[全部(A)/中心(C)/动态(D)/范围(E)/上一个(P)/比
例(S)/窗口(W)/对象(O)] <实时>:A↙
              //选择【全部】选项，完成缩放
```

05 ＊在命令行输入 L 并按 Enter 键，激活【直线】命令，绘制中间的玻璃门，如图 2-41 所示。命令行操作如下。

```
命令:L↙        //调用直线命令
指定第一个点: 20,20↙
              //输入绝对坐标定义点5
指定下一点或 [放弃(U)]: @0,40↙
              //输入相对坐标定义点6
指定下一点或 [放弃(U)]: @60,0↙
              //输入相对坐标定义点7
指定下一点或 [闭合(C)/放弃(U)]: @0,-40↙
              //输入相对坐标定义点8
指定下一点或 [闭合(C)/放弃(U)]: C↙
              //选择闭合图形
```

06 ＊按 Enter 键重复【直线】命令，绘制玻璃的斜线示意，如图 2-42 所示。命令行操作如下。

```
命令:_line              //调用直线命令
指定第一个点: 23,36↙   //输入绝对直角坐标，
定义点9
指定下一点或 [放弃(U)]: @20<60↙输入极坐标，
定义点10
指定下一点或 [放弃(U)]:↙ //按Enter键结束直线
↙                    //按Enter键重复【直线】命令
命令: LINE
指定第一个点: 27,26↙
指定下一点或 [放弃(U)]: @35<60↙
指定下一点或 [放弃(U)]:↙
↙
命令:LINE
指定第一个点: 40,24↙
指定下一点或 [放弃(U)]: @30<60↙
指定下一点或 [放弃(U)]:↙
↙
命令:LINE
指定第一个点: 66,33↙
指定下一点或 [放弃(U)]: @25<60↙
指定下一点或 [放弃(U)]:↙
```

07 ＊单击【绘图】面板上的【圆】按钮，绘制电器的开关，如图 2-43 所示。命令行操作如下。

```
命令:_circle    //调用【圆】命令
指定圆的圆心或 [三点(3P)/两点(2P)/切点、切
点、半径(T)]: 90,10↙
              //输入圆心的绝对坐标
指定圆的半径或 [直径(D)]: 5↙
              //输入圆的半径，完成第一个圆
↙
命令: CIRCLE
指定圆的圆心或 [三点(3P)/两点(2P)/切点、切
点、半径(T)]: 90,25↙
指定圆的半径或 [直径(D)] <5.0000>: 5↙
```

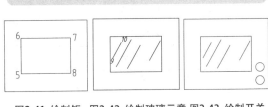

图2-41 绘制矩 图2-42 绘制玻璃示意 图2-43 绘制开关
形玻璃门

08 ＊在命令行输入 UCS 并按 Enter 键，新建坐标系，如图 2-44 所示。命令行操作如下。

37

命令: UCS↙   //调用UCS命令，新建用户坐标系
当前 UCS 名称: *世界*
指定 UCS 的原点或 [面(F)/命名(NA)/对象(OB)/上一个(P)/视图(V)/世界(W)/X/Y/Z/Z 轴(ZA)] <世界>: 90,10↙   //输入新坐标系的原点坐标
指定 X 轴上的点或<接受>:
    //按Enter键接受坐标系

09 ∗单击【绘图】面板上的【直线】按钮，绘制旋钮直线，如图 2-45 所示。命令行操作如下。

命令: _line
指定第一个点: 5<225↙
    //输入绝对极坐标定义点1
指定下一点或 [放弃(U)]: 5<45↙
    //输入绝对极坐标定义点2
指定下一点或 [放弃(U)]:↙
    //按Enter键结束直线绘制

10 ∗再次调用 UCS 命令，将坐标系恢复到世界坐标系的位置。命令行操作如下。

命令: UCS↙   //调用UCS命令，新建坐标系
当前 UCS 名称: *没有名称*
指定 UCS 的原点或 [面(F)/命名(NA)/对象(OB)/上一个(P)/视图(V)/世界(W)/X/Y/Z/Z 轴(ZA)] <世界>: W↙   //选择【世界】选项，将坐标系还原

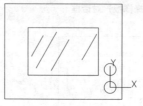

图2-44 新建的坐标系

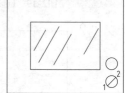

图2-45 绘制旋钮

2.4 习 题

1. 填空题

(1) 【功能区】最右侧的下拉按钮可以进行 ＿＿＿＿＿、＿＿＿＿＿、＿＿＿＿＿ 的显示切换。

(2) A3 与 A4 图纸的规格尺寸分别为 ＿＿＿＿＿、＿＿＿＿＿。

(3) 捕捉对象可分为 ＿＿＿＿＿ 与 ＿＿＿＿＿ 两种。

2. 操作题

参照表2-2的要求设置好绘图环境。

表 2-2 绘图环境设置要求

设置项目	具体要求
图形界限	297mm×420mm
图形单位	mm
对象捕捉	端点、中点、圆心
十字光标大小	25像素

第3章

图层与图形特性

图层是 AutoCAD 提供给用户的组织图形的强有力工具。AutoCAD 的图形对象必须绘制在某个图层上，它可以是默认的图层，也可以是用户自己创建的图层。利用图层的特性，如颜色、线型、线宽等，可以非常方便地区分不同的对象。此外，AutoCAD 还提供了大量的图层管理功能（打开/关闭、冻结/解冻、加锁/解锁等），这些功能使用户在组织图层时非常方便。

本章将详细讨论使用图层管理图形的方法。

本章主要内容：
- ❀ 图层的基本概念
- ❀ 掌握【图层特性管理器】的使用
- ❀ 掌握管理【图层】的方法
- ❀ 了解什么是图形特性
- ❀ 掌握查看与修改图形特性的方法
- ❀ 掌握快速进行图形属性匹配的方法

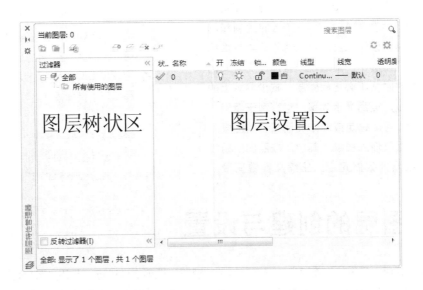

3.1 图层概述

本节介绍图层的基本概念和分类原则，使读者对AutoCAD图层的含义和作用，以及一些使用原则有一个清晰的认识。

3.1.1 图层的基本概念

AutoCAD图层相当于传统图纸中使用的重叠图纸。它就如同一张张透明的图纸，整个AutoCAD文档就是由若干透明图纸上下叠加的结果，如图3-1所示。用户可以根据不同的特征、类别或用途，将图形对象分类组织道不同的图层中。同一个图层中的图形对象具有许多相同的外观属性，如线宽、颜色、线型等。

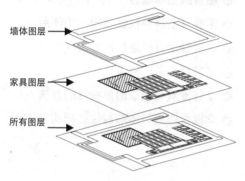

墙体图层 ⟶

家具图层 ⟶

所有图层 ⟶

图3-1 图层的原理

按图层组织数据有很多好处。首先，图层结构有利于设计人员对AutoCAD文档的绘制和阅读。不同工种的设计人员，可以将不同类型数据组织到各自的图层中，最后统一叠加。阅读文档时，可以暂时隐藏不必要的图层，减少屏幕上的图形对象数量，提高显示效率，也有利于看图。修改图样时，可以锁定或冻结其他工种的图层，以防误删、误改他人图纸。其次，按照图层组织数据，可以减少数据冗余，压缩文件数据量，

提高系统处理效率。许多图形对象都有共同的属性。如果逐个记录这些属性，那么这些共同属性将被重复记录。而按图层组织数据以后，具有共同属性的图形对象同属一个层。

3.1.2 图层分类原则

按照图层组织数据，将图形对象分类组织到不同的图层中，这是AutoCAD设计人员的一个良好习惯。在新建文档时，首先应该在绘图前大致设计好文档的图层结构。多人协同设计时，更应该设计好一个统一而又规范的图层结构，以便数据交换和共享。切忌将所有的图形对象全部放在同一个图层中。

图层可以按照以下的原则组织。

- 按照图形对象的使用性质分层。例如在建筑设计中，可以将墙体、门窗、家具、绿化分在不同的层。
- 按照外观属性分层。具有不同线型或线宽的实体应当分属不同的图层，这是一个很重要的原则。例如机械设计中，粗实线（外轮廓线）、虚线（隐藏线）和点画线（中心线）就应该分属三个不同的层，也方便了打印控制。
- 按照模型和非模型分层。AutoCAD制图的过程实际上是建模的过程。图形对象是模型的一部分；文字标注、尺寸标注、图框、图例符号等并不属于模型本身，是设计人员为了便于设计文件的阅读而人为添加的说明性内容。所以模型和非模型应当分属不同的层。

3.2 图层的创建与设置

图层的新建、设置等操作通常在【图层特性管理器】选项板中进行。此外，用户也可以使用【图层】面板或【图层】工具栏快速管理图层。【图层特性管理器】选项板中可以控制图层的颜色、线型、线宽、透明度、是否打印等等，本节仅介绍其中常用的前三种，后面的设置操作方法与此相同，不再介绍。

3.2.1 新建并命名图层

在使用AutoCAD进行绘图工作前，用户宜先根据自身行业要求创建好对应的图层。AutoCAD的图层创建和设置都在【图层特性管理器】选项板中进行。

❶ 执行方式

打开【图层特性管理器】选项板有以下几种方法。

- 功能区：在【默认】选项卡中，单击【图层】面板中的【图层特性】按钮，如图3-2所示。
- 菜单栏：选择【格式】→【图层】命令，如图3-3所示。
- 命令行：LAYER或LA。

图3-2 【图层】面板中的【图层特性】按钮

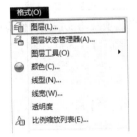

图3-3 粗实线图层

❷ 操作步骤

执行任一命令后，弹出【图层特性管理器】选项板，如图3-4所示，单击对话框上方的【新建】按钮，即可新建一个图层项目。默认情况下，创建的图层会依以"图层1""图层2"等按顺序进行命名，用户也可以自行输入易辨别的名称，如"轮廓线""中心线"等。输入图层名称之后，依次设置该图层对应的颜色、线型、线宽等特性。

设置为当前的图层项目前会出现 符号。如图3-5所示为将粗实线图层置为当前图层、颜色设置为红色、线型为实线、线宽为0.3mm的结果。

图3-4 【图层特性管理器】选项板

图3-5 粗实线图层

操作技巧

图层的名称最多可以包含255个字符，并且中间可以含有空格，图层名区分大小写字母。图层名不能包含的符号有<>^、；? *|,=' 等，如果用户在命名图层时提示失败，可检查是否含有这些非法字符。

❸ 选项说明

【图层特性管理器】选项板主要分为【图层树状区】与【图层设置区】两部分，如图3-6所示。

图3-6 图层特性管理器

⭐ 图层树状区

【图层树状区】用于显示图形中图层和过滤器的层次结构列表，其中【全部】用于显示图形中所有的图层，而【所有使用的图层】过滤器则为只读过滤器，过滤器按字母顺序进行显示。

【图层树状区】各选项及功能按钮的作用如下。

- ❖ 【新建特性过滤器】按钮：单击该按钮将弹出图3-7所示的【图层过滤器特性】对话框，此时可以根据图层的若干特性（如颜色、线宽）创建【特性过滤器】。
- ❖ 【新建组过滤器】按钮：单击该按钮可创建【组过滤器】，在【组过滤器】内可包含多个【特性过滤器】，如图3-8所示。

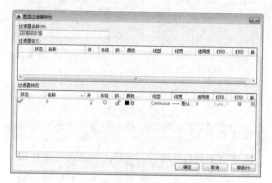

图3-7 【图层过滤器特性】对话框

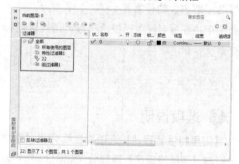

图3-8 创建组【过滤器】

- ❖ 【图层状态管理器】按钮：单击该按钮将弹出图3-9所示的【图层状态管理器】对话框，通过该对话框中的列表可以查看当前保存在图形中的图层状态、存在空间、图层列表是否与图形中的图层列表相同以及可选说明。
- ❖ 【反转过滤器】复选框：勾选该复选框后，将在右侧列表中显示所有与过滤性不符合的图层，当【特性过滤器1】中选择到所有颜色为绿色的图层时，勾选该复选框将显示所有非绿色的图层，如图3-10所示。
- ❖ 【状态栏】：在状态栏内罗列出了当前过滤器的名称、列表视图中显示的图层数与图形中的图层数等信息。

图3-9 【图层状态管理器】对话框

图3-10 【反转过滤器】

★ 图层设置区

【图层设置区】具有搜索、创建、删除图层等功能，并能显示图层具体的特性与说明，【图形树状区】各选项及功能按钮的作用如下。

- ❖ 【搜索图层】文本框：通过在其左侧的文本框内输入搜索关键字符，可以按名称快速搜索至相关的图层列表。
- ❖ 【新建图层】按钮：单击该按钮可以在列表中新建一个图层。
- ❖ 【在所有视口中都被冻结的新图层视口】按钮：单击该按钮可以创建一个新图层，但在所有现有的布局视口中会将其冻结。
- ❖ 【删除图层】按钮：单击该按钮将删除当前选中的图层。
- ❖ 【置为当前】按钮：单击该按钮可以将当前选中的图层置为当前层，用户所绘制的图形将存放在该图层上。
- ❖ 【刷新】按钮：单击该按钮可以刷新图层列表中的内容。
- ❖ 【设置】按钮：单击该按钮将显示图3-11所示的【图层设置】对话框，用于调整【新图层通知】、【隔离图层设置】以及【对话框设置】等内容。

图3-11 【图层设置】对话框

3.2.2 设置图层颜色

如前文所述，为了区分不同的对象，通常为不同的图层设置不同的颜色。设置图层颜色之后，该图层上的所有对象均显示为该颜色（修改了对象特性的图形除外）。

打开【图层特性管理器】选项板，单击某一图层对应的【颜色】项目，如图3-12所示，弹出【选择颜色】对话框，如图3-13所示。在调色板中选择一种颜色，单击【确定】按钮，即完成颜色设置。

图3-12 单击图层颜色项目

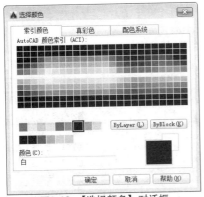

图3-13 【选择颜色】对话框

3.2.3 设置图层线型

线型是指图形基本元素中线条的组成和显示方式，如实线、中心线、点画线、虚线等。通过线型的区别，可以直观判断图形对象的类别。在AutoCAD中默认的线型是实线（Continuous），其他的线型需要加载才能使用。

在【图层特性管理器】选项板中，单击某一图层对应的【线型】项目，弹出【选择线型】对话框，如图3-14所示。在默认状态下，【选择线型】对话框中只有Continuous一种线型。如果要使用其他线型，必须将其添加到【选择线型】对话框中。单击【加载】按钮，弹出【加载或重载线型】对话框，如图3-15所示，从对话框中选择要使用的线型，单击【确定】按钮，完成线型加载。

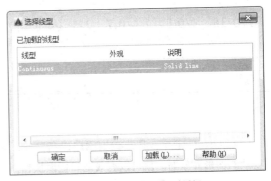

图3-14 【选择线型】对话框

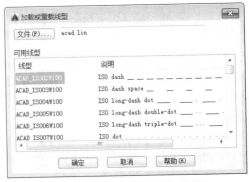

图3-15 【加载或重载线型】对话框

3.2.4 设置图层线宽

线宽即线条显示的宽度。使用不同宽度的线条表现对象的不同部分，可以提高图形的表达能力和可读性，如图3-16所示。

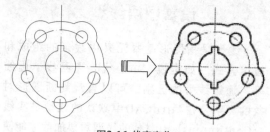

图3-16 线宽变化

在【图层特性管理器】选项板中，单击某一图层对应的【线宽】项目，弹出【线宽】对话框，如图3-17所示，从中选择所需的线宽即可。

如果需要自定义线宽，在命令行中输入LWEIGHT或LW并按Enter键，弹出【线宽设置】对话框，如图3-18所示，通过调整线宽比例，可使图形中的线宽显示得更宽或更窄。

机械、建筑制图中通常采用粗、细两种线宽，在AutoCAD中常设置粗细比例为2：1。共有0.25/0.13、0.35/0.18、0.5/0.25、0.7/0.35、1/0.5、1.4/0.7、2/1（单位均为

mm）这7种组合，同一图样只允许采用一种组合。其余行业制图请查阅相关标准。

图3-17 【线宽】对话框

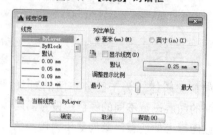

图3-18 【线宽设置】对话框

3.3　图层的其他操作

在AutoCAD中，还可以对图层进行隐藏、冻结以及锁定等其他操作，这样在使用AutoCAD绘制复杂的图形对象时，就可以有效地降低误操作，提高绘图效率。

3.3.1　打开与关闭图层

在绘图的过程中可以将暂时不用的图层关闭，被关闭的图层中的图形对象将不可见，并且不能被选择、编辑、修改以及打印。在AutoCAD中关闭图层的常用方法有以下几种。

- 对话框：在【图层特性管理器】对话框中选中要关闭的图层，单击 💡 按钮即可关闭选择图层，图层被关闭后该按钮将显示为 💡，表明该图层已经被关闭，如图3-19所示。

- 功能区：在【默认】选项卡中，打开【图层】面板中的【图层控制】下拉列表，单击目标图层 💡 按钮即可关闭图层，如图3-20所示。

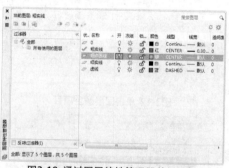

图3-19 通过图层特性管理器关闭图层

图3-20 通过功能面板图标关闭图层

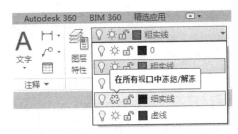

图3-23 通过功能面板图标冻结图层

如果要冻结的图层为【当前图层】时,将弹出图3-24所示的对话框,提示无法冻结【当前图层】,此时需要将其他图层设置为【当前图层】才能冻结该图层。如果要恢复冻结的图层,重复以上操作,单击图层前的【解冻】图标⚙即可解冻图层。

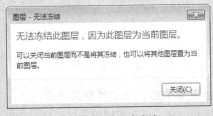

图3-24 图层无法冻结

操作技巧

当关闭的图层为【当前图层】时,将弹出图3-21所示的确认对话框,此时单击【关闭当前图层】链接即可。如果要恢复关闭的图层,重复以上操作,单击图层前的【关闭】图标💡即可打开图层。

图3-21 确定关闭当前图层

3.3.2 冻结与解冻图层

将长期不需要显示的图层冻结,可以提高系统运行速度,减少了图形刷新的时间,因为这些图层将不会被加载到内存中。AutoCAD不会在被冻结的图层上显示、打印或重生成对象。

在AutoCAD中关闭图层的常用方法有以下几种。

- 对话框:在【图层特性管理器】对话框中单击要冻结的图层前的【冻结】按钮☀,即可冻结该图层,图层冻结后将显示为⚙,如图3-22所示。

- 功能区:在【默认】选项卡中,打开【图层】面板中的【图层控制】下拉列表,单击目标图层☀按钮,如图3-23所示。

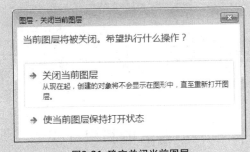

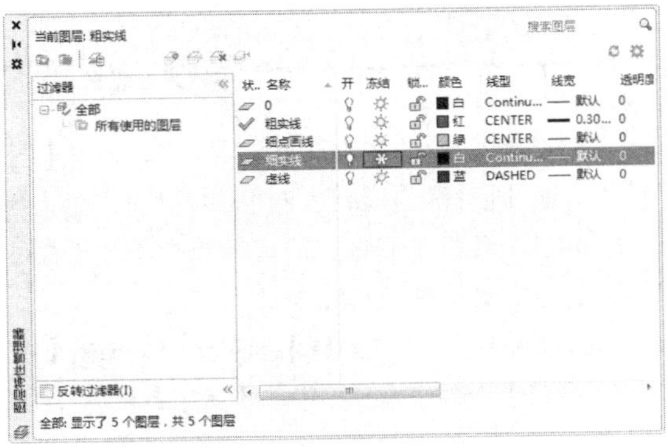

图3-22 通过图层特性管理器冻结图层

3.3.3 图层【冻结】和【关闭】的区别

图层的【冻结】和【关闭】都能使得该图层上的对象全部被隐藏,看似效果一致,其实仍有不同。被【关闭】的图层,不能显示、不能编辑、不能打印,但仍然存在于图形当中,图形刷新时仍会计算该层上的对象,可以近似理解为被"忽视";而被【冻结】的图层,除了不能显示、不能编辑、不能打印之外,还不会再被认为属于图形,图形刷新时也不会再计算该层上的对象,可以理解为被"无视"。

图层【冻结】和【关闭】的一个典型区别就是视图刷新时的处理差别,如果选择关闭【Defpoints】层,那双击鼠标中键进行【范围】缩放时,则效果如图3-25所示,辅助图虽然已经隐藏,但图形上方仍空出了它的区域;反之【冻结】则如图3-26所示,相当于删除了辅助图。

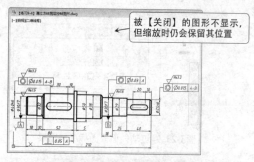

图3-25 图层【关闭】时的视图缩放效果

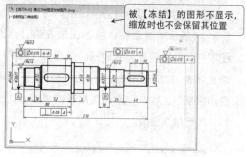

图3-26 图层【冻结】时的视图缩放效果

3.3.4 锁定与解锁图层

　　如果某个图层上的对象只需要显示、不需要选择和编辑，那么可以锁定该图层。被锁定图层上的对象仍然可见，但会淡化显示，而且可以被选择、标注和测量，但不能被编辑、修改和删除，另外还可以在该层上添加新的图形对象。因此使用AutoCAD绘图时，可以将中心线、辅助线等基准线条所在的图层锁定。

　　锁定图层的常用方法有以下几种。

❥ 对话框：在【图层特性管理器】对话框中单击【锁定】图标🔓，即可锁定该图层，图层锁定后该图标将显示为🔒，如图3-27所示。

❥ 功能区：在【默认】选项卡中，打开【图层】面板中的【图层控制】下拉列表，单击🔓图标即可锁定该图层，如图3-28所示。

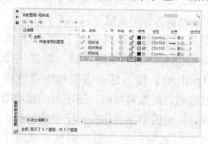

图3-27 通过图层特性管理器锁定图层

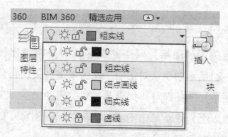

图3-28 通过功能面板图标锁定图层

　　如果要解除图层锁定，重复以上操作，单击【解锁】按钮🔓，即可解锁已经锁定的图层。

3.3.5 设置当前图层

　　当前图层是当前工作状态下所处的图层。设定某一图层为当前图层之后，接下来所绘制的对象都位于该图层中。如果要在其他图层中绘图，就需要更改当前图层。

　　在AutoCAD中设置当前层有以下几种常用方法。

❥ 对话框：在【图层特性管理器】选项板中选择目标图层，单击【置为当前】按钮🖉，如图3-29所示。被置为当前的图层在项目前会出现✔符号。

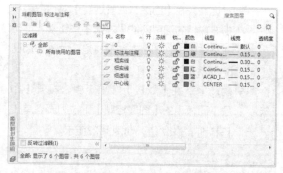

图3-29 【图层特性管理器】中置为当前

❥ 功能区1：在【默认】选项卡中，单击【图层】面板中【图层控制】下拉列表，在其中选择需要的图层，即可将其设置为当前图层，如图3-30所示。

❥ 功能区2：在【默认】选项卡中，单击【图层】面板中【置为当前】按钮🖉置为当前，即可将所选图形对象的图层置为当前，如图

3–31所示。

♣ 命令行：在命令行中输入CLAYER命令，然后输入图层名称，即可将该图层置为当前。

图3-30 【图层控制】下拉列表 　图3-31 【置为当前】按钮

3.3.6 转换图形所在图层

在AutoCAD中还可以十分灵活地进行图层转换，即将某一图层内的图形转换至另一图层，同时使其颜色、线型、线宽等特性发生改变。

如果某图形对象需要转换图层，可以先选择该图形对象，然后单击【图层】面板中的【图层控制】下拉列表框，选择要转换的目标图层即可，如图3-32所示。

a)转换前　　b)选择图层　　c)转换后

图3-32 图层转换

绘制复杂的图形时，由于图形元素的性质不同，用户常需要将某个图层上的对象转换到其他图层上，同时使其颜色、线型、线宽等特性发生改变。除了之前所介绍的方法之外，其余在AutoCAD中转换图层的方法如下。

1. 通过【图层控制】列表转换图层

选择图形对象后，在【图层控制】下拉列表选择所需图层。操作结束后，列表框自动关闭，被选中的图形对象转移至刚选择的图层上。

2. 通过【图层】面板中的命令转换图层

在【图层】面板中，有如下命令可以帮助转换图层。

♣ 【匹配图层】按钮 匹配图层：先选择要转换图层的对象，然后单击Enter键确认，再选择目标图层对象，即可将原对象匹配至目标图层。

♣ 【更改为当前图层】按钮：选择图形对象后单击该按钮，即可将对象图层转换为当前图层。

3.3.7 排序图层、按名称搜索图层

有时即便对图层进行了过滤，得到的图层结果还是很多，这时如果想要快速定位至所需的某个图层就不是一件简单的事情。此种情况就需要应用图层排序与搜索。

1. 排序图层

在【图层特性管理器】选项板中可以对图层进行排序，以便图层的寻找。在【图形特性管理器】选项板中，单击列表框顶部的【名称】标题，图层将以字母的顺序排列出来，如果再次单击，排列的顺序将倒过来，如图3-33所示。

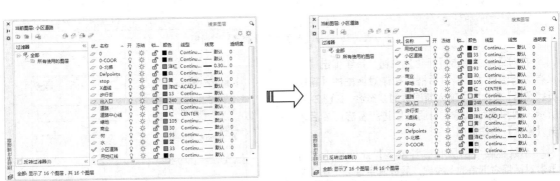

图3-33 排序图层效果

❷ 按名称搜索图层

对于复杂且图层多的设计图样而言，逐一查取某一图层很浪费时间，因此可以通过输入图层名称来快速地搜索图层，大大提高了工作效率。

打开【图层特性管理器】选项板，在右上角搜索图层中输入图层名称，系统则自动搜索到该图层，如图3-34所示。

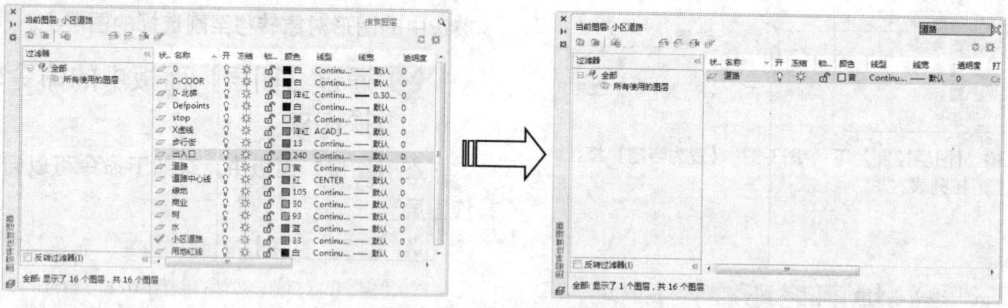

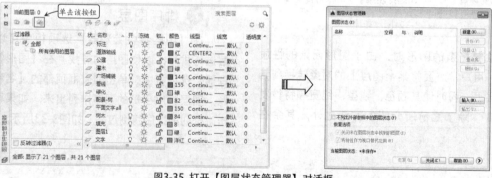

图3-34 按名称搜索图层

3.3.8 保存和恢复图层状态

通常在编辑部分对象的过程中，可以锁定其他图层以免修改这些图层上的对象；也可以在最终打印图形前将某些图层设置为不可打印，但对草图是可以打印的；还可以暂时改变图层的某些特性，例如颜色、线型、线宽和打印样式等，然后再改回来。

每次调整所有这些图层的状态和特性都要花费很长的时间。实际上，可以保存并恢复图层状态集，也就是保存并恢复某个图形的所有图层的特性和状态，保存图层状态集之后，可随时恢复其状态。还可以将图层状态设置导出到外部文件中，然后在另一个具有完全相同或类似图层的图形中使用该图层状态设置。

❶ 保存图层状态

要保存图层状态，可以按下面的步骤进行操作。

01 ✳ 创建好所需的图层并设置好它们的各项特性。

02 ✳ 在【图层特性管理器】中单击【图层状态管理器】按钮，打开【图层状态管理器】对话框，如图 3-35 所示。

图3-35 打开【图层状态管理器】对话框

03 ✳ 在对话框中单击【新建】按钮，系统弹出【要保存的新图层状态】对话框，在该对话框的【新图层状态名】文本框中输入新图层的状态名，如图 3-36 所示，用户也可以输入说明文字进行备忘。最后单击【确定】按钮返回。

04 ✳ 系统返回【图层状态管理器】对话框，这时单击对话框右下角的 ⊙ 按钮，展开其余选项，在【要恢复的图层特性】区域内选择要保存的图层状态和特性即可，如图 3-37 所示。

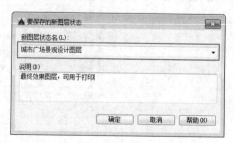

图3-36 【要保存的新图层状态】对话框

图3-37 选择要保存的图层状态和特性

没有保存的图层状态和特性在后面进行恢复图层状态时就不会起作用。例如，如果仅保存图层的开/关状态，然后在绘图时修改图层的开/关状态和颜色，那恢复图层状态时，仅开/关状态可以被还原，而颜色仍为修改后的新颜色。如果要使得图形与保存图层状态时完全一样（就图层来说），可以勾选【关闭未在图层状态中找到的图层（T）】选项，这样，在恢复图层状态时，在图层状态已保存之后新建的所有图层都会被关闭。

❷ 恢复图层状态

要恢复图层状态，同样需先打开【图层状态管理器】对话框，然后选择图层状态并单击【恢复】按钮即可。利用【图层状态管理器】可以在以下几个方面管理图层状态。

- ❧ 恢复：恢复保存的图层状态
- ❧ 删除：删除某图层状态。
- ❧ 输出：以.las文件形式保存某图层状态的设置。输出图层状态可以使得其他人访问用户创建的图层状态。
- ❧ 输入：输入之前作为.las文件输出的图层状态。输入图层状态使得可以访问其他人保存的图层状态。

3.3.9 ▪ 删除多余图层 ▪

在图层创建过程中，如果新建了多余的图层，此时可以在【图层特性管理器】选项板中单击【删除】按钮 将其删除，但AutoCAD规定以下4类图层不能被删除。

- ❧ 图层0层和图层Defpoints。
- ❧ 当前图层。要删除当前层，可以改变当前层

到其他层。
- ❧ 包含对象的图层。要删除该层，必须先删除该层中所有的图形对象。
- ❧ 依赖外部参照的图层。要删除该层，必须先删除外部参照。

❶ 删除顽固图层

如果图形中图层太多且杂不易管理，而准备将不使用的图层进行删除时，有些图层会被系统提示无法删除，如图3-38所示。

图3-38 【图层-未删除】对话框

不仅如此，局部打开图形中的图层也被视为已参照并且不能删除。对于0图层和Defpoints图层是系统自己建立的，无法删除这是常识，用户应该把图形绘制在别的图层；对于当前图层无法删除，可以更改当前图层再实行删除操作；对于包含对象或依赖外部参照的图层实行移动操作比较困难，用户可以使用"图层转换"或"图层合并"的方式删除。

❷ 图层转换的方法

图层转换是将当前图形中的图层映射到指定图形或标准文件中的其他图层名和图层特性，然后使用这些贴图对其进行转换。下面介绍其操作步骤。

单击功能区【管理】选项卡【CAD标准】组面板中【图层转换器】按钮 ，系统弹出【图层转换器】对话框，如图3-39所示。

图3-39 【图层转换器】对话框

单击对话框【转换为】功能框中【新建】按钮，系统弹出【新图层】对话框，如图3-40所示。在【名称】文本框中输入现有的图层名称或新的图层名称，并设置线型、线宽、颜色等属性，单击【确定】按钮。

单击对话框【设置】按钮，弹出图3-41所示的【设置】对话框。在此对话框中可以设置转换后图层的属性状态和转换时的请求，设置完成后单击【确定】按钮。

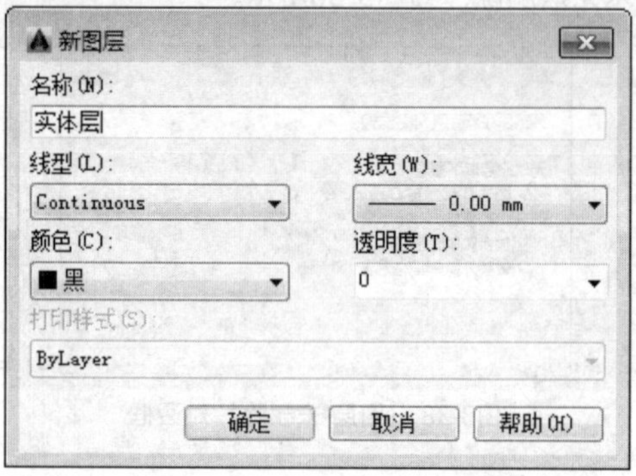

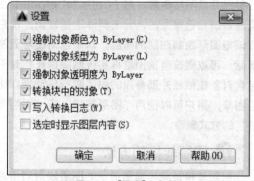

图3-40 【新图层】对话框

图3-41 【设置】对话框

在【图层转换器】对话框【转换自】选项列表中选择需要转换的图层名称，在【转换为】选项列表中选择需要转换到的图层。这时激活【映射】按钮，单击此按钮，在【图层转换映射】列表中将显示图层转换映射列表，如图3-42所示。

映射完成后单击【转换】按钮，系统弹出【图层转换器-未保存更改】对话框，如图3-43所示，选择【仅转换】选项即可。这时打开【图层特性管理器】对话框，会发现选择的【转换自】图层不见了，这是由于转换后图层被系统自动删除，如果选择的【转换自】图层是0图层和Defpoints图层，将不会被删除。

图3-42 【图层转换器】对话框

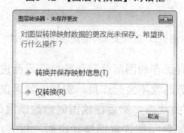

图3-43 【图层转换器-未保存更改】对话框

3. 图层合并的方法

可以通过合并图层来减少图形中的图层数。将所合并图层上的对象移动到目标图层，并从图形中清理原始图层。用这种方法同样可以删除顽固图层，下面介绍其操作步骤。

在命令行中输入LAYMRG并单击Enter键，系统提示：选择要合并的图层上的对象或［命名(N)］。可以用鼠标在绘图区框选图形对象，也可以输入N并单击Enter键。输入N并单击Enter键后弹出【合并图层】对话框，如图3-44所示。在【合并图层】对话框中选择要合并的图层，单击【确定】按钮。

如需继续选择合并对象可以框选绘图区对象或输入N并单击Enter键；如果选择完毕，单击Enter键即可。命令行提示：选择目标图层上的对象或［名称(N)］。可以用鼠标在绘图区框选图形对象，也可以输入N并单击Enter键，弹出【合并图层】对话框，如图3-45所示。

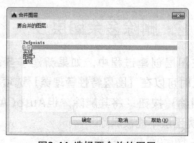

图3-44 选择要合并的图层

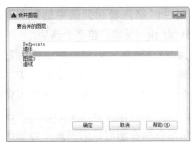

图3-45 选择合并到的图层

在【合并图层】对话框中选择要合并的图层，单击【确定】按钮。系统弹出【合并到图层】对话框，如图3-46所示。单击【是】按钮。这时打开【图层特性管理器】对话框，图层列表中【墙体】已被删除。

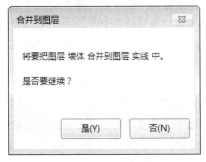

图3-46 【合并到图层】

3.3.10 清理图层和线型

图层和线型的定义都要保存在图形数据库中，它们会增加图形的大小。因此，清除图形中不再使用的图层和线型就非常有用。当然，也可以删除多余的图层，但有时很难确定哪个图层中没有对象。而使用【清理】PURGE命令就可以删除那些不再使用的定义，包括图层和线型。

调用【清理】命令的方法如下。

应用程序菜单按钮：在应用程序菜单按钮中

选择【图形实用工具】，然后再选择【清理】选项，如图3-47所示。

命令行：PURGE。

执行上述命令后都会打开图3-48所示的【清理】对话框。在对话框的顶部，可以选择查看能清理的对象或不能清理的对象。不能清理的对象可以帮助用户分析对象不能被清理的原因。

图3-47 应用程序菜单按钮中　图3-48 【清理】对话框
选择【清理】

要开始进行清理操作，选择【查看能清理的项目】选项。对象类型前的"+"号表示它包含可清理的对象。要清理个别项目，只需选择该选项然后单击【清理】按钮；也可以单击【全部清理】按钮对所有项目进行清理。清理的过程中将会弹出图3-49所示的对话框，提示用户是否确定清理该项目。

图3-49 【清理-确认清理】对话框

3.4 图形特性设置

在用户确实需要的情况下，可以通过【特性】面板或工具栏为所选择的图形对象单独设置特性，绘制出既属于当前层，又具有不同于当前层特性的图形对象。

操作技巧

频繁设置对象特性，会使图层的共同特性减少，不利于图层组织。

3.4.1 查看并修改图形特性

一般情况下，图形对象的显示特性都是【随图层】（ByLayer），表示图形对象的属性与其所在的图层特性相同；若选择【随块】（ByBlock）选项，则对象从它所在的块中继承颜色和线型。

❶ 通过【特性】面板编辑对象属性

如果要修改图层的特性，可以在【默认】选项卡的【特性】面板中选择要编辑的属性栏，如图3-50所示。

该面板分为多个选项列表框，分别控制对象的不同特性。选择一个对象，然后在对应选项列表框中选择要修改为的特性，即可修改对象的特性。

图3-50 【特性】面板

默认设置下，对象颜色、线宽、线型3个特性为ByLayer（随图层），即与所在图层一致，这种情况下绘制的对象将使用当前图层的特性，通过3种特性的下拉列表框（见图3-51），可以修改当前绘图特性。

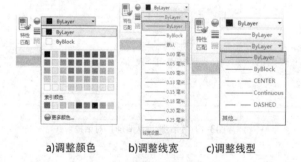

a)调整颜色　　b)调整线宽　　c)调整线型

图3-51 【特性】面板选项列表

❷ Bylayer（随层）与Byblock（随块）的区别

图形对象有几个基本属性，即颜色、线型、线宽等，这几个属性可以控制图形的显示效果和打印效果，合理设置好对象的属性，不仅可以使图面看上去更美观、清晰，更重要的是可以获得正确的打印效果。在设置对象的颜色、线型、线宽的属性时都会看到列表中的Bylayer（随层）、Byblock（随块）这两个选项。

Bylayer（随层）即对象属性使用它所在的图层的属性。绘图过程中通常会将同类的图形放在同一个图层中，用图层来控制图形对象的属性很方便。因此通常设置好图层的颜色、线型、线宽等，然后在所在图层绘制图形，假如图形对象属性有误，还可以调换图层。

图层特性是硬性的，独立的图形对象、图块、外部参照等都会分配在图层中。图块对象所属图层跟图块定义时图形所在图层和块参照插入的图层都有关系。如果图块在0层创建定义，图块插入哪个层，图块就属于哪个层；如果图块不在0层创建定义，图块无论插入到哪个层，图块仍然属于原来创建的那个层。

Byblock（随块）即对象属性使用它所在的图块的属性。通常只将要做成图块的图形对象才设置为这个属性。当图形对象设置为Byblock并被定义成图块后，可以直接调整图块的属性，设置成Byblock属性的对象属性将跟随图块设置的变化而变化。

❸ 通过【特性】选项板编辑对象属性

【特性】选项板能查看和修改的图形特性只有颜色、线型和线宽，【特性】选项板则能查看并修改更多的对象特性。

在AutoCAD中打开对象的【特性】选项板有以下几种常用方法。

☘ 功能区：选择要查看特性的对象，然后单击【标准】面板中的【特性】按钮▥。

☘ 菜单栏：选择要查看特性的对象，然后选择【修改】→【特性】命令；也可先执行菜单命令，再选择对象。

☘ 命令行：选择要查看特性的对象，然后在命令行中输入PROPERTIES或PR或CH并按Enter键。

☘ 快捷键：选择要查看特性的对象，然后按快捷键Ctrl+1。

如果只选择了单个图形，执行以上任意一种操作将打开该对象的【特性】选项板，如图3-52所示，对其中所显示的图形信息进行修改即可。

从选项板中可以看到，该选项板不但列出了颜色、线宽、线型、打印样式、透明度等图形常规属性，还增添了【三维效果】以及【几何图形】两大属性列表框，可以查看和修改其材质效果以及几何属性。

如果同时选择了多个对象，弹出的选项板则显示了这些对象的共同属性，在不同特性的项目上显示"*多种*"，如图3-53所示。在【特性】选项板中包括选项列表框和文本框等项目，选择相应的选项或输入参数，即可修改对象的特性。

图3-52 单个图形的【特性】选项板

图3-53 多个图形的【特性】选项板

图3-54 【特性】面板

特性匹配命令执行过程当中，需要选择两类对象：源对象和目标对象。操作完成后，目标对象的部分或全部特性和源对象相同。命令行输入如下所示。

```
命令：MA↙        //调用【特性匹配】命令
MATCHPROP
选择源对象：        //单击选择源对象
当前活动设置：颜色 图层 线型 线型比例 线宽
透明度 厚度 打印样式 标注 文字 图案填充 多段
线 视口 表格材质 阴影显示 多重引线
选择目标对象或 [设置(S)]：    //光标变成格
式刷形状，选择目标对象，可以立即修改其属性
选择目标对象或 [设置(S)]：↙    //选择目标对
象完毕后单击Enter键，结束命令
```

通常，源对象可供匹配的的特性很多，选择"设置"备选项，将弹出图3-55所示的"特性设置"对话框。在该对话框中，可以设置哪些特性允许匹配，哪些特性不允许匹配。

3.4.2 匹配图形属性

特性匹配的功能如同Office软件中的"格式刷"一样，可以把一个图形对象（源对象）的特性完全"继承"给另外一个（或一组）图形对象（目标对象），使这些图形对象的部分或全部特性和源对象相同。

在AutoCAD中执行【特性匹配】命令有以下两种常用方法。

- 菜单栏：执行【修改】→【特性匹配】命令。
- 功能区：单击【默认】选项卡中【特性】面板的【特性匹配】按钮，如图3-54所示。
- 命令行：MATCHPROP或MA。

图3-55 【特性设置】对话框

3.5 综合实例——创建绘图基本图层

本案例介绍绘图基本图层的创建，在该实例中要求分别建立【粗实线】、【中心线】、【细实线】、【标注与注释】和【细虚线】层，这些图层的主要特性见表3-1（根据GB/T17450-1998《技术制图规章》所述适用于建筑、机械等工程制图）。

表 3-1 图层列表

序号	图层名	线宽/mm	线 型	颜色	打印属性
1	粗实线	0.3	CONTINUOUS	黑	打印
2	细实线	0.15	CONTINUOUS	红	打印
3	中心线	0.15	CENTER	红	打印
4	标注与注释	0.15	CONTINUOUS	绿	打印
5	细虚线	0.15	ACAD-ISO 02W100	5	打印

01 ✴ 在【默认】选项卡中，单击【图层】面板中的【图层特性】按钮，系统弹出【图层特性管理器】选项板，单击【新建】按钮，新建图层。系统默认新建图层的名称为【图层 1】，如图 3-56 所示。

02 ✴ 此时文本框呈可编辑状态，在其中输入文字"中心线"并按 Enter 键，完成中心线图层的创建，如图 3-57 所示。

图3-56 【图层特性管理器】选项板

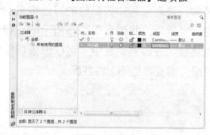

图3-57 重命名图层

03 ✴ 单击【颜色】属性项，在弹出的【选择颜色】对话框中，选择【红色】，如图 3-58 所示。单击【确定】按钮，返回【图层特性管理器】选项板。

04 ✴ 单击【线型】属性项，弹出【选择线型】对话框，如图 3-59 所示。

图3-58 设置图层颜色

图3-59 【选择线型】对话框

05 ✴ 在对话框中单击【加载】按钮，在弹出的【加载或重载线型】对话框中选择 CENTER 线型，如图 3-60 所示。单击【确定】按钮，返回【选择线型】对话框。再次选择 CENTER 线型，如图 3-61 所示。

图3-60 【加载或重载线型】对话框

图3-61 设置线型

06 ✴ 单击【确定】按钮，返回【图层特性管理器】选项板。单击【线宽】属性项，在弹出的【线宽】对话框中，选择线宽为 0.15mm，如图 3-62 所示。

07 ✴ 单击【确定】按钮，返回【图层特性管理器】选项板。设置的中心线图层如图 3-63 所示。

图3-62 选择线宽

图3-63 设置中心线图层

08 ＊重复上述步骤，分别创建【粗实线】层、【细实线】层、【标注与注释】层和【细虚线】层，为各图层选择合适的颜色、线型和线宽特性，结果如图 3-64 所示。

图3-64 图层设置结果

3.6 习题

❶ 填空题

（1）AutoCAD 2018 中 _____、_____、_____、_____ 和 _____ 5 种图层不能被删除。

（2）图层控制包括 _____、_____、_____。

（3）打开图形【特性】选项板的快捷键为 _____。

（4）在【命令行】中执行 _____ 命令可以进行【特性匹配】。

❷ 操作题

参照表3-2的要求创建各图层。

表 3-2 图层要求列表

图层名	颜色	线型	线宽/mm
轮廓线	白色	Continuous	0.3
中心线	红色	Center	0.05
尺寸线	蓝色	Continuous	0.05
虚线	黄色	Dashed	0.05

第4章

绘制基本二维图形

任何二维图形都是由点、直线、圆、圆弧和矩形等基本元素构成的，只有熟练掌握这些基本元素的绘制方法，才能绘制出各种复杂的图形对象。通过本章的学习，读者将会对二维图形的基本绘制方法有一个全面的了解和认识，并能够熟练使用常用的绘图命令。

本章主要内容：
✿ 绘制点
✿ 绘制直线、多段线
✿ 绘制射线、构造线
✿ 绘制曲线对象
✿ 绘制多线、样条曲线
✿ 绘制矩形、正多边形

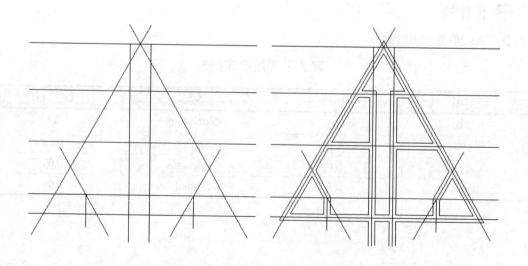

4.1　绘制点

点是所有图形中最基本的图形对象，可以用来作为捕捉和偏移对象的参考点。在AutoCAD 2018中，可以通过单点、多点、定数等分和定距等分4种方法创建点对象。

4.1.1　点样式

从理论上来讲，点是没有长度和大小的图形对象。在AutoCAD中，系统默认情况下绘制的点显示为一个小圆点，在屏幕中很难看清，因此可以使用【点样式】设置，调整点的外观形状，也可以调整点的尺寸大小，以便根据需要，让点显示在图形中。在绘制单点、多点、定数等分点或定距等分点之后，经常需要调整点的显示方式，以方便对象捕捉，绘制图形。

执行【点样式】命令的方法有以下几种。

- ♣ 功能区：单击【默认】选项卡【实用工具】面板中的【点样式】按钮 点样式，如图4-1所示。
- ♣ 菜单栏：选择【格式】→【点样式】命令。
- ♣ 命令行：DDPTYPE。

执行该命令后，将弹出图4-2所示的【点样式】对话框，可以在其中设置共计20种点的显示样式和大小。

图4-1 面板中的【点样式】按钮　图4-2 【点样式】对话框

对话框中各选项的含义说明如下。

- ♣ 【点大小（S）】文本框：用于设置点的显示大小，与下面的两个选项有关。
- ♣ 【相对于屏幕设置大小（R）】单选框：用于按AutoCAD绘图屏幕尺寸的百分比设置点的显示大小，在进行视图缩放操作时，点的显示大小并不改变，在命令行输入RE命令即可重生成，始终保持与屏幕的相对比

例，如图4-3所示。

- ♣ 【按绝对单位设置大小（A）】单选框：使用实际单位设置点的大小，同其他的图形元素（如直线、圆）一样，当进行视图缩放操作时，点的显示大小也会随之改变，如图4-4所示。

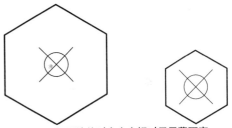

图4-3 视图缩放时点大小相对于屏幕不变

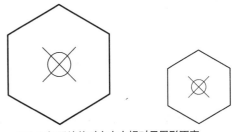

图4-4 视图缩放时点大小相对于图形不变

4.1.2　单点和多点

在AutoCAD 2018中，点的绘制通常使用【多点】命令来完成，【单点】命令已不太常用。

❶ 单点

绘制单点就是执行一次命令只能指定一个点，指定完后自动结束命令。执行【单点】命令有以下几种方法。

- ♣ 菜单栏：选择【绘图】→【点】→【单点】命令，如图4-5所示。
- ♣ 命令行：POINT或PO。

设置好点样式之后，选择【绘图】→【点】

→【单点】命令，根据命令行提示，在绘图区任意位置单击，即完成单点的绘制，结果如图4-6所示。命令行操作如下。

```
命令:_point
当前点模式: PDMODE=33 PDSIZE=0.0000
指定点:         //在任意位置单击放置点，放
置后便自动结束【单点】命令
```

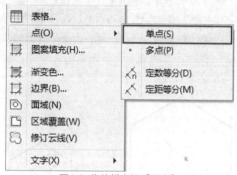

图4-5 菜单栏中的【单点】

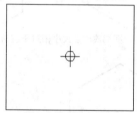

图4-6 绘制单点效果

❷ 多点

绘制多点就是指执行一次命令后可以连续指定多个点，直到按Esc键结束命令。执行【多点】命令有以下几种方法。

- ☸ 功能区：单击【绘图】面板中的【多点】按钮，如图4-7所示。
- ☸ 菜单栏：选择【绘图】→【点】→【多点】命令。

设置好点样式之后，单击【绘图】面板中的【多点】按钮，根据命令行提示，在绘图区任意6个位置单击，按Esc键退出，即可完成多点的绘制，结果如图4-8所示。命令行操作如下。

```
命令:_point
当前点模式: PDMODE=33 PDSIZE=0.0000 //在
任意位置单击放置点
指定点:*取消*  //按Esc键完成多点绘制
```

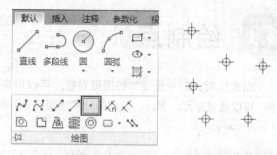

图4-7 【绘图】面板中的【多点】   图4-8 绘制多点效果

4.1.3 定数等分

【定数等分】是将对象按指定的数量分为等长的多段，并在各等分位置生成点。执行【定数等分】命令的方法有以下几种。

- ☸ 功能区：单击【绘图】面板中的【定数等分】按钮，如图4-9所示。
- ☸ 菜单栏：选择【绘图】→【点】→【定数等分】命令。
- ☸ 命令行：DIVIDE或DIV。

执行命令后，命令行操作步骤提示如下。

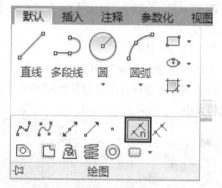

图4-9 素材图形

```
命令:_divide  //执行【定数等分】命令
选择要定数等分的对象:  //选择要等分的对象，
可以是直线、圆、圆弧、样条曲线、多段线
输入线段数目或[块(B)]:  //输入要等分的段数
```

命令行中部分选项说明如下。

- ☸ "输入线段数目"：该选项为默认选项，输入数字即可将被选中的图形进行平分，如图4-10所示。
- ☸ "块（B）"：该命令可以在等分点处生成用户指定的块，如图4-11所示。

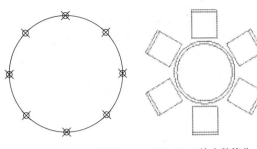

图4-10 以点定数等分　　图4-11 以块定数等分

操作技巧

在命令操作过程中，命令行有时会出现"输入线段数目或 [块(B)]:"这样的提示，其中的英文字母如"块（B）"等，是执行各选项命令的输入字符。如果要执行"块（B）"选项，只需在该命令行中输入"B"即可。

4.1.4 定距等分

【定距等分】是将对象分为长度为指定值的多段，并在各等分位置生成点。执行【定距等分】命令的方法有以下几种。

- 功能区：单击【绘图】面板中的【定距等分】按钮，如图4-12所示。

- 菜单栏：选择【绘图】→【点】→【定距等分】命令。
- 命令行：MEASURE或ME。

执行命令后，命令行操作步骤提示如下。

```
命令:_measure //执行【定距等分】命令
选择要定距等分的对象: //选择要等分的对象,
可以是直线、圆、圆弧、样条曲线、多段线
指定线段长度或 [块(B)]:
            //输入要等分的单段长度
```

命令行中部分选项说明如下。

- "指定线段长度"：该选项为默认选项，输入的数字即为分段的长度，如图4-13所示。
- "块（B）"：该命令可以在等分点处生成用户指定的块。

　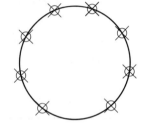

图4-12 定数等分　　图4-13 定距等分效果

4.2 绘制直线类图形

直线类图形是AutoCAD中最基本的图形对象，在AutoCAD中，根据用途的不同，可以将线分类为直线、射线、构造线、多线和多线段。不同的直线对象具有不同的特性，下面进行详细讲解。

4.2.1 直线

直线是绘图中最常用的图形对象，只要指定了起点和终点，就可绘制出一条直线。执行【直线】命令的方法有以下几种。

- 功能区：单击【绘图】面板中的【直线】按钮。
- 菜单栏：选择【绘图】→【直线】命令。
- 命令行：LINE或L。

执行命令后，命令行操作步骤提示如下。

```
命令:_line      //执行【直线】命令
指定第一个点: //输入直线段的起点,用鼠标
指定点或在命令行中输入点的坐标
指定下一点或 [放弃(U)]: //输入直线段的端点。
也可以用鼠标指定一定角度后,直接输入直线的
长度
指定下一点或 [放弃(U)]: //输入下一直线段的端
点。输入"U"表示放弃之前的输入
指定下一点或 [闭合(C)/放弃(U)]: //输入下一直
线段的端点。输入"C"使图形闭合,或按Enter
键结束命令
```

命令行中部分选项说明如下。

- ♣ "指定下一点"：当命令行提示"指定下一点"时，用户可以指定多个端点，从而绘制出多条直线段。但每一段直线段又都是一个独立的对象，可以进行单独的编辑操作，如图4-14所示。
- ♣ "闭合（C）"：绘制两条以上直线段后，

命令行会出现"闭合（C）"选项。此时如果输入C，则系统会自动连接直线命令的起点和最后一个端点，从而绘制出封闭的图形，如图4-15所示。

- ♣ "放弃（U）"：命令行出现"放弃（U）"选项时，如果输入U，则会擦除最近一次绘制的直线段，如图4-16所示。

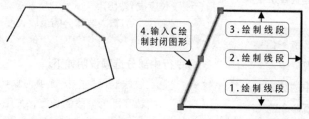

图4-14 每一段直线段均可单独编辑　　图4-15 输入C绘制封闭图形

图4-16 输入U重新绘制直线

4.2.2 射线

射线是一端固定而另一端无限延伸的直线，它只有起点和方向，没有终点。射线在AutoCAD中使用较少，通常用来作为辅助线，尤其在机械制图中可以作为三视图的投影线使用。

执行【射线】的方法有以下几种。

- ♣ 功能区：单击【绘图】面板中的【射线】按钮 ，如图4-17所示。
- ♣ 菜单栏：执行【绘图】→【射线】命令。
- ♣ 命令行：RAY。

按上述方法执行【射线】命令后，可以按命令行提示，在绘图区的任意位置处单击作为起点，然后在命令行中输入各通过点，结果如图4-18所示，命令行操作如下。

```
命令:_ray        //执行【射线】命令
指定起点:        //输入射线的起点，可以用鼠
标指定点或在命令行中输入点的坐标
指定通过点:<30    //输入（<30）表示通
过点位于与水平方向夹角为30°的直线上
角度替代：30      //射线角度被锁定至30°
指定通过点:      //在任意点处单击即可绘制
30°角度线
指定通过点:<7    //输入（<75）表示通
过点位于与水平方向夹角为75°的直线上
角度替代：75      //射线角度被锁定至75°
指定通过点:      //在任意点处单击即可绘制
75°角度线
指定通过点      //按Enter键结束命令
```

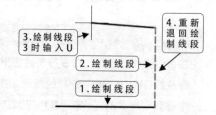

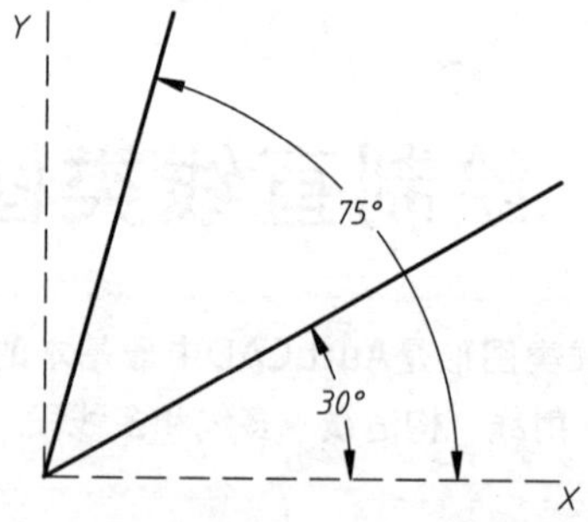

图4-17 面板中的【射线】按钮

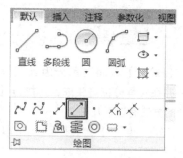

图4-18 绘制30°和75°的射线

操作技巧

调用射线命令，指定射线的起点后，可以根据"指定通过点"的提示指定多个通过点，绘制经过相同起点的多条射线，直到按Esc键或Enter键退出为止。

4.2.3 构造线

构造线是两端无限延伸的直线，没有起点和

终点，主要用于绘制辅助线和修剪边界，在建筑设计中常用来作为辅助线，在机械设计中也可作为轴线使用。构造线只需指定两个点即可确定位置和方向。

执行【构造线】命令的方法有以下几种。

- ♻ 功能区：单击【绘图】面板中的【构造线】按钮 ⟋。
- ♻ 菜单栏：执行【绘图】→【构造线】命令。
- ♻ 命令行：XLINE或XL。

执行命令后，命令行操作步骤提示如下。

```
命令：_xline       //执行【构造线】命令
指定点或 [水平(H)/垂直(V)/角度(A)/二等分(B)/偏移(O)]:       //输入第一个点
指定通过点：       //输入第二个点
指定通过点：       //继续输入点，可以继续画线，按Enter键结束命令
```

命令行中部分选项说明如下。

- ♻ "水平（H）" "垂直（V）"：选择 "水平" 或 "垂直" 选项，可以绘制水平和垂直的构造线，如图4-19所示。
- ♻ "角度（A）"：选择 "角度" 选项，可以绘制用户所输入角度的构造线，如图4-20所示。

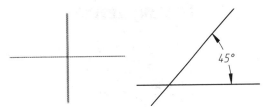

图4-19 绘制水平或垂直　　图4-20 绘制成角度的构造线
　　　　构造线

- ♻ "二等分（B）"：选择 "二等分" 选项，可以绘制两条相交直线的角平分线，如图4-21所示。绘制角平分线时，使用捕捉功能依次拾取顶点*O*、起点*A*和端点*B*即可（*A*、*B*可为直线上除*O*点外的任意点）。
- ♻ "偏移（O）"：选择【偏移】选项，可以由已有直线偏移出平行线，如图4-22所示。该选项的功能类似于【偏移】命令。通过输入偏移距离和选择要偏移的直线来绘制与该直线平行的构造线。

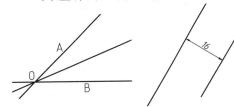

图4-21 绘制二等分构造线　　图4-22 绘制偏移的构造线

4.3 绘制圆、圆弧类图形

在AutoCAD中，圆、圆弧、椭圆、椭圆弧和圆环都属于圆类图形，其绘制方法相对于直线对象较复杂，下面分别对其进行讲解。

4.3.1 ❖ 圆 ❖

使用【圆】命令可以绘制圆图形，圆图形是简单的二维图形之一，圆的绘制在AutoCAD中非常频繁，可以用来表示柱、孔等特征。

在AutoCAD 2018中可以通过以下几种方法启动【圆】命令。

- ♻ 菜单栏：执行【绘图】→【圆】命令，如图4-23所示。
- ♻ 命令行：在命令行中输入CIRCLE/C命令。

- ♻ 功能区：在【默认】选项卡中，单击【绘图】面板中的【圆】按钮，如图4-24所示。

图4-23 【圆】菜单

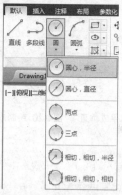

图4-24 【绘图】面板

在AutoCAD 2018菜单栏的【圆】命令中提供了6种绘制圆的子命令，各子命令的具体含义如下。

- 圆心、半径（R）：指定圆心位置和半径绘制圆，如图4-25所示。
- 圆心、直径（D）：指定圆心位置和直径绘制圆，如图4-26所示。

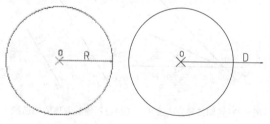

图4-25 【圆心、半径】方式绘制圆　图4-26 【圆心、直径】方式绘制圆

- 两点（2）：指定两个点位置，并以两点间的距离来绘制圆，如图4-27所示。
- 三点（3）：指定三个点绘制圆，系统会提示指定第一点、第二点和第三点，如图4-28所示。

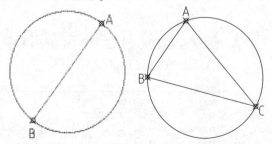

图4-27 【两点】方式绘制圆 图4-28 【三点】方式绘制圆

- 相切、相切、半径（T）：以指定的值为半径，绘制一个与两个对象相切的圆。在绘制时，需先指定与圆相切的两个对象，然后指

定圆的半径，如图4-29所示。

- 相切、相切、相切（A）：依次指定与圆相切的3个对象来绘制圆，如图4-30所示。

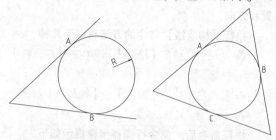

图4-29 【相切、相切、半径】方式绘制圆　图4-30 【相切、相切、相切】方式绘制圆

使用以上任意一种方法启动【圆】命令后，命令行提示如下。

命令:CIRCLE↙　//调用【圆】命令
指定圆的圆心或 [三点(3P)/两点(2P)/切点、切点、半径(T)]:

在命令行中，各选项的含义如下。

- 三点（3P）：通过3点的方式绘制圆，系统会提示指定第一点、第二点和第三点。
- 两点（2P）：通过两点方式绘制圆，系统会提示指定圆半径的起点和端点。
- 切点、起点、半径（T）：通过与两个其他对象的切点和半径绘制圆。

专家点拨

在命令行提示要求输入半径或直径时，如果输入的值无效，可以移动十字光标至合适的位置单击，系统将自动把圆心和十字光标确定的点之间的距离作为圆的半径，绘制出圆。

4.3.2 圆弧

圆弧是圆的一部分，也是一种简单图形。绘制圆弧和绘制圆相比，控制起来要困难一些。除了设定圆心和半径之外，圆弧还需要设定起始角和终止角才能完全定义。在AutoCAD 2018中可以通过以下几种方法启动【圆弧】命令。

- 菜单栏：执行【绘图】→【圆弧】命令，如图4-31所示。
- 命令行：在命令行中输入ARC/A命令。

♥ 功能区：在【默认】选项卡中，单击【绘图】面板中的【圆弧】按钮，如图4-32所示。

图4-31 【圆弧】菜单　　图4-32 【绘图】面板

在AutoCAD 2018菜单栏的【圆弧】命令中提供了11种绘制圆弧的子命令，各子命令的具体含义如下。

♥ 三点（P）：需要指定圆弧的起点、通过的第二个点和端点绘制圆弧，如图4-33所示。

♥ 起点、圆心、端点（S）：通过指定圆弧的起点、圆心、端点绘制圆弧，如图4-34所示。

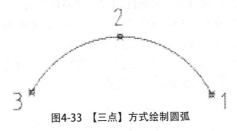

图4-33 【三点】方式绘制圆弧

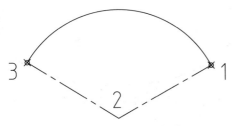

图4-34 【起点、圆心、端点】方式绘制圆弧

♥ 起点、圆心、角度（T）：通过指定圆弧的起点、圆心、弦长绘制圆弧，如图4-35所示。

♥ 起点、圆心、长度（A）：通过指定圆弧的起点、端点和圆弧半径绘制圆弧，如图4-36所示。

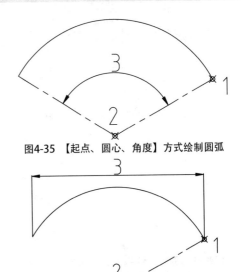

图4-35 【起点、圆心、角度】方式绘制圆弧

图4-36 【起点、圆心、长度】方式绘制圆弧

♥ 起点、端点、角度（N）：通过指定圆弧的圆心、起点、包含角绘制圆弧，如图4-37所示。

♥ 起点、端点、方向（D）：通过指定圆弧的起点、端点和圆弧的起点切向绘制圆弧，如图4-38所示。

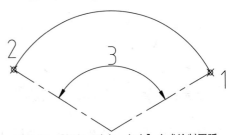

图4-37 【起点、端点、角度】方式绘制圆弧

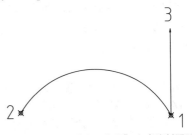

图4-38 【起点、端点、方向】方式绘制圆弧

♥ 起点、端点、半径（R）：通过指定圆弧的起点、端点和圆弧半径绘制圆弧，如图4-39所示。

♥ 圆心、起点、端点（C）：通过圆弧的圆心、起点和端点绘制圆弧，如图4-40所示。

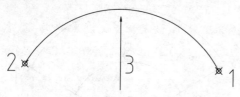

图4-39 【起点、端点、半径】方式绘制圆弧

图4-40 【圆心、起点、端点】方式绘制圆弧

♣ 圆心、起点、角度（E）：通过圆弧的圆心、起点、圆心角绘制圆弧，如图4-41所示。

♣ 圆心、起点、长度（L）：通过圆弧圆心、起点、弦长绘制圆弧，如图4-42所示。

♣ 继续：以上一段圆弧的终点为起点接着绘制圆弧。

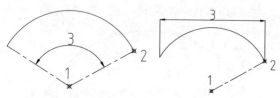

图4-41 【圆心、起点、角度】方式绘制圆弧　图4-42 【起点、圆心、端点】方式绘制圆弧

如图4-43所示，捕捉图形的 *A* 点为圆弧的起点，捕捉 *B* 点为圆弧的端点，输入【半径】参数为1031.69，完成圆弧的绘制操作。执行【圆弧】命令后，命令行提示如下。

```
命令: arc↙        //调用【圆弧】命令
圆弧创建方向: 逆时针(按住 Ctrl 键可切换方向)。
指定圆弧的起点或 [圆心(C)]:  //捕捉A点为起点
指定圆弧的第二个点或 [圆心(C)/端点(E)]: _e//选
择【端点（E）】选项
指定圆弧的端点:  //捕捉B点为端点
指定圆弧的圆心或 [角度(A)/方向(D)/半径(R)]: _r↙
            //选择【半径（R）】选项
指定圆弧的半径: 1031.69↙    //输入圆弧半
径，完成圆弧绘制
```

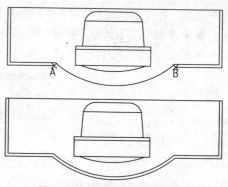

图4-43 绘制圆弧的前后对比效果

在命令行中各选项的含义如下。

♣ 圆心（C）：用于指定圆弧所在圆的圆心。

♣ 端点（E）：用于指定圆弧端点。

♣ 角度（A）：用于指定圆弧的角度。

♣ 方向（D）：用于指定圆弧的方向。

♣ 半径（R）：用于指定圆弧的半径。

4.3.3 ❖椭圆❖

椭圆是到两定点（焦点）的距离之和为定值的所有点的集合，与圆相比，椭圆的半径长度不一，形状由定义其长度和宽度的两条轴决定，较长的称为长轴，较短的称为短轴，如图4-44所示。在建筑绘图中，很多图形都是椭圆形的，如地面拼花、室内吊顶造型等，在机械制图中也一般用椭圆来绘制轴测图上的圆。

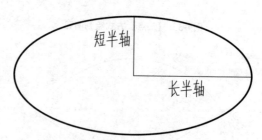

图4-44 椭圆的长轴和短轴

在AutoCAD 2018中启动绘制【椭圆】命令有以下几种常用方法。

♣ 功能区：单击【绘图】面板中的【椭圆】按钮，即【圆心】或【轴，端点】按钮，如图4-45所示。

♣ 菜单栏：执行【绘图】→【椭圆】命令，如图4-46所示。

♣ 命令行：ELLIPSE或EL。

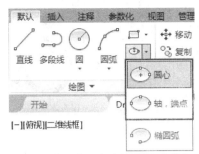

图4-45 【绘图】面板中的【椭圆】按钮

图4-46 不同输入半径的圆弧

执行命令后，命令行操作步骤提示如下。

```
命令：_ellipse    //执行【椭圆】命令
指定椭圆的轴端点或 [圆弧(A)/中心点(C)]：_c
//系统自动选择绘制对象为椭圆
指定椭圆的中心点:    //在绘图区中指定椭圆
的中心点
指定轴的端点:    //在绘图区中指定一点
指定另一条半轴长度或 [旋转(R)]：//在绘图区中
指定一点或输入数值
```

在【绘图】面板【椭圆】按钮的下拉列表中有【圆心】和【轴，端点】2种方法，各方法含义介绍如下。

- 【圆心】：通过指定椭圆的中心点、一条轴的一个端点及另一条轴的半轴长度来绘制椭圆，如图4-47所示。即命令行中的"中心点（C）"选项。

- 【轴，端点】：通过指定椭圆一条轴的两个端点及另一条轴的半轴长度来绘制椭圆，如图4-48所示。即命令行中的"圆弧（A）"选项。

图4-47 【圆心】方式绘制　图4-48 【轴，端点】方式
椭圆　　　　　　　　　绘制椭圆

4.3.4 椭圆弧

椭圆弧是椭圆的一部分。绘制椭圆弧需要确定的参数有：椭圆弧所在椭圆的两条轴及椭圆弧的起点和终点的角度。执行【椭圆弧】命令的方法有以下2种。

- 面板：单击【绘图】面板中的【椭圆弧】按钮。

- 菜单栏：执行【绘图】→【椭圆】→【椭圆弧】命令。

执行命令后，命令行操作步骤提示如下。

```
命令：_ellipse    //执行【椭圆弧】命令
指定椭圆的轴端点或 [圆弧(A)/中心点(C)]：_a
//系统自动选择绘制对象为椭圆弧
指定椭圆弧的轴端点或 [中心点(C)]：//在绘图
区指定椭圆一轴的端点
指定轴的另一个端点:    //在绘图区指定该轴的另
一端点
指定另一条半轴长度或 [旋转(R)]：//在绘图区中
指定一点或输入数值
指定起点角度或 [参数(P)]：//在绘图区中指定一
点或输入椭圆弧的起始角度
指定端点角度或 [参数(P)/夹角(I)]：//在绘图区中
指定一点或输入椭圆弧的终止角度
```

【椭圆弧】中各选项含义与【椭圆】一致，唯有在指定另一半轴长度后，会提示指定起点角度与端点角度来确定椭圆弧的大小，这时有两种指定方法，即"角度（A）"和"参数（P）"，分别介绍如下。

- "角度（A）"：输入起点与端点角度来确定椭圆弧，角度以椭圆轴中较长的一条为基准进行确定，如图4-49所示。

- "参数（P）"：用参数化矢量方程式（ $pn=c+a \times \cos n+b \times \sin n$ 定义椭圆弧的端

点角度，其中 n 是用户输入的参数；c 是椭圆弧的半焦距；a 和 b 分别是椭圆长轴与短轴的半轴长。使用"起点参数"选项可以从角度模式切换到参数模式。模式用于控制计算椭圆的方法。

♣ "夹角（I）"：指定椭圆弧的起点角度后，可选择该选项，然后输入夹角角度来确定圆弧，如图4-50所示。值得注意的是，89.4°~90.6°之间的夹角值无效，因为此时椭圆将显示为一条直线，如图4-51所示。这些角度值的倍数将每隔90°产生一次镜像效果。

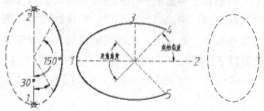

图4-49 "角度 图4-50 "夹角（I）" 图4-51 夹角在
（A）"绘制 制椭圆弧 89.4°~90.6°之
椭圆弧   间不显示椭圆弧

操作技巧

椭圆弧的起始角度从长轴开始计算。

4.3.5 ▪ 圆环 ▪

圆环是由同一圆心、不同直径的两个同心圆组成的，控制圆环的参数是圆心、内直径和外直径。圆环可分为"填充环"（两个圆形中间的面积填充，可用于绘制电路图中的各结点）和"实体填充圆"（圆环的内径为0，可用于绘制各种标识）。圆环的典型示例如图4-52所示。

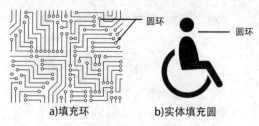

a)填充环   b)实体填充圆

图4-52 圆环的典型示例

执行【圆环】命令的方法有以下3种。

♣ 功能区：在【默认】选项卡中，单击【绘图】面板中的【圆环】按钮◎。

♣ 菜单栏：选择【绘图】→【圆环】菜单命令。

♣ 命令行：DONUT或DO。

执行命令后，命令行操作步骤提示如下。

```
命令:_donut        //执行【圆环】命令
指定圆环的内径 <0.5000>:10↙ //指定圆环内径
指定圆环的外径 <1.0000>:20↙ //指定圆环外径
指定圆环的中心点或 <退出>:        //在绘图区中
指定一点放置圆环，放置位置为圆心
指定圆环的中心点或 <退出>: *取消*  //按Esc键
退出圆环命令
```

在绘制圆环时，命令行提示指定圆环的内径和外径，正常圆环的内径小于外径，且内径不为零，则效果如图4-53所示；若圆环的内径为0，则圆环为一黑色实心圆，如图4-54所示；如果内径与外径相等，则显示一普通圆，如图4-55所示。

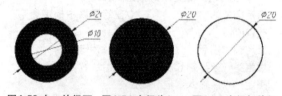

图4-53 内、外径不 图4-54 内径为0， 图4-55 内径与外径
相等   外径为20mm 均为20mm

4.4 多段线

多段线又称为多义线，是AutoCAD中常用的一类复合图形对象。由多段线所构成的图形是一个整体，可以统一对其进行编辑修改。

4.4.1 ▪ 多段线概述 ▪

使用【多段线】命令可以生成由若干条直线和圆弧首尾连接形成的复合线实体。所谓复合对象，即是指图形的所有组成部分均为一整体，单击时会选择整个图形，不能进行选择性编辑。直线与多段线的选择效果对比如图4-56所示。

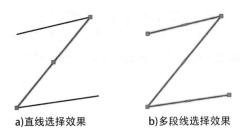

a)直线选择效果　　b)多段线选择效果

图4-56 直线与多段线的选择效果对比

调用【多段线】命令的方式如下。

- ❦ 功能区：单击【绘图】面板中的【多段线】按钮➷，如图4-57所示。
- ❦ 菜单栏：调用【绘图】→【多段线】菜单命令，如图4-58所示。
- ❦ 命令行：PLINE或PL。

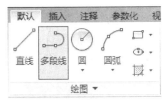

图4-57 【绘图】面板中的【多段线】按钮

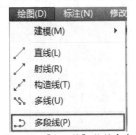

图4-58 【多段线】菜单命令

执行命令后，命令行操作步骤提示如下。

```
命令: _pline      //执行【多段线】命令
指定起点:         //在绘图区中任意指定一点为
起点，有临时的加号标记显示
当前线宽为 0.0000    //显示当前线宽
指定下一个点或 [圆弧(A)/半宽(H)/长度(L)/放弃
(U)/宽度(W)]: //指定多段线的端点
指定下一点或 [圆弧(A)/闭合(C)/半宽(H)/长度
(L)/放弃(U)/宽度(W)]:   //指定下一段多段线的
端点
指定下一点或 [圆弧(A)/闭合(C)/半宽(H)/长度
(L)/放弃(U)/宽度(W)]:   //指定下一端点或按
Enter键结束
```

由于多段线中各子选项众多，因此通过以下两个部分进行讲解：多段线—直线、多段线—圆弧。

4.4.2 多段线—直线

在执行多段线命令时，选择"直线（L）"子选项后便开始创建直线，是默认的选项。若要开始绘制圆弧，可选择"圆弧（A）"选项。直线状态下的多段线，除"长度（L）"子选项之外，其余均为通用选项，其含义分别介绍如下。

- ❦ "闭合（C）"：该选项含义同【直线】命令中的一致，可连接第一条和最后一条线段，以创建闭合的多段线。
- ❦ "半宽（H）"：指定从线段宽度的中心到一条边的宽度。选择该选项后，命令行提示用户分别输入起点与端点的半宽值，而起点宽度将成为默认的端点宽度，如图4-59所示。
- ❦ "长度（L）"：按照与上一线段相同的角度、方向创建指定长度的线段。如果上一线段是圆弧，将创建与该圆弧段相切的新直线段。
- ❦ "宽度（W）"：设置多段线起始与结束的宽度值。选择该选项后，命令行提示用户分别输入起点与端点的宽度值，而起点宽度将成为默认的端点宽度，如图4-60所示。

图4-59 半宽为2mm　　图4-60 宽度为4mm

为多段线指定宽度后，有如下几点需要注意。

- ❦ 带有宽度的多段线其起点与端点仍位于中心处，如图4-61所示。
- ❦ 一般情况下，带有宽度的多段线在转折角处会自动相连，如图4-62所示；但在圆弧段互不相切、有非常尖锐的角（小于29°）或者使用点画线线型的情况下将不倒角，如图4-63所示。

图4-61 多段线位于宽度效果　图4-62 多段线在转角处自的中点　　　　　　　　动相连

图4-63 多段线在转角处不相连的情况

直线与圆弧不相切

角度小于29°或为点画线

29°

4.4.3 多段线—圆弧

在执行多段线命令时，选择"圆弧（A）"子选项后便开始创建与上一线段（或圆弧）相切的圆弧段，如图4-64所示。若要重新绘制直线，可选择"直线（L）"选项。

a)上一段为直线　　　　b)上一段为圆弧

图4-64 多段线创建圆弧时自动相切

执行命令后，命令行操作步骤提示如下。

```
命令:_pline        //执行【多段线】命令
指定起点: //在绘图区中任意指定一点为起点
当前线宽为 0.0000
指定下一个点或 [圆弧(A)/半宽(H)/长度(L)/放弃
(U)/宽度(W)]:A↙ //选择"圆弧"子选项
指定圆弧的端点(按住 Ctrl 键以切换方向)或 //指
定圆弧的一个端点
[角度(A)/圆心(CE)/方向(D)/半宽(H)/直线(L)/半
径(R)/第二个点(S)/放弃(U)/宽度(W)]:
指定圆弧的端点(按住 Ctrl 键以切换方向)或 //指
定圆弧的另一个端点
[角度(A)/圆心(CE)/闭合(CL)/方向(D)/半宽(H)/直线
(L)/半径(R)/第二个点(S)/放弃(U)/宽度(W)]:*取消
```

根据上面的命令行操作过程可知，在执行"圆弧（A）"子选项下的【多段线】命令时，会出现9种子选项，各选项含义部分介绍如下。

♣ "角度（A）"：指定圆弧段的从起点开始的包含角，如图4-65所示。输入正数将按逆时针方向创建圆弧段。输入负数将按顺时针方向创建圆弧段。方法类似于"起点、端点、角度"绘制圆弧。

♣ "圆心（CE）"：通过指定圆弧的圆心来绘制圆弧段，如图4-66所示。方法类似于"起点、圆心、端点"绘制圆弧。

♣ "方向（D）"：通过指定圆弧的切线来绘制圆弧段，如图4-67所示。方法类似于"起点、端点、方向"绘制圆弧。

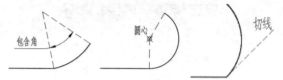

图4-65 通过角度　　图4-66 通过圆心　　图4-67 通过切线
绘制多段线圆弧　　绘制多段线圆弧　　绘制多段线圆弧

♣ "直线（L）"：从绘制圆弧切换到绘制直线。

♣ "半径（R）"：通过指定圆弧的半径来绘制圆弧，如图4-68所示。方法类似于"起点、端点、半径"绘制圆弧。

♣ "第二个点（S）"：通过指定圆弧上的第二点和端点来进行绘制，如图4-69所示。方法类似于"三点"绘制圆弧。

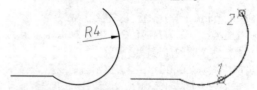

图4-68 通过半径绘制多段　　图4-69 通过第二个点绘制
线圆弧　　　　　多段线圆弧

4.5 多线

多线是一种由多条平行线组成的组合图形对象，它可以由1~16条平行直线组成。多线在实际工程设计中的应用非常广泛，如建筑平面图中绘制墙体、规划设计中绘制道路、机械设计中绘制键、管道工程设计中绘制管道剖面等，如图4-70所示。

4.5.1 多线概述

使用【多线】命令可以快速生成大量平行直线，多线同多段线一样，也是复合对象，绘制的每一条多线都是一个完整的整体，不能对其进行偏移、延伸、修剪等编辑操作，只能将其分解为多条直线后才能编辑。各行业中多线应用如图4-70所示。

 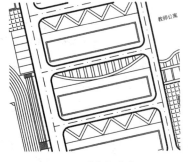 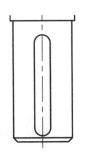

a)建筑平面图中的墙体　　　d)规划设计中的道路　　　c)机械设计中的键

图4-70 各行业中的多线应用

【多线】的操作步骤与【多段线】类似，稍有不同的是【多线】需要在绘制前设置好样式与其他参数，开始绘制后便不能再随意更改。而【多段线】在一开始并不需做任何设置，而在绘制的过程中可以根据众多的子选项随时进行调整。

4.5.2 设置多线样式

系统默认的STANDARD样式由两条平行线组成，并且平行线的间距是定值。如果要绘制不同规格和样式的多线（带封口或更多数量的平行线），就需要设置多线的样式。

执行【多线样式】命令的方法有以下几种。

☘ 菜单栏：选择【格式】→【多线样式】命令。

☘ 命令行：MLSTYLE。

使用上述方法打开【多线样式】对话框，其中可以新建、修改或者加载多线样式，如图4-71所示；单击其中的【新建】按钮，可以打开【创建新的多线样式】对话框，然后定义新多线样式的名称（如平键），如图4-72所示。

图4-71 【多线样式】对话框

图4-72 【创建新的多线样式】对话框

接着单击【继续】按钮，便打开【新建多线样式】对话框，可以在其中设置多线的各种特性，如图4-73所示。

图4-73 【新建多线样式】对话框

【新建多线样式】对话框中各选项的含义如下。

☘ 【封口】：设置多线的平行线段之间两端封口的样式。当取消【封口】选项区中的复选框勾选，绘制的多段线两端将呈打开状态，图4-74所示为多线的各种封口形式。

a)无封口   b)直线封口   c)外弧封口   d)内弧封口   e)有角度

图4-74 多线的各种封口形式

♣ 【填充颜色】下拉列表：设置封闭的多线
内的填充颜色，选择【无】选项，表示使用
透明颜色填充，如图4-75所示。

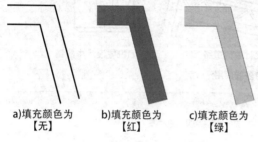

a)填充颜色为   b)填充颜色为   c)填充颜色为
【无】   【红】   【绿】

图4-75 各多线的填充颜色效果

♣ 【显示连接】复选框：显示或隐藏每条多线
段顶点处的连接，效果如图4-76所示。

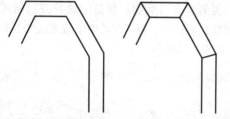

a)不勾选【显示连接】效果   b)勾选【显示连接】效果

图4-76 【显示连接】复选框效果

♣ 图元：构成多线的元素，通过单击【添加】
按钮可以添加多线的构成元素，也可以通过
单击【删除】按钮删除这些元素。

♣ 偏移：设置多线元素从中线的偏移值，值为
正表示向上偏移，值为负表示向下偏移。

♣ 颜色：设置组成多线元素的直线线条颜色。

♣ 线型：设置组成多线元素的直线线条线型。

4.5.3 ■ 绘制多线 ■

在AutoCAD中执行【多线】命令的方法不
多，只有以下2种。

♣ 菜单栏：选择【绘图】→【多线】命令。

♣ 命令行：MLINE或ML。

执行命令后，命令行操作步骤提示如下。

```
命令:_mline      //执行【多线】命令
当前设置: 对正 = 上，比例 = 20.00，样式 =
STANDARD      //显示当前的多线设置
指定起点或 [对正(J)/比例(S)/样式(ST)]: //指定多
线起点或修改多线设置
指定下一点:      //指定多线的端点
指定下一点或 [放弃(U)]: //指定下一段多线的端点
指定下一点或 [闭合(C)/放弃(U)]:   //指定下一段
多线的端点或按Enter键结束
```

执行【多线】的过程中，命令行会出现3种
设置类型："对正（J）""比例（S）""样式
（ST）"，分别介绍如下。

♣ "对正（J）"：设置绘制多线时相对于输
入点的偏移位置。该选项有【上】、【无】
和【下】3个选项，【上】表示多线顶端的
线随着光标移动；【无】表示多线的中心线
随着光标移动；【下】表示多线底端的线随
着光标移动，如图4-77所示。

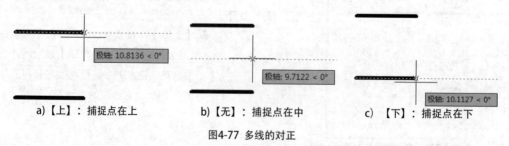

a)【上】：捕捉点在上   b)【无】：捕捉点在中   c)【下】：捕捉点在下

图4-77 多线的对正

♦ "比例（S）"：设置多线样式中多线的宽度比例，可以快速定义多线的间隔宽度，如图4-78所示。

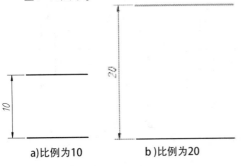

a）比例为10   b）比例为20

图4-78 多线的比例

♦ "样式（ST）"：设置绘制多线时使用的样式，默认的多线样式为STANDARD，选择该选项后，可以在提示信息"输入多线样式"或"？"后面输入已定义的样式名。输入"？"则会列出当前图形中所有的多线样式。

4.5.4 编辑多线

之前介绍了多线是复合对象，只能将其分解为多条直线后才能编辑。但在AutoCAD中，也可以用自带的【多线编辑工具】对话框进行编辑。

打开【多线编辑工具】对话框的方法有以下3种。

♦ 菜单栏：执行【修改】→【对象】→【多线】命令，如图4-79所示。

♦ 命令行：MLEDIT。

♦ 快捷操作：双击绘制的多线图形。

执行上述任一命令后，系统自动弹出【多线编辑工具】对话框，如图4-80所示。根据图样单击选择一种适合的工具图标，即可使用该工具编辑多线。

图4-79 【菜单栏】调用【多线】编辑命令

图4-80 【多线编辑工具】对话框

【多线编辑工具】对话框中共有4列12种多线编辑工具：第一列为十字交叉编辑工具，第二列为T形交叉编辑工具，第三列为角点结合编辑工具，第四列为中断或接合编辑工具。具体介绍如下。

♦ 【十字闭合】：可在两条多线之间创建闭合的十字交点。选择该工具后，先选择第一条多线，作为打断的隐藏多线；再选择第二条多线，即前置的多线，效果如图4-81所示。

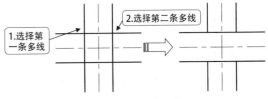

图4-81 十字闭合

♦ 【十字打开】：在两条多线之间创建打开的十字交点。打断将插入第一条多线的所有元素和第二条多线的外部元素，效果如图4-82所示。

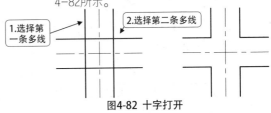

图4-82 十字打开

♦ 【十字合并】：在两条多线之间创建合并的十字交点。选择多线的次序并不重要，效果如图4-83所示。

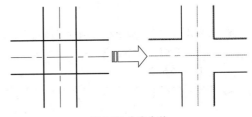

图4-83 十字合并

对于双数多线来说,"十字打开"和"十字合并"结果是一样的;但对于三线,中间线的结果是不一样的,效果如图4-84所示。

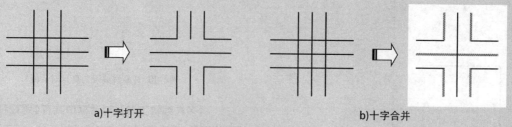

a)十字打开　　　　　　　　　　b)十字合并

图4-84 三线的编辑效果

♣ 【T形闭合】:在两条多线之间创建闭合的T形交点。将第一条多线修剪或延伸到与第二条多线的交点处,如图4-85所示。

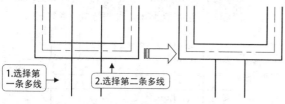

图4-85 T形闭合

♣ 【T形打开】:在两条多线之间创建打开的T形交点。将第一条多线修剪或延伸到与第二条多线的交点处,如图4-86所示。

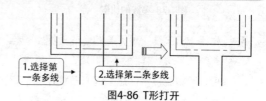

图4-86 T形打开

♣ 【T形合并】:在两条多线之间创建合并的T形交点。将多线修剪或延伸到与另一条多线的交点处,如图4-87所示。

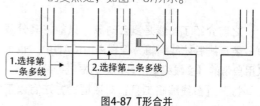

图4-87 T形合并

【T形闭合】、【T形打开】和【T形合并】的选择对象顺序应先选择T形的下半部分,再选择T形的上半部分,如图4-88所示。

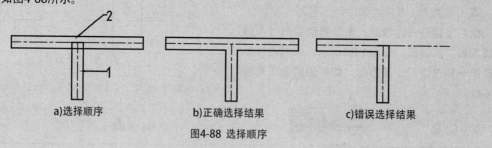

a)选择顺序　　　　b)正确选择结果　　　　c)错误选择结果

图4-88 选择顺序

♣ 【角点结合】:在多线之间创建角点结合。将多线修剪或延伸到它们的交点处,效果如图4-89所示。

♣ 【添加顶点】:向多线上添加一个顶点。新添加的角点可以用于夹点编辑,效果如图4-90所示

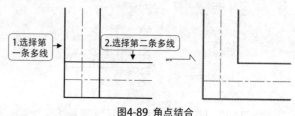

图4-89 角点结合

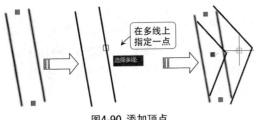

图4-90 添加顶点

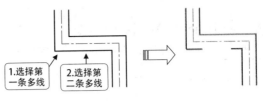

图4-92 单个剪切

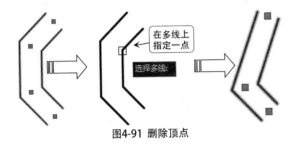

图4-91 删除顶点

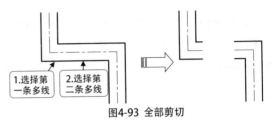

图4-93 全部剪切

❖ 【删除顶点】：从多线上删除一个顶点，效
果如图4-91所示。

❖ 【全部接合】：将已被剪切的多线线段重新
接合起来，如图4-94所示。

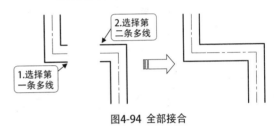

图4-94 全部接合

❖ 【单个剪切】：在选定多线元素中创建可见
打断，效果如图4-92所示。

❖ 【全部剪切】：创建穿过整条多线的可见打
断，效果如图4-93所示。

4.6 矩形与多边形

多边形图形包括矩形和正多边形，也是在绘图过程中使用较多的一类图形。

4.6.1 ❖ 矩形 ❖

矩形就是通常说的长方形，是通过输入矩形的任意两个对角位置确定的，在AutoCAD中绘制矩形
可以为其设置倒角、圆角以及宽度和厚度值，如图4-95所示。

a)直角矩形　　　　b)倒角矩形　　　　c)圆角矩形　　　　d)有宽度的矩形　　　　e)有厚度的矩形

图4-95 各种样式的矩形

调用【矩形】命令的方法如下。

❖ 功能区：在【默认】选项卡中，单击【绘
图】面板中的【矩形】按钮▭。

❖ 菜单栏：执行【绘图】→【矩形】菜单

命令。

❖ 命令行：RECTANG或REC。

执行该命令后，命令行提示如下。

命令:_rectang //执行【矩形】命令
指定第一个角点或[倒角(C)/标高(E)/圆角(F)/厚度(T)/宽度(W)]://指定矩形的第一个角点
指定另一个角点或 [面积(A)/尺寸(D)/旋转(R)]:
//指定矩形的对角点

在指定第一个角点前，有5个子选项，而指定第二个对角点时有3个子选项，各选项含义具体介绍如下。

- "倒角（C）"：用来绘制倒角矩形，选择该选项后可指定矩形的倒角距离，如图4-96所示。设置该选项后，执行矩形命令时此值成为当前的默认值，若不需设置倒角，则要再次将其设置为0。
- "标高（E）"：指定矩形的标高，即Z方向上的值。选择该选项后可在高为标高值的平面上绘制矩形，如图4-97所示。

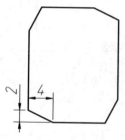
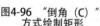
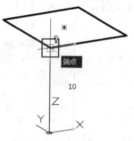

图4-96 "倒角（C）"方式绘制矩形　　图4-97 "标高（E）"方式绘制矩形

- "圆角（F）"：用来绘制圆角矩形。选择该选项后可指定矩形的圆角半径，绘制带圆角的矩形，如图4-98所示。
- "厚度（T）"：用来绘制有厚度的矩形，该选项为要绘制的矩形指定Z轴上的厚度值，如图4-99所示。
- "宽度（W）"：用来绘制有宽度的矩形，该选项为要绘制的矩形指定线的宽度，效果如图4-100所示。

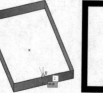

图4-98 "圆角（F）"方式绘制矩形　图4-99 "厚度（T）"方式绘制矩形　图4-100 "宽度（W）"方式绘制矩形

如果矩形的长度和宽度太小而无法使用当前设置创建矩形时，绘制出来的矩形将不进行圆角或倒角。

- 面积：该选项提供另一种绘制矩形的方式，即通过确定矩形面积大小的方式绘制矩形。
- 尺寸：该选项通过输入矩形的长和宽确定矩形的大小。
- 旋转：选择该选项，可以指定绘制矩形的旋转角度。

4.6.2 多边形

正多边形是由三条或三条以上长度相等的线段首尾相接形成的闭合图形，其边数在3～1024之间，图4-101所示为各种正多边形的效果。

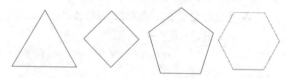

a)三角形　b)四边形　c)五边形　d)六边形
图4-101 各种正多边形

启动【多边形】命令有以下3种方法。

- 功能区：在【默认】选项卡中，单击【绘图】面板中的【多边形】按钮。
- 菜单栏：执行【绘图】→【多边形】菜单命令。
- 命令行：POLYGON或POL。

执行【多边形】命令后，命令行将出现如下提示。

命令: POLYGON↙ //执行【多边形】命令
输入侧面数 <4>://指定多边形的边数，默认状态为四边形
指定正多边形的中心点或 [边(E)]: //确定多边形的一条边来绘制正多边形，由边数和边长确定
输入选项 [内接于圆(I)/外切于圆(C)] <I>: //选择正多边形的创建方式
指定圆的半径: //指定创建正多边形时的内接于圆或外切于圆的半径

执行【多边形】命令时，在命令行中共有4种绘制方法，具体介绍如下。

❖ 中心点：通过指定正多边形中心点的方式来绘制正多边形，为默认方式，如图4-102所示。

❖ "边（E）"：通过指定多边形边的方式来绘制正多边形。该方式将通过边的数量和长度确定正多边形，如图4-103所示。选择该方式后不可指定"内接于圆"或"外切于圆"选项。

❖ "内接于圆（I）"：该选项表示以指定正多边形内接圆半径的方式来绘制正多边形，如图4-104所示。

❖ "外切于圆（C）"：内接于圆表示以指定正多边形内接圆半径的方式来绘制正多边形；外切于圆表示以指定正多边形外切圆半径的方式来绘制正多边形，如图4-105所示。

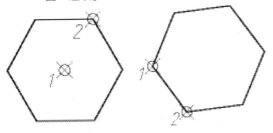

图4-102 中心点绘制多边形　图4-103 "边（E）"绘制多边形

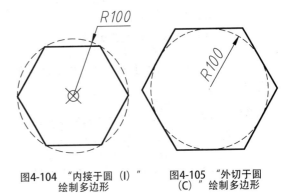

图4-104 "内接于圆（I）"绘制多边形　图4-105 "外切于圆（C）"绘制多边形

4.7 样条曲线

样条曲线是经过或接近一系列给定点的平滑曲线，它能够自由编辑，以及控制曲线与点的拟合程度。在景观设计中，常用来绘制水体、流线形的园路及模纹等；在建筑制图中，常用来表示剖面符号等图形；在机械产品设计领域则常用来表示某些产品的轮廓线或剖切线。

4.7.1 绘制样条曲线

在AutoCAD 2018中，样条曲线可分为"拟合点样条曲线"和"控制点样条曲线"两种，"拟合点样条曲线"的拟合点与曲线重合，如图4-106所示；"控制点样条曲线"是通过曲线外的控制点控制曲线的形状，如图4-107所示。

调用【样条曲线】命令的方法如下。

❖ 功能区：单击【绘图】滑出面板上的【样条曲线拟合】按钮🎇或【样条曲线控制点】按钮🎇，如图4-108所示。

❖ 菜单栏：执行【绘图】→【样条曲线】命令，然后在子菜单中选择【拟合点】或【控制点】命令，如图4-109所示。

❖ 命令行：SPLINE或SPL。

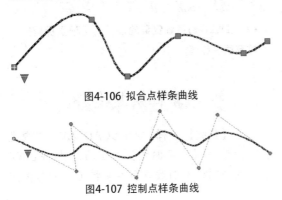

图4-106 拟合点样条曲线

图4-107 控制点样条曲线

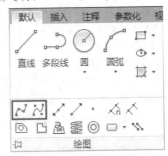

图4-108 【绘图】面板中的样条曲线按钮

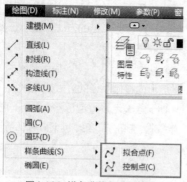

图4-109 样条曲线的菜单命令

执行【样条曲线拟合】命令时，命令行操作介绍如下。

```
命令: _SPLINE  //执行【样条曲线拟合】命令
当前设置: 方式=拟合 节点=弦
        //显示当前样条曲线的设置
指定第一个点或 [方式(M)/节点(K)/对象(O)]: _M
        //系统自动选择
输入样条曲线创建方式 [拟合(F)/控制点(CV)] <拟
合>: _FIT //系统自动选择"拟合"方式
当前设置: 方式=拟合 节点=弦
        //显示当前方式下的样条曲线设置
指定第一个点或 [方式(M)/节点(K)/对象(O)]:
        //指定样条曲线起点或选择创建方式
输入下一个点或 [起点切向(T)/公差(L)]:
        //指定样条曲线上的第2点
输入下一个点或 [端点相切(T)/公差(L)/放弃(U)/
闭合(C)]: //指定样条曲线上的第3点
        //要创建样条曲线，最少需指定3个点
```

执行【样条曲线控制点】命令时，命令行操作介绍如下。

```
命令: _SPLINE //执行【样条曲线控制点】命令
当前设置: 方式=控制点 阶数=3
        //显示当前样条曲线的设置
指定第一个点或 [方式(M)/阶数(D)/对象(O)]: _M
        //系统自动选择
输入样条曲线创建方式 [拟合(F)/控制点(CV)] <拟
合>: _CV //系统自动选择"控制点"方式
当前设置: 方式=控制点 阶数=3
        //显示当前方式下的样条曲线设置
指定第一个点或 [方式(M)/阶数(D)/对象(O)]:
        //指定样条曲线起点或选择创建方式
输入下一个点: //指定样条曲线上的第2点
输入下一个点或 [闭合(C)/放弃(U)]:
        //指定样条曲线上的第3点
```

虽然在AutoCAD 2018中，绘制样条曲线有【样条曲线拟合】和【样条曲线控制点】两种方式，但是操作过程却基本一致，只有少数选项有区别（"节点"与"阶数"），命令行中各选项统一介绍如下。

- "拟合（F）"：即执行【样条曲线拟合】方式，通过指定样条曲线必须经过的拟合点来创建3阶（三次）B样条曲线。在公差值大于0（零）时，样条曲线必须在各个点的指定公差距离内。

- "控制点（CV）"：即执行【样条曲线控制点】方式，通过指定控制点来创建样条曲线。使用此方法创建1阶（线性）、2阶（二次）、3阶（三次）直到最高为10阶的样条曲线。通过移动控制点调整样条曲线的形状通常可以获得比移动拟合点更好的效果。

- "节点（K）"：指定节点参数化，是一种计算方法，用来确定样条曲线中连续拟合点之间的零部件曲线如何过渡。该选项下有3个子选项，分别为"弦""平方根"和"统一"。

- "阶数（D）"：设置生成的样条曲线的多项式阶数。使用此选项可以创建1阶（线性）、2阶（二次）、3阶（三次）直到最高10阶的样条曲线。

- "对象（O）"：执行该选项后，选择二维或三维的、二次或三次的多段线，可将其转换成等效的样条曲线，如图4-110所示。

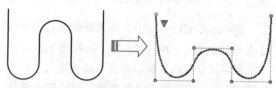

图4-110 将多段线转换为样条曲线

操作技巧

根据 DELOBJ系统变量的设置，可设置保留或放弃原多段线。

4.7.2 编辑样条曲线

与【多线】一样，AutoCAD 2018也提供了专门编辑【样条曲线】的工具。由SPLINE命令绘制的样条曲线具有许多特征，如数据点的数量及位置、端点特征性及切线方向等，用 SPLINEDIT（编辑样条曲线）命令可以改变曲线的这些特征。

要对样条曲线进行编辑，有以下3种方法。

- 功能区：在【默认】选项卡中，单击【修改】面板中的【编辑样条曲线】按钮，如图4-111所示。
- 菜单栏：选择【修改】→【对象】→【样条曲线】菜单命令，如图4-112所示。
- 命令行：SPEDIT。

图4-111 【绘图】面板中的样条曲线编辑按钮

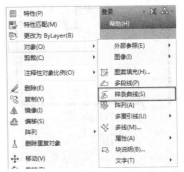

图4-112 【菜单栏】调用【样条曲线】编辑命令

按上述方法执行【编辑样条曲线】命令后，选择要编辑的样条曲线，便会在命令行中出现如下提示。

输入选项[闭合(C)/合并(J)/拟合数据(F)/编辑顶点(E)/转换为多线段(P)/反转(R)/放弃(U)/退出(X)]:<退出>

选择其中的子选项即可执行对应命令。

4.8 综合实例

4.8.1 绘制简单图形

绘制图4-113所示的图形（不考虑线宽），熟悉AutoCAD 2018中直线、矩形、圆等命令的运用。

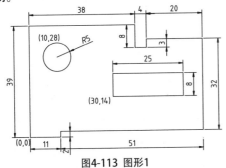

图4-113 图形1

1. 确定工作空间并设置图形界限

01 ＊启动 AutoCAD 2018，执行【文件】→【新建】命令，新建空白文件。

02 ＊设置 A4 纸横放的图形界限。调用 LIMITS【图形界限】命令，根据命令行的提示，指定左下角点

(0,0)，指定右上角点（297,210），按 Enter 键确定。

03 ＊调用 DS 命令，系统弹出【草图设置】对话框，单击选择【捕捉和栅格】选项卡，取消勾选【显示超出界限的栅格】复选框，再按 F7 键显示栅格。

04 ＊双击鼠标滚轮，则绘图区此时将出现 A4 纸横放大小的图形界限，如图 4-114 所示。

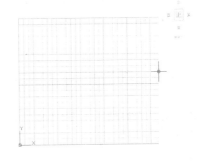

图4-114 图形界限

2. 绘制图形

01 ＊调用 L【直线】命令，绘制直线，如图 4-115 所示，其命令行的提示如下。

图4-115 绘制直线

```
命令: L↙        //调用绘制直线命令
指定第一点: 0, 0↙  //指定第一点的坐标为（0，0）
指定下一点或 [放弃(U)]: @11,0↙
指定下一点或 [放弃(U)]: @0,2↙
指定下一点或 [放弃(U)]: @51,0↙
指定下一点或 [闭合(C)/放弃(U)]: @0,32↙
指定下一点或 [放弃(U)]: @-20,0↙
指定下一点或 [放弃(U)]: @0,-3↙
指定下一点或 [闭合(C)/放弃(U)]: @-4,0↙
指定下一点或 [闭合(C)/放弃(U)]: @0,8↙
指定下一点或 [放弃(U)]: @-38,0↙
指定下一点或 [闭合(C)/放弃(U)]: c↙
        //依次利用相对坐标输入方式，绘制直线
```

02 ∗ 调用 C【圆】命令，绘制图 4-116 所示的圆，根据命令行的提示，首先指定圆心坐标（10,28），再设置圆的半径为 5mm，按 Enter 键确定。

03 ∗ 调用 REC【矩形】命令，绘制如图 4-117 所示的矩形，根据命令行的提示，指定第一个角点（30,14），再指定第二个角点（@ 25,8），按 Enter 键确定，完成图形的绘制。

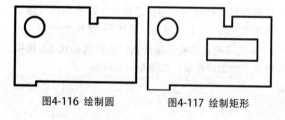

图4-116 绘制圆　　　　图4-117 绘制矩形

4.8.2 绘制异形墙体

本实例通过绘制图4-118所示的墙体，熟悉多线的绘制和编辑方法。

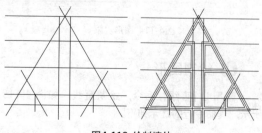

图4-118 绘制墙体

❶ 打开素材文件

启动AutoCAD 2018，单击【快速访问】工具栏中的【打开】按钮📁，打开"素材\第04章\4.8.2辅助线架"文件。

❷ 设置多线样式

01 ∗ 执行【多线样式】命令，系统弹出【多线样式】对话框，如图 4-119 所示。

图4-119 【多线样式】对话框

02 ∗ 单击【新建】按钮，弹出【创建新的多线样式】对话框，在【新样式名】文本框中输入"样式 1"，如图 4-120 所示。

03 ∗ 单击【继续】按钮，系统弹出【修改多线样式】对话框，设置参数如图 4-121 所示。

04 ∗ 单击【确定】按钮，返回【多线样式】对话框，将"样式 1"置为当前。

图4-120 【创建新的多线样式】对话框

图4-121 修改多样样式

③ 绘制墙体

01 ＊调用 ML【多线】命令，设置对正为无、比例为 1，再根据线架绘制墙体，按 Esc 键退出，如图 4-122 所示。

02 ＊重复上述操作，绘制其余墙体，如图 4-123 所示。

03 ＊双击所绘制的墙体图形，系统弹出【多线编辑工具】对话框，如图 4-124 所示。

04 ＊利用【多线编辑工具】，编辑所绘制的墙体图形，完成效果如图 4-125 所示。

图4-122 绘制墙体图形

图4-124 【多线编辑工具】对话框

图4-123 完成绘制墙体

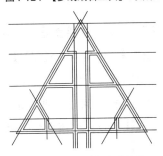

图4-125 多线编辑完成效果

4.9 习 题

① 填空题

（1）定距等分对象时，放置点的起始位置从距对象选取点较 _____ 的端点开始。

（2）构造线为两端可以 _____ 的直线，它没有起点和终点，可以放置在三维空间的任何地方，在 AutoCAD 中，构造线也主要用于 _____。

（3）在 AutoCAD 中绘制圆的方法有 _____、_____、_____、_____、_____、_____。

（4）多线一般用于 _____ 方面绘图。

（5）通常选择矩形工具的 _____ 选项来绘制三维图形。

② 操作题

设置图形界限为（100mm×100mm）图幅大小，并且绘制图4-126所示的图形。

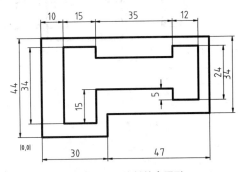

图4-126 绘制基本图形

第5章

编辑二维图形

使用 AutoCAD 绘图是一个由简到繁、由粗到精的过程。使用 AutoCAD 提供的一系列修改命令，对图形进行移动、复制、阵列、修剪、删除等多种操作，可以快速生成复杂的图形。本章将重点讲述这些修改命令的用法。

本章主要内容：
- ❀ 选择对象
- ❀ 移动、旋转和对齐对象
- ❀ 复制、偏移、镜像和阵列对象
- ❀ 修剪、延伸、拉伸和缩放比例
- ❀ 创建倒角、圆角
- ❀ 打断、分解、合并对象
- ❀ 利用夹点编辑图形

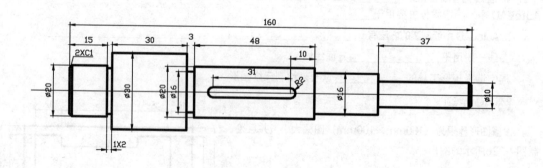

5.1 选择对象

在编辑图形之前，首先需要对编辑的图形进行选择，AutoCAD用实线高亮显示所选的对象。在AutoCAD中，选择对象的方法有很多，下面介绍常用的几种选择方法。

5.1.1 直接选取

直接选取又称为点取对象，直接将光标拾取点移动到欲选取对象上，然后单击鼠标左键即可完成选取对象的操作，如图5-1所示。连续单击对象，可同时选择多个对象。

按下Shift键并再次单击已经选中的对象，可以将这些对象从当前选择集中删除。按Esc键，可以取消选择对当前全部选定对象的选择。

5.1.2 窗口选取

窗口选取对象是以指定对角点的方式，定义矩形选取范围的选取方法。选取对象时，从左往右拉出选择框，只有全部位于矩形窗口中的图形对象才会被选中，如图5-2所示。

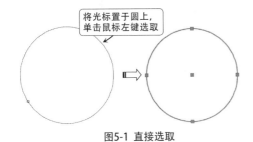

图5-1 直接选取

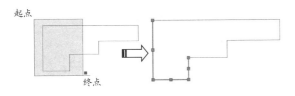

图5-2 利用窗口选择对象

5.1.3 交叉窗口选取

交叉选择方式与窗口选取相反，从右往左拉出选择框，无论是全部还是部分位于选择框中的图形对象都被选中，如图5-3所示。

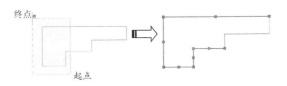

图5-3 利用交叉窗口选择对象

5.1.4 不规则窗口选取

不规则窗口选取是以指定若干点的方式定义不规则形状的区域来选择对象，包括圈围、圈交、套索、栏选取等方式。

❶ 圈围、圈交选取

圈围多边形窗口选择完全包含在内的对象，而圈交多边形可以选择包含在内或相交的对象，相当于窗口选取和交叉窗口选取的区别。在命令行中输入SELECT并按Enter键确定，输入WP或CP并按Enter键，绘制不规则窗口进行选取，如图5-4所示。

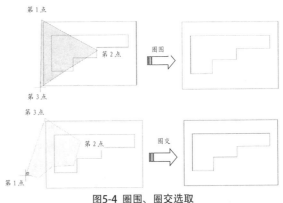

图5-4 圈围、圈交选取

❷ 套索选取

套索选取对象是AutoCAD 2018新加的一种方便、快捷的选择对象的工具。

从左到右直接拖动光标以选择完全封闭在套索（窗口选择）中的所有对象，如图5-5所示。

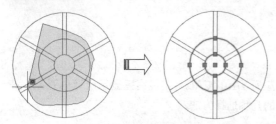

图5-5 从左向右选择对象

从右到左直接拖动光标以选择由套索（窗交选择）相交的所有对象，如图5-6所示。

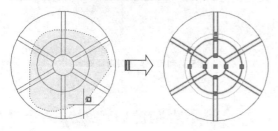

图5-6 从右向左选择对象

❸ 栏选取

使用栏选取能够以画链的方式选择对象，所绘制的线链可以由一段或多段直线组成，所有与其相交的对象均被选中。在命令行中输入SELECT并按Enter键确定，再输入F并按Enter键，或按住鼠标左键不放并拖曳，在命令行中将显示提示，按两次Enter键，切换至【栏选】模式，在需要选择对象处绘制出链，并按Enter键，即可完成对象选取，如图5-7所示。

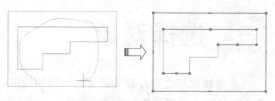

图5-7 栏选对象

5.1.5 快速选择

快速选择可以根据对象的图层、线型、颜色、图案填充等特性和类型创建选择集，从而可以准确快速地从复杂的图形中选择满足某种特性的图形对象。

单击【实用工具】面板中的【快速选择】按钮，系统弹出【快速选择】对话框，如图5-8所示。根据要求设置选择范围，单击【确定】按钮，完成选择操作。

图5-8 【快速选择】对话框

5.2 移动、旋转和对齐

本节所介绍的编辑工具是对图形的位置、角度进行调整，在AutoCAD中使用非常频繁。

5.2.1 移动

【移动】工具可以在指定的方向上按指定距离移动对象。

【移动】命令有以下几种调用方法。

- 命令行：在命令行中输入MOVE / M。
- 功能区：单击【修改】面板上的【移动】按钮，如图5-9所示。

- 菜单栏：执行【修改】→【移动】命令，如图5-10所示。

图5-9 【修改】面板上的【移动】按钮

图5-10 【移动】菜单命令

调用【移动】命令后，根据命令行提示，在绘图区中拾取需要移动的对象后按右键确定，然后拾取移动基点，最后指定第二个点（目标点）即可完成移动操作，如图5-11所示。

图5-11 移动对象

移动对象还可以利用输入坐标值的方式定义基点、目标的具体位置。

5.2.2 旋转

【旋转】工具可以将对象绕指定点旋转任意角度，以调整图形的放置方向和位置。在AutoCAD 2018中【旋转】命令有以下几种常用调用方法。

- 命令行：在命令行中输入ROTATE / RO。
- 功能区：单击【修改】面板上的【旋转】工具按钮 。
- 菜单栏：执行【修改】→【旋转】命令。

在AutoCAD中有两种旋转方法，即默认旋转和复制旋转。

❶ 默认旋转

利用该方法旋转图形时，源对象将按指定的旋转中心和旋转角度旋转至新位置，不保留对象的原始副本。执行上述任一命令后，选取旋转对象并右键单击鼠标，然后指定旋转中心，根据命令行提示输入旋转角度，按Enter键即可完成旋转对象操作，如图5-12所示。

图5-12 默认方式旋转图形

❷ 复制旋转

使用该旋转方法进行对象的旋转时，不仅可以将对象的放置方向调整一定的角度，还保留源对象。执行旋转命令后，选取旋转对象并右键单击鼠标，然后指定旋转中心，在命令行中激活复制C备选项，并指定旋转角度，按Enter键退出操作，如图5-13所示。

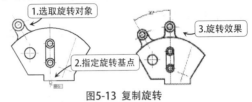

图5-13 复制旋转

> **专家点拨**
>
> 在AutoCAD中，逆时针旋转的角度为正值，顺时针旋转的角度为负值。

5.2.3 对齐

【对齐】命令可以使当前的对象与其他对象对齐，既适用于二维对象，也适用于三维对象。在对齐二维对象时，可以指定1对或2对对齐点（源点和目标点），在对齐三维对象时则需要指定3对对齐点。

在AutoCAD 2018中【对齐】命令有以下几种常用调用方法：

- 命令行：在命令行中输入"ALIGN / AL。
- 功能区：单击【修改】面板上的【对齐】工具按钮。
- 菜单栏：执行【修改】→【三维操作】→【对齐】命令。

执行上述任一命令后，根据命令行提示，依次选择源点和目标点，按Enter键结束操作，如图5-14所示。

图5-14 对齐对象

5.3 复制、偏移、镜像和阵列对象

本节介绍的编辑工具是以现有图形对象为源对象，绘制出与源对象相同或相似的图形，从而可以简化具有重复性或近似性特点图形的绘制步骤，以提高绘图效率和绘图精度。

5.3.1 复制

【复制】命令是指在不改变图形大小、方向的前提下，重新生成一个或多个与源对象一模一样的图形。在命令执行过程中，需要确定的参数有复制对象、基点和第二点。

在AutoCAD 2018中调用【复制】命令有以下几种常用方法。

- ♣ 命令行：在命令行中输入COPY / CO / CP。
- ♣ 功能区：单击【修改】面板上的【复制】工具按钮，如图5-15所示。
- ♣ 菜单栏：执行【修改】→【复制】命令，如图5-16所示。

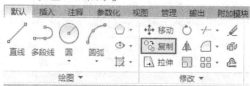

图5-15 【复制】面板按钮

图5-16 【复制】菜单命令

执行【复制】命令后，选取需要复制的对象，指定复制基点，然后拖动鼠标指定新基点即可完成复制操作，继续单击，还可以复制多个图形对象，如图5-17所示。

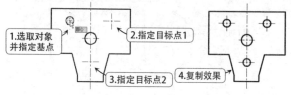

1.选取对象并指定基点
2.指定目标点1
3.指定目标点2
4.复制效果

图5-17 复制对象

使用复制命令时，在"指定第二个点或[阵列(A)]"命令行提示下输入"A"，即可以线性阵列的方式快速大量复制对象，从而大大提高了效率。

> **专家点拨**
>
> 在AutoCAD 2018中执行复制操作时，系统默认的复制是单个复制，此时根据命令行提示输入字母O，即可设置复制模式为单个或多个。

5.3.2 偏移

使用【偏移】工具可以创建与源对象成一定距离的形状相同或相似的新图形对象。可以进行偏移的图形对象包括直线、曲线、多边形、圆、圆弧等，如图5-18所示。

在AutoCAD 2018中调用【偏移】命令有以下几种常用方法。

- ♣ 命令行：在命令行中输入OFFSET / O。
- ♣ 功能区：单击【修改】面板上的【偏移】工具按钮。
- ♣ 菜单栏：执行【修改】→【偏移】命令。

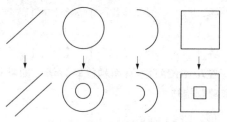

图5-18 偏移示例

偏移命令需要输入的参数有需要偏移的源对象、偏移距离和偏移方向。只要在需要偏移的一侧的任意位置单击即可确定偏移方向，也可以指定偏移对象通过已知的点。

如图5-19所示，已知直线*AB*，要求绘制两条和*AB*平行的直线*CD*和*EF*，*CD*与直线*AB*的距离为5mm，*EF*通过已知点*N*。执行偏移命令后，命令行的提示如下。

```
命令: O↙ //启动偏移命令
当前设置:删除源=否 图层=源 OFFSETGAPTYPE=0
指定偏移距离或 [通过(T)/删除(E)/图层(L)] <通过>:: 5↙ //输入偏移距离
选择要偏移的对象, 或[退出(E)/放弃(U)] <退出>:
                //选择源对象直线AB
指定要偏移的那一侧上的点, 或 [退出(E)/多个(M)/放弃(U)] <退出>:
    //确定CD的偏移方向, 在M点处附近单击鼠标
选择要偏移的对象或[退出(E)]<退出>: ↙
          //Enter键结束命令, 直线CD绘制完毕
命令: OFFSET↙ //按Enter键重复偏移命令
当前设置:删除源=否 图层=源 OFFSETGAPTYPE=0
指定偏移距离或[通过(T)]<5.0000>: T↙ //选择
"通过"备选项, 使偏移对象通过指定的点
选择要偏移的对象, 或[退出(E)]<退出>。
          //选择源对象直线AB
指定通过点或[退出(E)]<退出>: //使用节点捕捉指定点N, 表示偏移对象通过该点
选择要偏移的对象或[退出(E)]<退出>: ↙
          //按Enter键结束命令, 直线EF绘制完毕
```

图5-19 直线偏移

5.3.3 镜像

【镜像】工具常用于绘制结构规则且有对称特点的图形。

在AutoCAD 2018中【镜像】命令的调用方法如下。

- 命令行：在命令行中输入MIRROR/MI。
- 功能区：单击【修改】面板上的【镜像】工具按钮。
- 菜单栏：执行【修改】→【镜像】命令。

执行上述任一命令后，绘制如图5-20所示的图形，命令行的提示如下。

```
命令:MI↙      //调用镜像命令
选择对象:指定对角点:找到 14 个
选择对象:       //用交叉窗选的方式选择要镜像的图形, 单击鼠标右键结束选择
指定镜像线的第一点://指定镜像线的第一点a
指定镜像线的第二点://指定镜像线第二点b
要删除源对象吗? [是(Y)/否(N)] <N>:↙ //根据
```
需要，选择是否要删除源对象，按Enter键默认选择"否"，镜像结果如图5-21所示

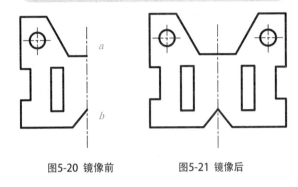

图5-20 镜像前　　　　图5-21 镜像后

5.3.4 阵列

利用【阵列】工具，可以按照矩形、环形（极轴）和路径的方式，以定义的距离、角度和路径复制出源对象的多个对象副本，如图5-22所示。

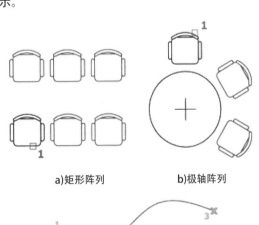

a)矩形阵列　　　　b)极轴阵列

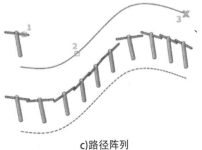

c)路径阵列

图5-22 阵列的三种方式

❶ 调用阵列命令

在AutoCAD 2018中调用【阵列】命令的方法如下。

- ☘ 命令行：在命令行中输入ARRAY/AR。
- ☘ 功能区：单击【修改】面板上的【阵列】工具按钮🏭。
- ☘ 菜单栏：执行【修改】→【阵列】命令。

执行上述任一命令后，命令行提示用户设置阵列类型和相关参数。命令行的提示入下。

```
命令:AR↙      ARRAY //调用阵列命令
选择对象:      //选择阵列对象并Enter键
选择对象:      //按Enter键结束对象选择
输入阵列类型 [矩形(R)/路径(PA)/极轴(PO)] <矩
形>:          //选择阵列类型
```

❷ 矩形阵列

矩形阵列是以控制行数、列数以及行和列之间的距离，使图形以矩形方式阵列复制。

在ARRAY命令提示行中选择"矩形(R)"选项、单击矩形阵列按钮🏭或直接输入ARRAYRECT命令，即可进行矩形阵列。下面以如图5-23所示的阵列实例进行说明。

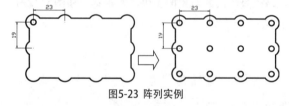

图5-23 阵列实例

矩形阵列过程如图5-24所示，命令行的提示如下。

```
命令:AR↙  ARRAY      //启动阵列命令
选择对象:找到1个      //选择阵列圆并Enter键
选择对象:输入阵列类型[矩形(R)/路径(PA)/极轴
(PO)]<矩形>:R↙ //选择矩形阵列方式
类型 = 矩形 关联 = 是
选择夹点以编辑阵列或 [关联(AS)/基点(B)/计数
(COU)/间距(S)/列数(COL)/行数(R)/层数(L)/退
出(X)] <退出>:B↙ //选择"基点(B)"选项
指定基点或 [关键点(K)<质心>:   //捕捉小圆的
圆心为基点
** 行和列数 **    //拖动三角形或者矩形夹点以
调整行列数
指定行数和列数:
选择夹点以编辑阵列或 [关联(AS)/基点(B)/计数
(COU)/间距(S)/列数(COL)/行数(R)/层数(L)/退
出(X)] <退出>:  //拖动向右的三角箭头夹点,
以设置列间距
** 列间距 **
指定列之间的距离:23↙  //拖动夹点指定距离或
者直接输入列间距数值
选择夹点以编辑阵列或 [关联(AS)/基点(B)/计数
(COU)/间距(S)/列数(COL)/行数(R)/层数(L)/退
出(X)] <退出>:  //拖动向下三角箭头,以指定
行间距
** 行间距**
指定行之间的距离:19↙   //拖动指定距离或直接
输入行间距数值
按 Enter 键接受或 [关联(AS)/基点(B)/行(R)/列
(C)/层(L)/退出(X)] <退出>:↙
```

从上述操作可以看出，AutoCAD 2018的阵列方式更为智能、直观和灵活，用户可以边操作边调整阵列效果，从而大大降低了阵列操作的难度。

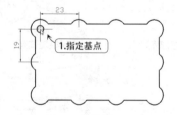
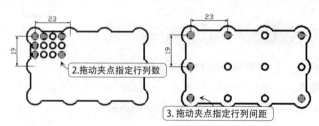

图5-24 矩形阵列过程

❸ 环形阵列

【环形阵列】通过围绕指定的圆心复制选定对象来创建阵列。

在ARRAY命令提示行中选择"极轴

(PO)"选项、单击环形阵列按钮📷或直接输入ARRAYPOLAR命令，即可进行环形阵列。

下面以如图5-25所示的环形阵列实例进行说明，命令行的提示如下。

```
命令:AR✓     ARRAY              //启动阵列命令
选择对象: 找到 1 个                                //选择阵列多边形
选择对象: 输入阵列类型 [矩形(R)/路径(PA)/极轴(PO)] <矩形>:PO✓      //选择环形阵列类型
类型 = 极轴  关联 = 是
指定阵列的中心点或 [基点(B)/旋转轴(A)]:            //捕捉圆心作为阵列中心点
选择夹点以编辑阵列或 [关联(AS)/基点(B)/项目(I)/项目间角度(A)/填充角度(F)/行(ROW)/层(L)/旋转项目
(ROT)/退出(X)] <退出>:I✓                       //选择"项目(I)"表示数量
输入阵列中的项目数或 [表达式(E)] <6>: 6✓          //输入阵列后的总数量(包括源对象)
选择夹点以编辑阵列或 [关联(AS)/基点(B)/项目(I)/项目间角度(A)/填充角度(F)/行(ROW)/层(L)/旋转项目
(ROT)/退出(X)] <退出>:F✓                       //选择"填充角度(F)"表示总阵列角度
指定填充角度(+=逆时针、-=顺时针)或 [表达式(EX)] <360>: 360✓   //输入总阵列角度
选择夹点以编辑阵列或 [关联(AS)/基点(B)/项目(I)/项目间角度(A)/填充角度(F)/行(ROW)/层(L)/旋转项目
(ROT)/退出(X)] <退出>:                         //按Enter键确认
```

图5-25是使用指定项目总数和总填充角度进行环形阵列,在已知图形中阵列项目的个数以及所有项目所分布弧形区域的总角度时,利用该选项进行环形阵列操作较为方便。

制出已知各项目间夹角和数目的环形阵列图形对象,如图5-26所示。

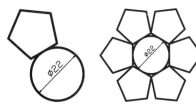

图5-25 指定项目总数和填充角度阵列

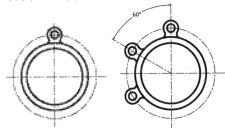

图5-26 指定项目总数和项目间的角度阵列

如果只知道项目总数和项目间的角度,可以选择"项目间角度(A)"选项,以精确快捷地绘

执行上述环形阵列命令后,命令行的提示如下。

```
命令:AR✓     ARRAY     //启动阵列命令
选择对象:找到4个        //选择阵列对象
选择对象:输入阵列类型 [矩形(R)/路径(PA)/极轴(PO)] <矩形>:PO✓        //选择环形阵列类型
类型=极轴  关联=是
指定阵列的中心点或[基点(B)/旋转轴(A)]:     //捕捉圆环圆心作为阵列中心点
选择夹点以编辑阵列或 [关联(AS)/基点(B)/项目(I)/项目间角度(A)/填充角度(F)/行(ROW)/层(L)/旋转项目
(ROT)/退出(X)] <退出>:A✓      //选择"项目间角度(A)"选项
指定项目间的角度或 [表达式(EX)] <90>: 60✓      //输入项目间角度值
选择夹点以编辑阵列或 [关联(AS)/基点(B)/项目(I)/项目间角度(A)/填充角度(F)/行(ROW)/层(L)/旋转项目
(ROT)/退出(X)] <退出>:I✓      //选择"项目(I)"选项
输入阵列中的项目数或 [表达式(E)] <4>: 3✓  //输入项目阵列数量
选择夹点以编辑阵列或 [关联(AS)/基点(B)/项目(I)/项目间角度(A)/填充角度(F)/行(ROW)/层(L)/旋转项目
(ROT)/退出(X)] <退出>:✓      //按Enter键确认
```

此外,用户也可以指定总填充角度和相邻项目间夹角的方式,定义出阵列项目的具体数量,进行源对象的环形阵列操作,如图5-27所示。

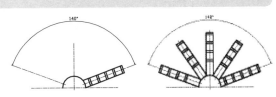

图5-27 指定填充角度和项目间的角度

其操作方法同前面介绍的环形阵列操作方法相同，命令行提示如下。

```
命令:AR↙ ARRAY          //启动阵列命令
选择对象:找到11个         //选择阵列对象
选择对象:输入阵列类型[矩形(R)/路径(PA)/极轴(PO)]<矩形>:PO↙ //选择环形阵列类型
类型 = 极轴 关联 = 是
指定阵列的中心点或 [基点(B)/旋转轴(A)]:   //捕捉圆心为阵列中心点
选择夹点以编辑阵列或 [关联(AS)/基点(B)/项目(I)/项目间角度(A)/填充角度(F)/行(ROW)/层(L)/旋转项目
(ROT)/退出(X)] <退出>:A↙      //选择"项目间角度（A）"选项
指定项目间的角度或 [表达式(EX)] <90>:35↙        //输入项目间角度值
选择夹点以编辑阵列或 [关联(AS)/基点(B)/项目(I)/项目间角度(A)/填充角度(F)/行(ROW)/层(L)/旋转项目
(ROT)/退出(X)] <退出>:f↙       //选择"填充角度（F）"选项
指定填充角度(+=逆时针、-=顺时针)或 [表达式(EX)] <360>:140↙      //输入填充角度
选择夹点以编辑阵列或 [关联(AS)/基点(B)/项目(I)/项目间角度(A)/填充角度(F)/行(ROW)/层(L)/旋转项目
(ROT)/退出(X)] <退出>:↙         //按Enter键确认
```

❹. 路径阵列

路径阵列方式沿路径或部分路径均匀分布对象副本。在ARRAY命令提示行中选择"路径(PA)"选项、单击路径阵列按钮 📷 或直接输入ARRAYPATH命令，即可进行路径阵列。图5-28所示的路径阵列操作命令行提示如下。

```
命令:AR↙ ARRAY          //启动阵列命令
选择对象:找到1个          //选择多边形
选择对象:输入阵列类型[矩形(R)/路径(PA)/极轴(PO)]<极轴>:PA↙       //选择路径阵列方式
类型 = 路径 关联 = 是
选择路径曲线:   //选择样条曲线作为阵列路径
选择夹点以编辑阵列或 [关联(AS)/方法(M)/基点(B)/切向(T)/项目(I)/行(R)/层(L)/对齐项目(A)/Z 方向(Z)/
退出(X)] <退出>:B
指定基点或 [关键点(K)] <路径曲线的终点>: //捕捉路径始点为基点
选择夹点以编辑阵列或 [关联(AS)/方法(M)/基点(B)/切向(T)/项目(I)/行(R)/层(L)/对齐项目(A)/Z 方向(Z)/
退出(X)] <退出>:T       //捕捉A点为基点，该点与路径始点对齐
指定切向矢量的第一个点或 [法线(N)]:   //捕捉A点
指定切向矢量的第二个点://捕捉B点
选择夹点以编辑阵列或 [关联(AS)/方法(M)/基点(B)/切向(T)/项目(I)/行(R)/层(L)/对齐项目(A)/Z 方向(Z)/
退出(X)] <退出>:i
指定沿路径的项目之间的距离或 [表达式(E)]://指定阵列项目间距
指定项目数或 [填写完整路径(F)/表达式(E)] <11>:    //拖动鼠标确定阵列数目或直接输入阵列数量
选择夹点以编辑阵列或 [关联(AS)/方法(M)/基点(B)/切向(T)/项目(I)/行(R)/层(L)/对齐项目(A)/Z 方向(Z)/
退出(X)] <退出>://绘图窗口会显示出阵列预览，按Enter键接受或修改参数
```

在路径阵列过程中，选择不同的基点和方向矢量，将得到不同的路径阵列结果，如图5-28所示。

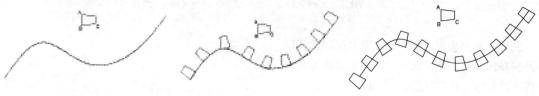

a)原图形   b)以A点为基点，AB为方向矢量   c)以BC中间为基点，AB为方向矢量

图5-28 路径阵列

⑤. 编辑关联阵列

在阵列创建完成后，所有阵列对象可以作为一个整体进行编辑。要编辑阵列特性，可使用ARRAYEDIT命令、特性选项板或夹点。

单击选择阵列对象后，阵列对象上将显示三角形和方形的蓝色夹点，拖动中间的三角形夹点，可以调整阵列项目之间的距离，拖动一端的三角形夹点，可以调整阵列的数目，如图5-29所示。

a)选择阵列对象　　　　b)编辑项目间距　　　　c)编辑项目数

图5-29 通过夹点编辑阵列

如果当前使用的是"草图与注释"等空间，在选择阵列对象时会出现相应的"阵列"选项卡，以快速设置阵列的相关参数，如图5-30所示。

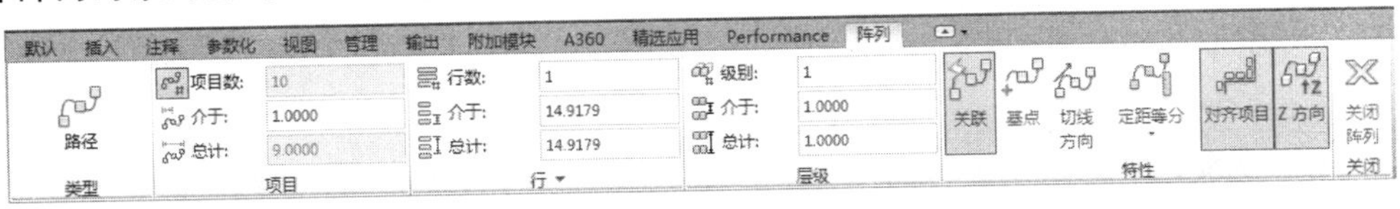

图5-30 【阵列】选项卡

按Ctrl键并单击阵列中的项目，可以单独删除、移动、旋转或缩放选定的项目，而不会影响其余的阵列，如图5-31所示。

单击【阵列】选项卡的替换项目按钮，用户可以使用其他对象替换选定的项目，其他阵列项目将保持不变，如图5-32所示。

单击【阵列】选项卡的编辑来源按钮，可进入阵列项目源对象编辑状态，保存更改后，所有的更改（包括创建新的对象）将立即应用于参考相同源对象的所有项目，如图5-33所示。

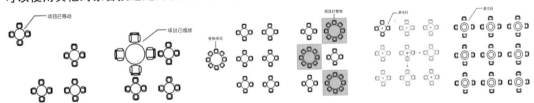

图5-31 单独编辑阵列项目　　　图5-32 替换阵列项目　　　图5-33 编辑阵列源项目

5.4 修剪、延伸、拉伸和缩放

使用【修剪】和【延伸】命令可以剪短或延长对象，以与其他对象的边相接。也可以使用【缩放】、【拉伸】命令，在一个方向上调整对象的大小或按比例增大或缩小对象。

5.4.1 修剪

在AutoCAD 2018中【修剪】命令有以下几种常用调用方法。

☙ 命令行：在命令行中输入TRIM / TR。

☙ 功能区：单击【修改】面板上的【修剪】工具按钮，如图5-34所示。

☙ 菜单栏：执行【修改】→【修剪】命令，如图5-35所示。

图5-34 【修剪】工具按钮

图5-35 【修剪】菜单命令

执行上述任一命令后，选择作为剪切边的对象（可以是多个对象），命令行提示如下。

选择要修剪的对象，或按住 Shift 键选择要延伸的对象，或[栏选(F)/窗交(C)/投影(P)/边(E)/删除(R)/放弃(U)]：

剪切边也可以同时作为被剪边。默认情况下，选择要修剪的对象（即选择被剪边），系统将以剪切边为界，将被剪切对象上位于拾取点一侧的部分剪切掉。

利用【修剪】工具可以快速完成图形中多余线段的删除效果，如图5-36所示。

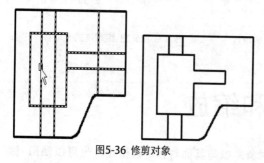

图5-36 修剪对象

在修剪对象时，可以一次选择多个边界或修剪对象，从而实现快速修剪。例如要将一个"井"字形路口打通，在选择修剪边界时可以使用"窗交"方式同时选择4条直线，如图5-37b所示。在选择修剪对象时使用"栏选"方式选择路口四条线段，如图5-37c所示。最终修剪结果如图5-37d所示。

自AutoCAD 2002开始，修剪和延伸功能已经可以联用。在修剪命令中可以完成延伸操作，在延伸命令中也可以完成修剪操作。在修剪命令中，选择修剪对象时按住Shift键，可以将该对象向边界延伸；在延伸命令中，选择延伸对象时按住Shift键，可以将该对象超过边界的部分修剪删除。

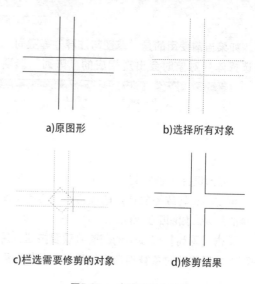

a)原图形   b)选择所有对象

c)栏选需要修剪的对象   d)修剪结果

图5-37 一次修剪多个对象

5.4.2 延伸

【延伸】命令的使用方法与修剪命令的使用方法相似。在使用延伸命令时，如果在按下Shift键的同时选择对象，则可以切换执行【修剪】命令。

AutoCAD 2018【延伸】命令有以下几种常用调用方法。

❖ 命令行：在命令行中输入EXTEND / EX。

❖ 功能区：单击【修改】面板上的【延伸】工具按钮，如图5-38所示。

❖ 菜单栏：单击【修改】→【延伸】命令。

选择延伸对象时，需要注意延伸方向的选择。朝哪个边界延伸，则在靠近边界的那部分上单击。如图5-39所示，将直线AB延伸至边界直线M时，需要在A端单击直线；将直线AB延伸到直线N时，则在B端单击直线。

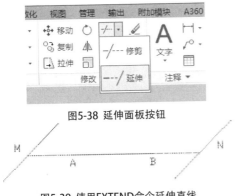

图5-38 延伸面板按钮

图5-39 使用EXTEND命令延伸直线

5.4.3 拉伸

【拉伸】命令通过沿拉伸路径平移图形夹点的位置,使图形产生拉伸变形的效果。它可以对选择的对象按规定方向和角度拉伸或缩短,并且使对象的形状发生改变。

【拉伸】命令有以下几种常用调用方法。

- 命令行:在命令行中输入STRETCH / S。
- 功能区:单击【修改】面板上的【拉伸】工具按钮,如图5-40所示。
- 菜单栏:执行【修改】→【拉伸】命令。

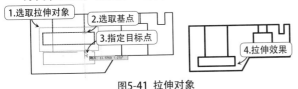

图5-40 【拉伸】面板按钮

拉伸命令需要设置的参数有拉伸对象、拉伸基点的起点和拉伸位移。拉伸位移决定了拉伸的方向和距离,如图5-41所示。

图5-41 拉伸对象

拉伸遵循以下原则。

- 通过单击选择和窗口选择获得的拉伸对象将只被平移,不被拉伸。
- 通过交叉选择获得的拉伸对象,如果所有夹点都落入选择框内,图形将发生平移;如果只有部分夹点落入选择框,图形将沿拉伸位移拉伸;如果没有夹点落入选择窗口,图形将保持不变。

5.4.4 缩放

利用【缩放】工具可以将图形对象以指定的缩放基点为缩放参照,放大或缩小一定比例,创建出与源对象成一定比例且形状相同的新图形对象。在命令执行过程中,需要确定的参数有缩放对象、基点和比例因子。比例因子也就是缩小或放大的比例值,比例因子大于1时,缩放结果是使图形变大,反之则使图形变小。

在AutoCAD 2018中【缩放】命令有以下几种调用方法。

- 命令行:在命令行中输入SCALE / SC。
- 功能区:单击【修改】面板上的【缩放】工具按钮,如图5-42所示。
- 菜单栏:执行【修改】→【缩放】命令。

图5-42 【缩放】工具按钮

执行以上任一命令后,选择缩放对象并右击鼠标,指定缩放基点,命令行提示如下。

指定比例因子或 [复制(C)/参照(R)] <1.0000>:

直接输入比例因子进行缩放,如图5-43所示。如果选择【复制】选项,即在命令行输入字母c,则缩放时保留源图形。

如果选择【参照】选项,则命令行会提示用户需要输入"参照长度"和"新长度"数值,由系统自动计算出两长度之间的比例数值,从而定义出图形的缩放因子,对图形进行缩放操作。

图5-43 缩放比例

5.5 倒角和圆角

【倒角】与【圆角】是机械设计中常用的工艺，可使工件相邻两表面在相交处以斜面或圆弧面过渡。以斜面形式过渡的称为倒角，如图5-44所示）；以圆弧面形式过渡的称为圆角，如图5-45所示。

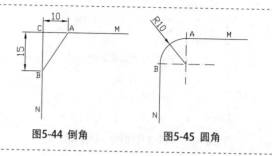

图5-44 倒角　　　　图5-45 圆角

5.5.1 倒角

【倒角】命令用于将两条非平行直线或多段线以一斜线相连，在AutoCAD 2018中，【倒角】命令有以下几种调用方法。

- 命令行：在命令行中输入CHAMFER / CHA。
- 功能区：单击【修改】面板上的【倒角】工具按钮◻，如图5-46所示。
- 菜单栏：执行【修改】→【倒角】命令。

执行上述任一操作后，命令行显示如下。

> 选择第一条直线或[放弃(U)/多段线(P)/距离(D)/角度(A)/修剪(T)/方式(E)/多个(M)]:

默认情况下，需要选择进行倒角的两条相邻的直线，然后按当前的倒角大小对这两条直线倒角。图5-47所示为绘制倒角的图形。

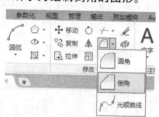

图5-46 【倒角】面板按钮

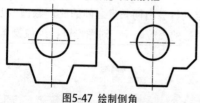

图5-47 绘制倒角

专家点拨

绘制倒角时，倒角距离或倒角角度不能太大，否则倒角无效。

5.5.2 圆角

利用【圆角】命令可以将两条相交的直线通过一个圆弧连接起来，在AutoCAD 2018中【圆角】命令有以下几种调用方法。

- 命令行：在命令行中输入FILLET / F。
- 功能区：单击【修改】面板上的【圆角】工具按钮◻，如图5-48所示。
- 菜单栏：执行【修改】→【圆角】命令。

绘制【圆角】的方法与绘制【倒角】的方法相似，在命令行中输入字母R，可以设置圆角的半径值，对图形进行倒角处理，如图5-49所示。

图5-48 【圆角】面板按钮

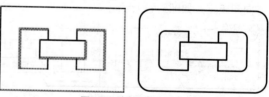

图5-49 绘制圆角

专家点拨

在AutoCAD 2018中，允许对两条平行线倒圆角，圆角半径为两条平行线距离的一半。

5.6 打断、分解和合并

在AutoCAD 2018中，可以运用【打断】、【分解】和【合并】工具，使图形在总体形状不变的情况下，对局部进行调整。

5.6.1 打断

根据打断点数量的不同，【打断】命令可以分为【打断】和【打断于点】两种。

❶ 打断

在AutoCAD 2018中【打断】命令有以下几种调用方法。

- 命令行：在命令行中输入BREAK / BR。
- 功能区：单击【修改】面板上的【打断】工具按钮，如图5-50所示。
- 菜单栏：执行【修改】→【打断】命令，如图5-51所示。

【打断】命令可以在选择的线条上创建两个打断点，从而将线条断开。默认情况下，系统会以选择对象时的拾取点作为第一个打断点，若直接在对象上选取另一点，即可去除两点之间的图形线段，如果在对象之外指定一点为第二打断点的参数点，系统将以该点到被打断对象垂直点位置为第二打断点，去除两点间的线段。

图5-50 【打断】面板按钮

图5-51 【打断】菜单命令

图5-52所示为打断对象的过程，可以看到利用【打断】命令能快速完成图形效果的调整。

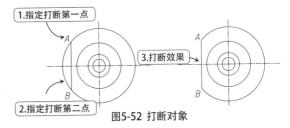

图5-52 打断对象

> **专家点拨**
>
> 在命令行输入字母F后，才能选择打断第一点。

在选择断开终点时，如果在直线以外的某一位置单击，可以直接删除断开起点一侧的所有部分。断开图5-53所示的 *AB* 直线，命令行输入如下。

```
命令:BREAK           //调用打断命令
选择对象：
指定第二个打断点 或 [第一点(F)]: f
                    //激活第一点备选项
指定第一个打断点：    //指定下端点
指定第二个打断点：    //指定A点
```

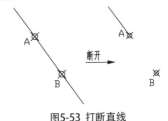

图5-53 打断直线

❷ 打断于点

【打断于点】工具同样可以将对象断开，在AutoCAD 2018中【打断】命令有以下几种调用方法。

- 功能区：单击【修改】面板上的【打断于点】工具按钮，如图5-54所示。
- 命令行：输入BREAK后再输入F。

【打断于点】命令在执行过程中，需要输入的参数有打断对象和一个打断点。但打断对象之间没有间隙，只会增加打断点，图5-55所示为已打断的图形。

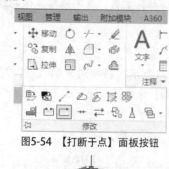

图5-54 【打断于点】面板按钮

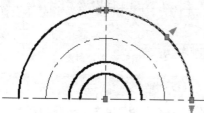

图5-55 【打断于点】的图形

5.6.2 分解

对于矩形、块、多边形以及各类尺寸标注等由多个对象组成的组合对象，如果需要对其中的单个对象进行编辑操作，就需要先利用【分解】工具将这些对象拆分为单个的图形对象，然后再利用编辑工具进行编辑。

在AutoCAD 2018中【分解】命令有以下几种调用方法。

- ❖ 命令行：在命令行中输入EXPLODE / X。
- ❖ 功能区：单击【修改】面板上的【分解】工具按钮，如图5-56所示。

执行上述任一命令后，选择要分解的图形对象，按Enter键，即可完成分解操作，如图5-57所示【矩形】被分解后，可以单独选择到其中的一条边。

图5-56 【分解】面板按钮

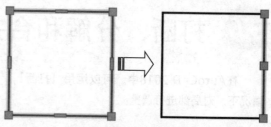

图5-57 矩形分解前后的效果

> **专家点拨**
>
> 分解命令不能分解用MINSERT和外部参照插入的块以及外部参照依赖的块。分解一个包含属性的块，将删除属性值并重新显示属性定义。

5.6.3 合并

【合并】命令用于将独立的图形对象合并为一个整体。它可以将多个对象进行合并，对象包括圆弧、椭圆弧、直线、多段线和样条曲线等。

在AutoCAD 2018中【合并】命令有以下几种调用方法。

- ❖ 命令行：在命令行中输入JOIN / J。
- ❖ 功能区：单击【修改】面板上的【合并】工具按钮，如图5-58所示。
- ❖ 菜单栏：执行【修改】→【合并】命令。

图5-58 【合并】面板按钮

执行以上任一命令后，选择要合并的对象按Enter键退出，如图5-59所示。

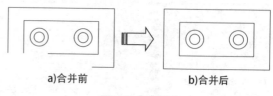

a)合并前　　　　　　　　b)合并后

图5-59 合并图形

5.7 利用夹点编辑图形

所谓"夹点"指的是图形对象上的一些特征点，如端点、顶点、中心点等，图形的位置和形状通常是由夹点的位置决定的。在AutoCAD中，夹点是一种集成的编辑模式，利用夹点可以编辑图形的大小、位置、方向以及对图形进行镜像复制操作等。

5.7.1 ▪ 夹点模式概述 ▪

在夹点模式下，图形对象以虚线显示，图形上的特征点(如端点、圆心、象限点等)将显示为蓝色的小方框，如图5-60所示，这样的小方框称为夹点。

图5-60 不同对象的夹点

夹点有未激活和被激活两种状态。未激活的夹点呈蓝色显示，单击未激活的夹点，该夹点被激活，变为红色显示，称为热夹点。以此为基点，可以对图形进行拉伸、平移等操作。

专家点拨

激活热夹点时按住Shift键，可以选择激活多个热夹点。

5.7.2 ▪ 夹点拉伸 ▪

在不执行任何命令的情况下选择对象，显示夹点。单击其中一个夹点，进入编辑状态。

系统自动将其作为拉伸的基点，进入"拉伸"编辑模式，命令行将显示如下提示信息。

指定拉伸点或 [基点(B)/复制(C)/放弃(U)/退出(X)]:

图5-61所示为利用夹点拉伸对象，整个调整操作十分方便快速。

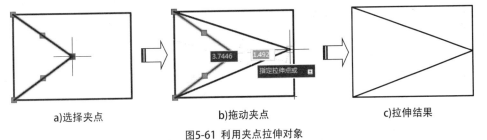

a)选择夹点　　　　　　b)拖动夹点　　　　　　c)拉伸结果

图5-61 利用夹点拉伸对象

专家点拨

对于某些夹点，移动时只能移动对象而不能拉伸对象，如文字、块、直线中点、圆心、椭圆中心和点对象上的夹点。

5.7.3 ▪ 夹点移动 ▪

如需利用夹点来移动图形，则操作方法如下。

☙ 快捷操作：选中一个夹点，单击1次Enter键，即进入【移动】模式。

☙ 命令行：在夹点编辑模式下确定基点后，输入MO进入【移动】模式，选中的夹点即为基点。

通过夹点进入【移动】模式后，命令行提示如下。

** MOVE **
指定移动点或 [基点(B)/复制(C)/放弃(U)/退出(X)]:

使用夹点移动对象，可以将对象从当前位置移动到新位置，同MOVE【移动】命令，如图5-62所示。

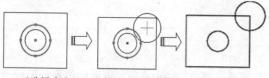

图5-62 利用夹点移动对象

5.7.4 ❖夹点旋转❖

如需利用夹点来移动图形，则操作方法如下。

❖ 快捷操作：选中一个夹点，单击2次Enter键，即进入【旋转】模式。

❖ 命令行：在夹点编辑模式下确定基点后，输入RO进入【旋转】模式，选中的夹点即为基点。

通过夹点进入【移动】模式后，命令行提示如下。

** 旋转 **
指定旋转角度或 [基点(B)/复制(C)/放弃(U)/参照(R)/退出(X)]:

默认情况下，输入旋转角度值或通过拖动方式确定旋转角度后，即可将对象绕基点旋转指定的角度。也可以选择【参照】选项，以参照方式旋转对象。操作方法同ROTATE【旋转】命令，利用夹点旋转对象如图5-63所示。

a)选择夹点　　b)按2次Enter键后拖动夹点　　c)旋转结果

图5-63 利用夹点旋转对象

5.7.5 ❖夹点缩放❖

如需利用夹点来移动图形，则操作方法如下。

❖ 快捷操作：选中一个夹点，单击3次Enter键，即进入【缩放】模式。

❖ 命令行：选中的夹点即为缩放基点，输入SC进入【缩放】模式。

通过夹点进入【缩放】模式后，命令行提示如下。

** 比例缩放 **
指定比例因子或 [基点(B)/复制(C)/放弃(U)/参照(R)/退出(X)]:

默认情况下，当确定了缩放的比例因子后，AutoCAD将相对于基点进行缩放对象操作。当比例因子大于1时放大对象；当比例因子大于0而小于1时缩小对象，操作同SCALE【缩放】命令，如图5-64所示。

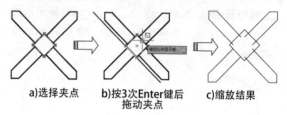

a)选择夹点　　b)按3次Enter键后拖动夹点　　c)缩放结果

图5-64 利用夹点缩放对象

5.7.6 ❖夹点镜像❖

如需利用夹点来镜像图形，则操作方法如下。

❖ 快捷操作：选中一个夹点，单击4次Enter键，即进入【镜像】模式。

❖ 命令行：输入MI进入【镜像】模式，选中的夹点即为镜像线第一点。

通过夹点进入【镜像】模式后，命令行提示如下。

** 镜像 **
指定第二点或 [基点(B)/复制(C)/放弃(U)/退出(X)]:

指定镜像线上的第2点后，AutoCAD将以基点作为镜像线上的第1点，将对象进行镜像操作并删除源对象。利用夹点镜像对象，如图5-65所示。

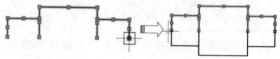

a)选择夹点　　b)按4次Enter键后拖动夹点

图5-65 利用夹点镜像对象

5.7.7 ·多功能夹点编辑·

在AutoCAD 2018中，直线、多段线、圆弧、椭圆弧和样条曲线等二维图形，标注对象和多重引线注释对象，以及三维面、边和顶点等三维实体具有特殊功能的夹点，使用这些多功能夹点可以快速重新塑造、移动或操纵对象。如图5-66所示，移动光标至矩形中点夹点位置时，将弹出一个该特定夹点的编辑选项菜单，通过分别选择【添加顶点】和【转换为圆弧】命令，可以将矩形快速编辑为一个窗形状的多段线图形。

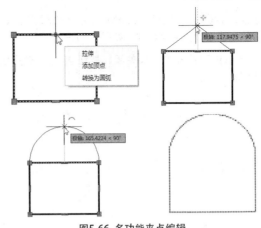

图5-66 多功能夹点编辑

5.8 综合实例

5.8.1 ·绘制阶梯轴·

绘制图5-67所示的阶梯轴，使读者熟悉二维图形的绘制及编辑操作。

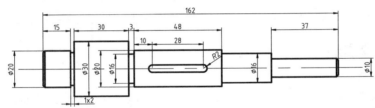

图5-67 阶梯轴

绘制轴的操作步骤如下。

❶ 启动AutoCAD 2018并新建文件

01 ✳单击【快速访问】工具栏中的【新建】按钮，系统弹出【选择样板】对话框，如图 5-68 所示。

02 ✳选择"acadiso.dwt"样板，单击【打开】按钮，进入 AutoCAD 绘图模式。

❷ 设置图形界限及图层

01 ✳设置 A4 横放大小的【图形界限】。在命令行中输入 LIMITS【图形界限】命令，根据命令行的提示，指定左下角点（0，0），再指定右上角点（297,210），按 Enter 键退出。

02 ✳鼠标右击【状态栏】中的【显示图形栅格】按钮，选择【设置】选项，然后在弹出的【草图设置】面板中取消勾选【显示超出界限的栅格】参数。

03 ✳双击鼠标滚轮，绘图区此时将出现 A4 横放大小的图形界限，如图 5-69 所示。

04 ✳设置图层。调用 LA【图层特性管理器】命令，系统弹出【图层特性管理器】对话框，如图 5-70 所示。

图5-68 【选择样板】对话框

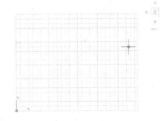

图5-69 设置图形界限

05 ✳单击对话框中的【新建图层】按钮，新建 2 个图层，分别命名为"轮廓线层""中心线层"，更改"轮廓线层"线宽为 0.3mm，更改"中心线层"

颜色为【红色】、线型为"Center"、线宽为默认形式,将轮廓线层设置为当前层,如图 5-71 所示。

06 ✳ 单击对话框中的【关闭】按钮 ×,完成图层的设置。

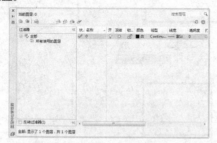

图5-70 【图层特性管理器】对话框

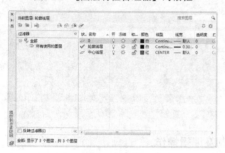

图5-71 创建图层

❸ 绘制二维图形

01 ✳ 调用 L【直线】命令,绘制直线图形,如图 5-72 所示,其命令行提示如下。

```
命令:L↙          //调用绘制直线命令
指定第一点:       //用鼠标在合适的位置单击确
定图形第一点
指定下一点或 [放弃(U)]: @0, 10↙
指定下一点或 [放弃(U)]: @15, 0↙
指定下一点或 [闭合(C)/放弃(U)]: @0, -1↙
指定下一点或 [闭合(C)/放弃(U)]: @2, 0↙
指定下一点或 [闭合(C)/放弃(U)]: @0, 6↙
指定下一点或 [闭合(C)/放弃(U)]: @30, 0↙
指定下一点或 [闭合(C)/放弃(U)]: @0, -7↙
指定下一点或 [闭合(C)/放弃(U)]: @3, 0↙
指定下一点或 [闭合(C)/放弃(U)]: @0, 2↙
指定下一点或 [闭合(C)/放弃(U)]: @48, 0↙
指定下一点或 [闭合(C)/放弃(U)]: @0, -2↙
指定下一点或 [闭合(C)/放弃(U)]: @27, 0↙
指定下一点或 [闭合(C)/放弃(U)]: @0, -3↙
指定下一点或 [闭合(C)/放弃(U)]: @37, 0↙
指定下一点或 [闭合(C)/放弃(U)]: @0, -5↙
//利用相对坐标方式,确定其他点的坐标从而
连成线段
指定下一点或 [闭合(C)/放弃(U)]: *取消*↙
//按Esc键或Enter键,退出直线绘制
```

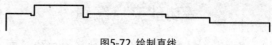

图5-72 绘制直线

02 ✳ 绘制中心线。将当前图层切换至"中心线层",调用 L【直线】命令,绘制图 5-73 所示的中心线。

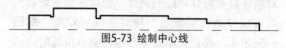

图5-73 绘制中心线

03 ✳ 绘制倒角。调用 CHA【倒角】命令,设置倒角长度为 1mm,对图形进行倒角处理,按 Esc 键或 Enter 键退出倒角绘制。

04 ✳ 镜像对象。调用 MI【镜像】命令,选择中心线两端点作为镜像点,镜像图形,如图 5-74 所示,。

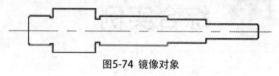

图5-74 镜像对象

05 ✳ 将图层切换至"轮廓线层",调用 L【直线】命令,连接倒角线和轴内部的线段,如图 5-75 所示。

图5-75 绘制直线

06 ✳ 偏移图形。调用 O【偏移】命令,设置偏移距离分别为 10mm 和 10mm,偏移图形如图 5-76 所示。

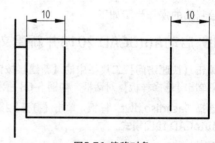

图5-76 偏移对象

07 ✳ 绘制圆。调用 C【圆】命令,以中心线与偏移线的交点为圆心,绘制直径为 4mm 的圆,如图 5-77 所示。

08 ✳ 调用 L【直线】命令,将两圆的上下象限点相连,如图 5-78 所示。

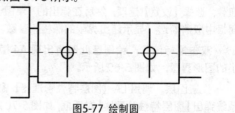

图5-77 绘制圆

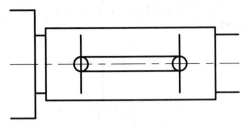

图5-78 绘制直线

09 ＊调用 TR【修剪】命令，修剪多余的线段，如图 5-79 所示。

10 ＊删除对象。选择要删除的图形，按 Delete 键，完成删除图形操作，如图 5-80 所示。

11 ＊最终绘制的阶梯轴图形如图 5-67 所示。

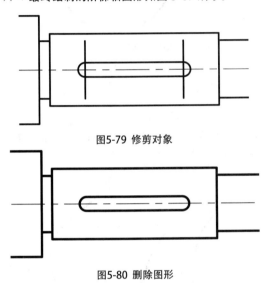

图5-79 修剪对象

图5-80 删除图形

5.8.2 ▪绘制吊钩▪

通过辅助线架，绘制图5-81所示的吊钩。

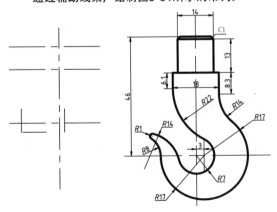

图5-81 吊钩

1. 启动AutoCAD 2018并打开文件

单击【快速访问】工具栏中的【打开】按钮，打开选择素材库中的"5.8.2吊钩线架.dwg"文件。

2. 绘制二维图形

01 ＊将图层切换至"轮廓线层"，调用 C【圆】命令，根据命令行的提示，以辅助线的交点为圆心绘制半径为 29mm 的圆 1。按空格键重复命令，指定另一个交点为圆心绘制半径为 12mm 的圆 2，按照同样的方法绘制半径为 14mm 的圆 3。按空格键重复命令，激活"切点、切点、半径"备选项，根据命令行的提示指定第一个切点 A，再指定第二个切点 B，输入半径值为 24mm，完成圆 4 的绘制，如图 5-82 所示。

02 ＊调用 L【直线】命令，绘制直线，如图 5-83 所示，命令行的提示如下。

```
命令: LINE ↙
指定第一点:        //指定直线第一点C
指定下一点或 [放弃(U)]:@-7, 0↙
指定下一点或 [放弃(U)]:@0, -23↙
指定下一点或 [闭合(C)/放弃(U)]:@-2, 0↙
指定下一点或 [闭合(C)/放弃(U)]:@0, -23↙ //利
用相对坐标输入法，绘制直线
```

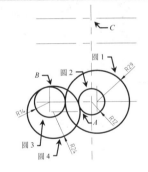

图5-82 绘制圆

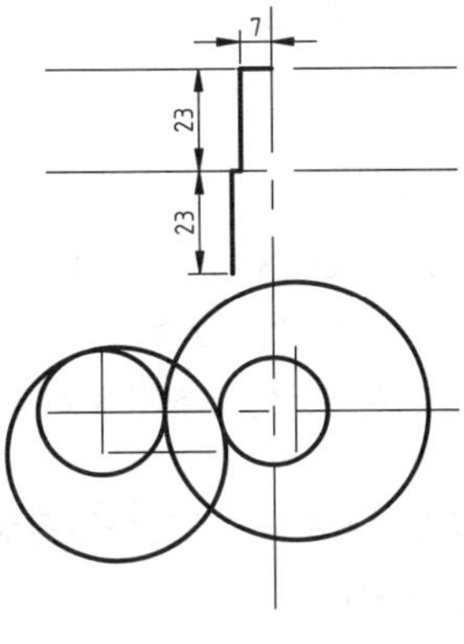

图5-83 绘制直线

03 ＊调用 MI【镜像】命令，以中心线为镜像中心线，镜像复制得到另一边的图形。

04 ＊绘制倒角。调用 CHA【倒角】命令，设置倒角距离为2mm，对图形进行倒角处理，如图 5-84 所示。

05 ＊调用 L【直线】命令，连接线段，如图 5-85 所示。

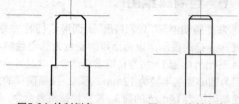

图5-84 绘制倒角　　　　图5-85 绘制直线

06 ＊调用 C【圆】命令，根据命令行的提示，激活"切点、切点、半径"备选项，指定第一个切点 D 和第二个切点 E，并输入半径为24mm，完成圆 5 的绘制。按照上述方法分别指定 F、G 两个切点，输入半径值为 36mm，完成圆 6 的绘制，如图 5-86 所示。

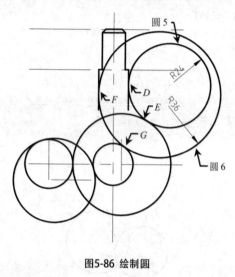

图5-86 绘制圆

07 ＊调用 TR【修剪】命令，修剪多余的线段，如图 5-87 所示。

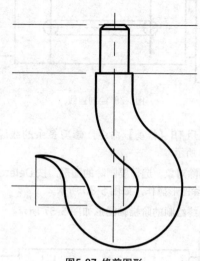

图5-87 修剪图形

08 ＊绘制圆角。调用 F【圆角】命令，根据命令行的提示设置圆角半径为 2mm，对图形进行修剪圆角处理，如图 5-88 所示。

09 ＊最终绘制的吊钩图形如图 5-81 所示。执行【文件】→【保存】命令，保存图形。

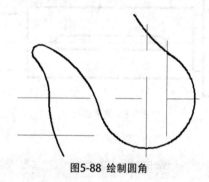

图5-88 绘制圆角

5.9 习题

❶ 填空题

（1）在 AutoCAD 2018 中，选择集可以包含单个对象，也可以包含更复杂的 _____。

（2）夹点实际上就是对象上的 _____ 点。

（3）对于同一平面上的两条不平行且无交点的线段，可以仅通过一个 _____ 命令来延长原线段，使两条线段相交于一点。

（4）一组同心圆可由一个已画好的圆用 _____ 命令来实现。

❷ 操作题

（1）绘制图 5-89 所示的图形。

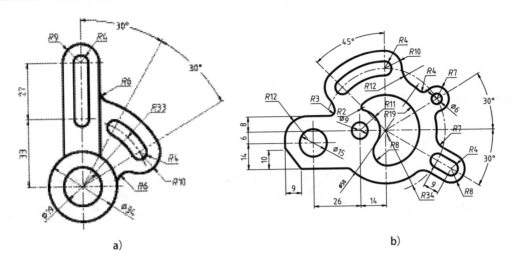

图5-89 绘图练习1

（2）绘制图 5-90 所示的图形。

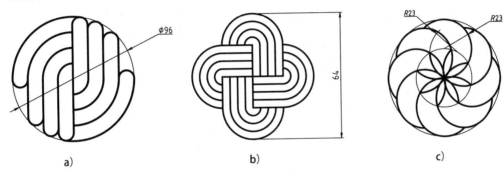

图5-90 绘图练习2

第6章

面域、查询与图案填充

在绘制建筑剖面图或平面布置图时，常常需要使用填充图案来表示剖面结构关系和各种建筑材质的类型。而面域则是 AutoCAD 中一类特殊的图形对象，它除了可以用于填充图案和着色外，还可以分析其几何属性和物理属性，在模型分析中具有十分重要的意义。

本章主要内容：
- ✿ 面域
- ✿ 查询
- ✿ 图案填充
- ✿ 编辑图案

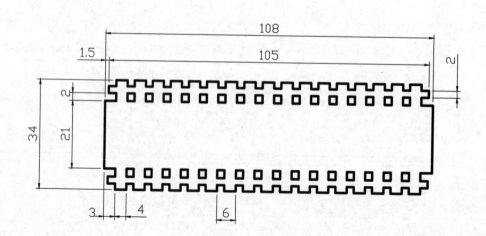

6.1 面 域

【面域】是具有一定边界的二维闭合区域，它是一个面对象，内部可以包含孔特征。在三维建模状态下，面域也可以用作构建实体模型的特征截面。

6.1.1 创建面域

通过选择自封闭的对象或者端点相连构成封闭的对象，可以快速创建面域。如果对象自身内部相交(如相交的圆弧或自相交的曲线)，就不能生成面域。创建【面域】的方法有多种，其中最常用的有使用【面域】工具和【边界】工具两种。

❶ 使用【面域】工具创建面域

在AutoCAD 2018中利用【面域】工具创建【面域】有以下几种常用方法。

- ❦ 命令行：在命令行中输入"REGION/REG"。
- ❦ 功能区：单击【创建】面板上的【面域】工具按钮，如图6-1所示。
- ❦ 菜单栏：执行【绘图】→【面域】命令。

执行以上任一命令后，选择一个或多个用于转换为面域的封闭图形，如图6-2所示，AutoCAD将根据选择的边界自动创建面域，并报告已经创建的面域数目。

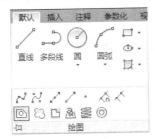

图6-1 【面域】面板按钮

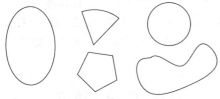

图6-2 可创建面域的对象

❷ 使用【边界】工具创建面域

【边界】命令的启动方式有以下几种。

- ❦ 命令行：在命令行中输入BOUNDARY/BO。
- ❦ 功能区：单击【创建】面板上的【边界】工具按钮，如图6-3所示。
- ❦ 菜单栏：执行【绘图】→【边界】命令。

执行上述任一命令后，弹出图6-4所示的【边界创建】对话框。在【对象类型】下拉列表框中选择【面域】项，再单击【拾取点】按钮，系统自动进入绘图环境。在图6-5所示的矩形和圆重叠区域内单击，然后按Enter键确定。此时AutoCAD将自动创建要求的面域对象，并显示创建信息。

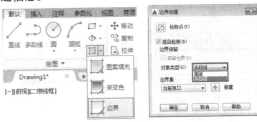

图6-3 边界工具按钮　　　图6-4 边界创建对话框

在图6-4中的"对象类型"下拉列表框中选择"多段线"备选项，可以用BOUNDARY命令创建封闭的多段线。

操作完成后，图形看上去似乎没有什么变化。但是将圆和矩形平移到另一位置，就会发现在原来矩形和圆的重叠部分处，新创建了一个面域对象，如图6-6所示。

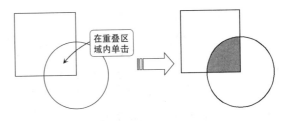

图6-5 相交的矩形和圆　　图6-6 利用边界创建面域
的结果

【面域】图形是一个平面整体，只能整体进行复制、旋转、移动、阵列等操作。如果欲将其转换成线框图，可通过【分解】工具将其分解。

6.1.2 面域布尔运算

布尔运算是数学中的一种逻辑运算，它可以对实体和共面的面域进行剪切、添加以及获取交叉部分等操作，对于普通的线框和未形成面域或多段线的线框，无法执行布尔运算。

布尔运算主要有【并集】、【差集】与【交集】三种运算方式。

❶ 面域求和

利用【并集】工具可以合并两个面域，即创建两个面域的和集。在AutoCAD 2018中【并集】命令有以下几种启动方法。

- ♣ 命令行：在命令行中输入UNION/UNI。
- ♣ 功能区：单击【编辑】面板上的【并集】工具按钮◎，如图6-7所示。
- ♣ 菜单栏：执行【修改】→【实体编辑】→【并集】命令，如图6-8所示。

图6-7 【并集】面板按钮

图6-8 【并集】菜单命令

执行上述任一命令后，按住Ctrl键依次选取要进行合并的面域对象，右击或按Enter键即可将多个面域对象并为一个面域，如图6-9所示。

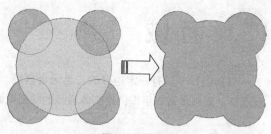

图6-9 面域求和

【专家点拨】

上例中，用CIRCLE命令绘制的圆是不能进行布尔运算的。因为它们还不是面域对象。在进行布尔运算前，必须先使用REG命令转化为面域对象。

❷ 面域求差

利用【差集】工具可以将一个面域从另一面域中去除，即两个面域的求差。在AutoCAD 2018中【差集】命令有以下几种调用方法。

- ♣ 命令行：SUBTRACT/SU。
- ♣ 功能区：单击【三维基础】或【三维建模】空间【差集】工具按钮◎，如图6-10所示。
- ♣ 菜单栏：执行【修改】→【实体编辑】→【差集】命令。

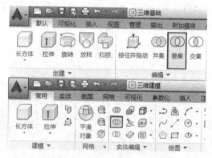

图6-10 【差集】面板按钮

执行上述任一命令后，首先选取被去除的面域，然后右击并选取要去除的面域，右击或按Enter键，即可执行面域求差操作，如图6-11所示。

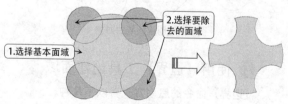

图6-11 面域求差

❸ 面域求交

利用此工具可以获取两个面域之间的公共部分面域，即交叉部分面域。在AutoCAD 2018中，【交集】命令有以下几种启动方法。

- ❦ 命令行：INTERSECT/IN。
- ❦ 功能区：单击【三维基础】或【三维建模】空间【交集】工具按钮◉，如图6-12所示。
- ❦ 菜单栏：执行【修改】→【实体编辑】→【交集】命令。

图6-12 【交集】面板按钮

执行上述任一命令后，依次选取两个相交面域并右击鼠标即可，如图6-13所示。

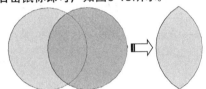

图6-13 面域求交

6.1.3 从面域中提取数据

【面域】是二维实体模型，它不但包含边的信息，还有边界的信息。可以利用这些信息计算工程属性，如面积、质心、惯性等。

执行【工具】→【查询】→【面域/质量特性】命令，然后选择面域对象，按Enter键，系统将自动切换到"AutoCAD文本窗口"，显示面域对象的数据特性，如图6-14所示。

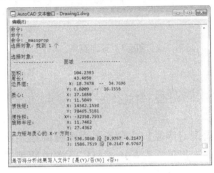

图6-14 AutoCAD文本窗口

此时，如果在命令行提示下按Enter键可结束命令操作；如果输入Y，将打开【创建质量与面积特性文件】对话框，可将面域对象的数据特性保存为文件。

6.2 查询

计算机辅助设计不可缺少的一个功能是提供对图形对象的点坐标、距离、周长、面积等属性的几何查询。AutoCAD 2018提供了查询图形对象的面积、距离、坐标、周长、体积等工具。

在AutoCAD 2018中使用【查询】工具有以下几种常用的方法。

- ❦ 功能区：单击【实用工具】面板中的各种【查询】工具按钮，如图6-15所示。
- ❦ 菜单栏：执行【工具】→【查询】命令，如图6-16所示。

图6-15 查询工具　　　图6-16 查询工具菜单
　　　面板按钮

6.2.1 查询距离

查询【距离】命令主要用来查询指定两点间的长度值与角度值。在AutoCAD 2018中调用该命令的常用方法如下。

- ❦ 命令行：在命令行中输入DIST/DI。
- ❦ 功能区：单击【实用工具】面板上的【距离】工具按钮。

❖ 菜单栏：执行【工具】→【查询】→【距离】命令。

执行上述任一命令后，单击鼠标左键逐步指定查询的两个点，即可在命令行中显示当前查询距离、倾斜角度等信息，如图6-17所示。

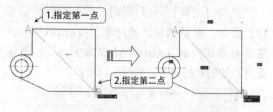

图6-17 查询距离

6.2.2 查询半径

查询【半径】命令主要用来查询指定圆以及圆弧的半径值。在AutoCAD 2018中调用该命令的常用方法如下。

❖ 功能区：单击【实用工具】面板上的【半径】工具按钮。

❖ 菜单栏：执行【工具】→【查询】→【半径】命令。

执行上述任一命令后，选择图形中的圆或圆弧，即可在命令行中显示其半径数值，如图6-18所示。

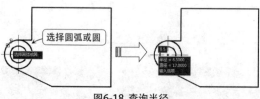

图6-18 查询半径

6.2.3 查询角度

查询【角度】命令用于查询指定线段之间的角度大小。在AutoCAD 2018中调用该命令的常用方法如下。

❖ 功能区：单击【实用工具】面板上的【角度】工具按钮。

❖ 菜单栏：执行【工具】→【查询】→【角度】命令。

执行上述任一命令后，单击鼠标左键逐步选择构成角度的两条线段或角度顶点，即可在命令

行中显示其角度数值，如图6-19所示。

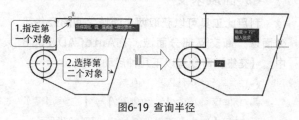

图6-19 查询半径

6.2.4 面积及周长

查询【面积】命令用于查询对象面积和周长值，同时还可以对面积及周长进行加减运算。在AutoCAD 2018中调用该命令的常用方法如下。

❖ 命令行：在命令行中输入AREA/AA。

❖ 功能区：单击【实用工具】面板上的【面积】工具按钮。

❖ 菜单栏：执行【工具】→【查询】→【面积】命令。

执行上述任一命令后，命令行提示如下。

指定第一个角点或 [对象(O)/增加面积(A)/减少面积(S)/退出(X)] <对象(O)>:

在【绘图区】中选择查询的图形对象，或划定需要查询的区域后，按Enter键或者空格键，绘图区显示快捷菜单，以及查询结果，如图6-20所示。

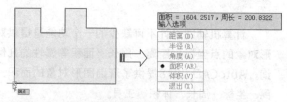

图6-20 查询面积和周长

专家点拨

如果要进行面积的【求和】或【求差】，只需要输入对应的命令行选项字母，然后按Enter键确认即可。

6.2.5 查询体积

查询【体积】命令用于查询对象体积数值，同时还可以对体积进行加减运算。在AutoCAD

2018中调用该命令的常用方法如下。

- ♣ 功能区：单击【实用工具】面板上的【体积】工具按钮 ▣。
- ♣ 菜单栏：执行【工具】→【查询】→【体积】命令。

执行上述任一命令后，命令行提示如下。

> 指定第一个角点或 [对象(O)/增加体积(A)/减去体积(S)/退出(X)] <对象(O)>:

在【绘图区】中选择查询的三维对象，按Enter键或者空格键，绘图区显示快捷菜单及查询结果，如图6-21所示。

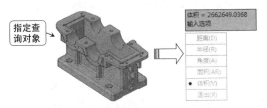

图6-21 查询体积

6.2.6 查询点坐标

使用点坐标查询命令ID，可以查询某点在绝对坐标系中的坐标值。在AutoCAD 2018中调用该命令的方法如下。

- ♣ 命令行：在命令行中输入"ID"。
- ♣ 功能区：单击【实用工具】面板上的【点坐标】工具按钮 ▣ 点坐标。
- ♣ 菜单栏：执行【工具】→【查询】→【点坐标】命令。

执行命令时，只需用对象捕捉的方法确定某个点的位置，即可自动计算该点的X、Y和Z坐标，如图6-22所示。在二维绘图中，Z坐标一般为0。

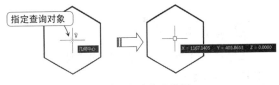

图6-22 查询点坐标

6.3 图案填充

图案填充是指用某种图案充满图形中指定的区域。在工程设计中经常使用图案填充，例如机械制图中的剖面线，建筑结构图中钢筋混凝土剖面，建筑规划图中的林地、草坪图例等。

6.3.1 创建图案填充

在AutoCAD 2018中调用【图案填充】的方法有如下几种。

- ♣ 命令行：在命令行中输入"BHATCH/BH/H"，或者直接在命令行中输入要填充的图案名称。
- ♣ 功能区：单击【绘图】面板上的【图案填充】工具按钮 ▣。
- ♣ 菜单栏：执行【绘图】→【图案填充】命令，如图6-23所示。

执行上述任一命令后，根据【草图与注释】工作空间命令行的提示，输入"T"将打开【图案填充和渐变色】对话框，如图6-24所示。

图6-23 【图案填充】菜单命令　图6-24 【图案填充和渐变色】对话框

【图案填充和渐变色】对话框常用选项的含义如下。

🔵 类型和图案

单击【类型与图案】右侧的下拉按钮，并打

开下拉列表来选择填充类型和样式。

- 类型：其下拉列表框中包括【预定义】、【用户定义】和【自定义】三种图案类型。
- 图案：选择【预定义】选项，可激活该选项组，除了在下拉列表中选择相应的图案外，还可以单击 按钮，将打开【填充图案选项板】对话框，然后通过3个选项卡设置相应的图案样式，如图6-25所示。

图6-25 选择填充图案类型

❷ 角度和比例

该选项组用于设置图案填充的填充角度、比例或者图案间距等参数。

- 角度：设置填充图案的角度，默认情况下填充角度为0。
- 比例：设置填充图案的比例值。
- 间距：当用户选择"用户定义"填充图案类型时设置采用的线型的线条间距。

专家点拨

设置间距时，如果选中【双向】复选框，则可以使用相互垂直的两组平行线填充图案。此外，【相对图纸空间】复选框用来设置比例因子是否相对于图纸空间的比例。

❸ 边界

【边界】选项组主要用于用户指定图案填充的边界，也可以通过对边界的删除或重新创建等操作直接改变区域填充的效果，其常用选项的功能如下。

- 拾取点：单击此按钮将切换至绘图区，拾取填充区域，进行图案填充。
- 选择对象：利用【选择对象】方式选取边界时，系统认定的填充区域为鼠标点选的区域，且必须是封闭区域，未被选取的边界不在填充区域内。

❹ 选项

该选项组用于设置图案填充的一些附属功能，它的设置间接影响填充图案的效果。

- 【关联】复选框：用于控制填充图案与边界"关联"或"非关联"。关联图案填充随边界的变化而自动更新，非关联图案则不会随边界的变化自动更新。
- 【独立的图案填充】复选框：选择该复选框，则可以创建独立的图案填充，它不随边界的修改而更新图案填充。
- 【绘图次序】下拉列表框：主要为图案填充或填充指定绘图顺序。
- 继承特性：使用选定图案填充对象的图案填充和填充特性对指定边界进行填充。

6.3.2 设置填充孤岛

在进行图案填充时，通常将位于一个已定义好的填充区域内的封闭区域称为孤岛。在填充区域内有文字、公式以及孤立的封闭图形等特殊对象时，可以利用孤岛操作在这些对象处断开填充或全部填充。

在【图案填充和渐变色】对话框中单击右下角的 按钮，将展开【孤岛】选项组，如图6-26所示。利用该选项卡的设置，可避免在填充图案时覆盖一些重要的文本注释或标记等属性。

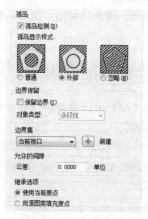

图6-26 【孤岛】选项组

❶ 设置孤岛

选中【孤岛检测】复选框，便可利用孤岛调整填充图案，在【孤岛显示样式】选项组中有以下3种孤岛显示方式：普通、外部和忽略，如图

6-27所示。

2. 边界保留

该选项组中的【保留边界】复选框与下面的【对象类型】列表项相关联，即启用【保留边界】复选框便可将填充边界对象保留为面域或多段线两种形式。

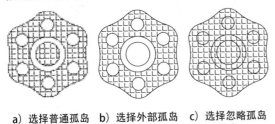

a）选择普通孤岛   b）选择外部孤岛   c）选择忽略孤岛
　　样式　　　　　　　　　样式　　　　　　　　　样式

图6-27 设置孤岛填充样式

6.3.3 渐变色填充

在绘图过程中，有些图形在填充时需要用到一种或多种颜色，如绘制装潢、美工图纸等。在AutoCAD 2018中调用【图案填充】的方法有如下几种。

❧ 功能区：单击【绘图】面板上的【渐变色】工具按钮▣，如图6-28所示。

❧ 菜单栏：执行【绘图】→【图案填充】命令，如图6-29所示。

执行上述任一命令后，根据【草图与注释】工作空间命令行的提示，输入"T"将弹出【图案填充和渐变色】对话框，选择【渐变色】选项卡，设置渐变色颜色类型、填充样式以及方向，进行图案填充，如图6-30所示。

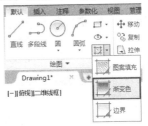

图6-28 【渐变色】面板按钮

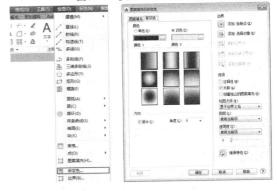

图6-29 【渐变色】菜单　　图6-30 【渐变色】选项卡
命令

6.4 编辑填充图案

通过执行编辑填充图案操作不仅可以修改已经生成的填充图案，而且还可以指定一个新的图案替换以前生成的图案，具体包括对图案的样式、比例（或间距）、颜色、关联性以及注释性等选项的操作。

6.4.1 编辑填充参数

在AutoCAD 2018中调用【图案填充】的方法有如下几种。

❧ 命令行：在命令行中输入"HATCHEDIT/HE"。

❧ 功能区：单击【修改】面板上的【图案填充】工具按钮，如图6-31所示。

❧ 菜单栏：执行【修改】→【对象】→【图案填充】命令，如图6-32所示。

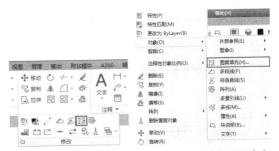

图6-31 【图案填充】面　　图6-32 【图案填充】菜单命令
板按钮

执行上述任一命令后，单击要修改的填充图案或者直接双击要修改的填充图案，系统均将弹出【图案填充编辑】对话框，如图6-33所示。

图6-33 【图案填充编辑】对话框

6.4.2 编辑图案填充边界

【图案填充】边界除了由【图案填充与渐

变色】对话框中的【边界】选项和孤岛操作编辑外，用户还可以单独进行边界定义。

在命令行中输入BO命令再按Enter键执行，系统弹出【边界创建】对话框，如图6-34所示。此时设置边界保留形式，并单击【拾取点】按钮，重新选取图案边界即可。

图6-34 【边界创建】对话框

6.5 综合实例

6.5.1 绘制电气图形

利用面域求和绘制图6-35所示的图形，绘制过程如下。

1. 启动AutoCAD 2018并新建文件

单击【快速访问】工具栏中的【新建】按钮，系统弹出【选择样板】对话框，选择"acadiso.dwt"样板，单击【打开】按钮，进入AutoCAD绘图模式。

2. 绘制图形

01 ＊调用 REC【矩形】命令，绘制尺寸为 108mm×12mm 的矩形，如图 6-36 所示。

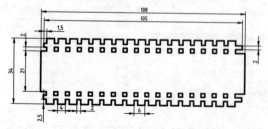

图6-35 面域求和

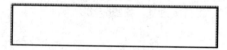

图6-36 绘制矩形

02 ＊再次调用 REC【矩形】命令，根据命令行的提示，按住 Shift+ 鼠标右键，在弹出的快捷菜单中选择【捕捉自】，在绘图区选择第一个矩形左上角点作为偏移基点，如图 6-37 所示，输入偏移值为（@1.5，2），按 Enter 键确定，再指定第二个矩形的角点，输入坐标为（@105，2），按 Enter 键结束矩形的绘制，如图 6-38 所示。

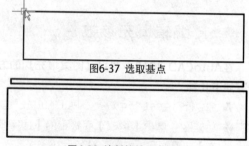

图6-37 选取基点

图6-38 绘制的第二个矩形

03 ＊利用相同的方法绘制第三个矩形，如图 6-39

所示。其偏移基点为第一个矩形的左上角点，偏移坐标为（@3，6.5），再指定另一个角点（@4，-34），按 Enter 键退出操作。

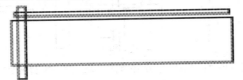

图6-39 绘制的第三个矩形

04 ＊调用 MI【镜像】命令，以大矩形两侧边中点连线为镜像线（见图6-40），镜像第二个矩形，结果如图 6-41 所示。

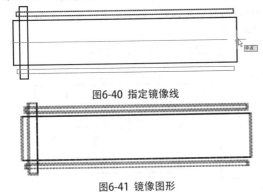

图6-40 指定镜像线

图6-41 镜像图形

05 ＊调用 AR【阵列】命令，首先选取要阵列的图形，再选择阵列类型为矩形阵列，系统会显示【阵列创建】选项卡，设置列面板中的列数为 17，介于为 6，其余参数默认，如图 6-42 所示。阵列操作结果如图 6-43 所示。

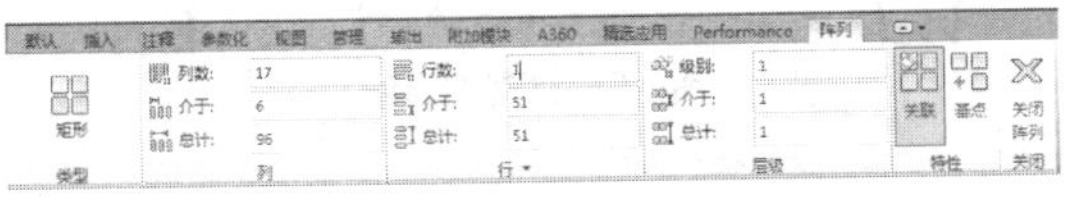

图6-42 【阵列】选项卡

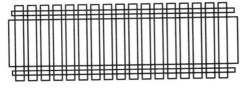

图6-43 阵列图形

06 ＊创建面域。单击【绘图】面板中的【面域】按钮，在绘图区框选全部图形，单击鼠标右键，此时系统已经创建了 20 个面域。

07 ＊创建面域求和。执行【并集】命令，然后在绘图区框选全部面域，单击鼠标右键，此时系统将 20 个面域合并成一个面域，如图 6-44 所示。

08 ＊完成电气图形的绘制，执行【文件】→【保存】命令，保存图形。

图6-44 面域求和

6.5.2 ·绘制轴套剖视图·

01 ＊绘制图 6-45 所示的轴套剖视图形，并填充剖面线，绘制过程如下。

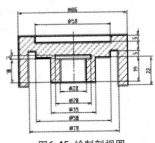

图6-45 绘制剖视图

02 ＊单击【快速访问】工具栏中的【新建】按钮，系统弹出【选择样板】对话框，选择"acadiso.dwt"样板，单击【打开】按钮，进入 AutoCAD 绘图模式。

03 ＊设置绘图环境。执行【格式】→【图层】命令，系统弹出【图层特性管理器】对话框，如图 6-46 所示。

图6-46 【图层特性管理器】对话框

04 ＊单击对话框中的【新建图层】按钮，新建 3 个图层，分别命名为"轮廓线层""剖面线层"和"中心线层"，根据绘图需要设置各图层的属性，如图 6-47 所示。

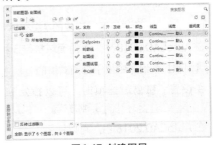

图6-47 创建图层

111

05 ∗单击对话框中的【关闭】按钮×，完成图层的设置。

06 ∗在【状态栏】中设置【对象捕捉】模式：端点、中点、交点、垂足。并依次打开"极轴追踪""对象捕捉""对象捕捉追踪"和"线宽"。

07 ∗绘制图形。调用 L【直线】命令，将图层切换为"中心线层"，在绘图区任意处绘制一条长为 40mm 的竖直中心线。

08 ∗再次调用 L【直线】命令，将图层切换为"轮廓线层"，绘制图 6-48 所示的轮廓线。根据命令行的提示，在绘图区空白处单击任意一点确定直线的起点，鼠标向左移动 42.5mm，鼠标向下移动 39mm，鼠标向右移动 7.5mm，鼠标向上移动 27mm，鼠标向右移动 6mm，鼠标向下移动 5mm，鼠标向右移动 11.5mm，鼠标向下移动 19mm，利用对象捕捉功能捕捉与中心线的交点，确定直线绘制的终点，完成轮廓线的绘制。

如图 6-51 所示。

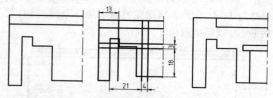

图6-49 偏移直线　图6-50 偏移直线　图6-51 修剪图形

12 ∗调用 MI【镜像】命令，以中心线为镜像线，镜像图形如图 6-52 所示。

13 ∗添加剖面线。将当前图层转换为"剖面线层"。在命令行中直接输入【ANSI31】并按 Enter 键，在绘图区拾取填充区域，对图形进行图案填充，如图 6-53 所示。

14 ∗执行【保存】命令，保存文件。

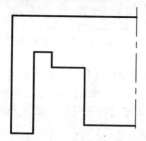

图6-48 绘制直线

09 ∗调用偏移 O【偏移】命令，设置偏移距离为 5mm，偏移辅助线，如图 6-49 所示。

10 ∗重复上述操作，偏移其他直线，如图 6-50 所示。

11 ∗调用修剪 TR【修剪】命令，修剪图形，其效果

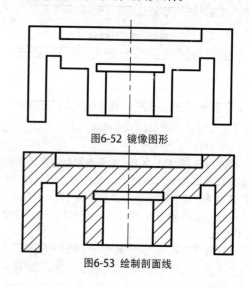

图6-52 镜像图形

图6-53 绘制剖面线

6.6 习题

❶ 填空题

（1）＿＿＿＿＿＿＿＿是封闭区域形成的 2D 实体对象，可将它看成一个平面实心区域。

（2）在 AutoCAD 2018 中，可对面域执行 3 种布尔运算，分别是＿＿＿＿＿、＿＿＿＿＿、＿＿＿＿＿。

（3）【面积】查询命令用于查询对象的＿＿＿＿＿、＿＿＿＿＿同时还可以进行相关的＿＿＿＿＿。

（4）在设置"孤岛"选项时，可以指定在最外层边界内填充对象的方法，其中包括＿＿＿＿＿、＿＿＿＿＿、＿＿＿＿＿3 种方式。

（5）在 AutoCAD 2018 中，可以使用＿＿＿＿＿种渐变填充方法来填充封闭区域。

❷ 操作题

（1）使用面域及面域布尔运算绘制图 6-54 所示的零件图形。

（2）绘制图 6-55 所示的阶梯轴零件图，并对剖面图进行填充。

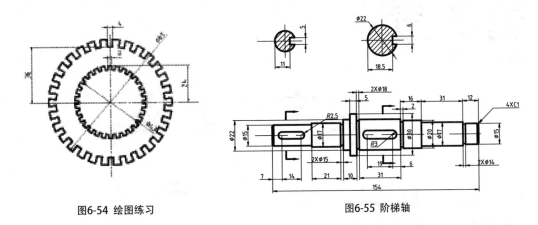

图6-54 绘图练习　　　　　　　　　　　图6-55 阶梯轴

第7章

文字与表格

文字是工程图样必不可少的组成部分。它可以对图形中不便于表达的内容加以说明，使图形更清晰、更完整。表格则通过行与列以一种简洁清晰的形式提供信息。

本章主要内容：
✿ 如何添加和编辑文字
✿ 如何添加和编辑表格

标记	处数	分区	更改文件号	签名	日期	(材料标记)			(单位名称)
设计	签名	日期	标准化	签名	日期	阶段标记	重量	比例	(图样名称)
						共 张 第 张			(图样代号)

添加和编辑文字

一张完整的AutoCAD工程图样除了用图形完整、正确、清晰地表达物体的结构形状外，还必须用尺寸表示物体的大小，另外还应有相应的文字信息，如注释说明、技术要求、标题栏和明细表等。AutoCAD提供了强大的文字注写和文本编辑功能。

7.1.1 ◆ 创建文字样式 ◆

【文字样式】是对同一类文字的格式设置的集合，包括字体、字高、显示效果等。在标注文字前，应首先定义文字样式，以指定字体、高度等参数，然后用定义好的文字样式进行标注。在AutoCAD 2018中调用【文字样式】有如下几种常用方法。

- ❖ 命令行：在命令行中输入STYLE/ST。
- ❖ 功能区1：在【默认】选项卡中，单击【注释】面板中的【文字样式】按钮，如图7-1所示。
- ❖ 功能区2：在【注释】选项卡中，单击【文字】面板中的【文字样式】按钮。
- ❖ 菜单栏：执行【格式】→【文字样式】命令，如图7-2所示。

图7-1 【注释】面板

图7-2 【文字样式】菜单命令

执行上述任一命令后，系统弹出【文字样式】对话框，如图7-3所示。

❶ 设置样式名

在【文字样式】对话框中可以显示文字样式

的名称、新建文字样式、重命名文字样式和删除文字样式，如图7-4所示。

图7-3 【文字样式】对话框

图7-4 【新建文字样式】对话框

专家点拨

如果要重命名文字样式，可在【样式】列表中右击要重命名的文字样式，在弹出的快捷菜单中选择【重命名】即可，但无法重命名默认的Standard样式。

❷ 设置字体和大小

在【字体】选项组下的【字体名】列表框中可指定任一种字体类型作为当前文字类型。当选择字体名为Txt.Shx字体或其他后缀名为".shx"的字体时，才能使用"大字体"，如图7-5所示。

在【大小】选项组中可进行注释性和高度设置，如图7-6所示。其中，在【高度】文本框中键入数值可改变当前文字的高度。如果对文字高度不进行设置，其默认值为0，并且每次使用该样式时命令行都将提示指定文字高度。

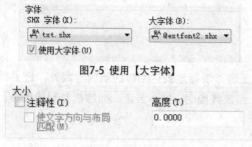

图7-5 使用【大字体】

图7-6 设置文字大小

❸ 设置文字效果

在【效果】选项组中可以编辑放置字体的特殊效果。此外，在【宽度因子】文本框中定义字体的宽窄，并在【倾斜角度】文本框中设置文字放置的倾斜度。

❹ 预览与应用文字样式

在【文字样式】对话框的【预览】选项区域中，可以预览所选择或所设置的文字样式效果。完成文字样式的设置后，单击【应用】按钮即可应用文字样式。然后单击【关闭】按钮，关闭【文字样式】对话框。

7.1.2 创建与编辑单行文字

对于【单行文字】来说，每一行都是一个文字对象，并且可以单独编辑。

❶ 创建单行文字

在AutoCAD 2018中启动【单行文字】命令的方法有。

- ♣ 命令行：在命令行中输入"DTEXT/DT"。
- ♣ 功能区：单击【注释】面板【单行文字】按钮 A ，如图7-7所示。
- ♣ 菜单栏：执行【绘图】→【文字】→【单行文字】命令，如图7-8所示。

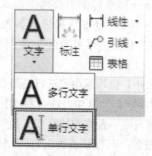

图7-7 【单行文字】面板按钮

图7-8 【单行文字】菜单命令

调用【单行文字】命令后，就可以根据命令行的提示输入文字，需要确定的单行文字的起点、高度和旋转角度。命令行操作提示如下。

```
命令:_dtext        //执行【单行文字】命令
当前文字样式："Standard"   文字高度: 2.5000
注释性: 否   //显示当前文字样式
指定文字的起点或[对正(J)/样式(S)]:
              //在绘图区域合适位置任意拾取一点
指定高度 <2.5000>: 3.5↙       //指定文字高度
指定文字的旋转角度 <0>:↙
              //指定文字旋转角度，一般默认为0
```

在调用命令的过程中，需要输入的参数有文字起点、文字高度（此提示只有在当前文字样式的字高为0时才显示）、文字旋转角度和文字内容。文字起点用于指定文字的插入位置，是文字对象的左下角点。文字旋转角度指文字相对于水平位置的倾斜角度。

设置完成后，绘图区域将出现一个带光标的矩形框，在其中输入相关文字即可，如图7-9所示。

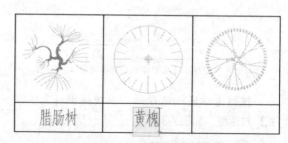

图7-9 输入单行文字

在输入单行文字时，按Enter键不会结束文字的输入，而是表示换行，且行与行之间还是互相独立存在的；在空白处单击左键则会新建另一处单行文字；只有按快捷键Ctrl+Enter才能结束单行文字的输入。

【单行文字】命令行中各选项含义说明如下。

- "指定文字的起点"：默认情况下，所指定的起点位置即是文字行基线的起点位置。在指定起点位置后，继续输入文字的旋转角度即可进行文字的输入。在输入完成后，按两次Enter键或将鼠标移至图样的其他任意位置并单击，然后按Esc键即可结束单行文字的输入。

- "对正（J）"：该选项可以设置文字的对正方式，共有15种方式。

- "样式（S）"：选择该选项可以在命令行中直接输入文字样式的名称，也可以输入"？"，便会打开【AutoCAD文本窗口】对话框，该对话框将显示当前图形中已有的文字样式和其他信息。

❷ 添加特殊符号

在实际设计绘图中，往往需要标注一些特殊的字符，这些特殊字符不能从键盘上直接输入，因此AutoCAD提供了相应的控制符，以实现标注要求，见表7-1。

表 7-1 特殊符号的代码及含义

控制符	含 义
%%C	⌀直径符号
%%P	±正负公差符号
%%D	（°）度
%%O	上划线
%%U	下划线

❸ 编辑单行文字

编辑单行文字包括编辑文字的内容、对正方式及缩放比例。

★ 编辑文字内容

在AutoCAD 2018中启动调用【编辑文字】命令的常用方法如下。

- 命令行：在命令行中输入"DDEDIT"。
- 菜单栏：执行【修改】→【对象】→【文字】→【编辑】命令，如图7-10所示。

执行以上任意一种操作或直接双击文字。即可以对单行文字进行编辑。用户可以使用光标在图形中选择需要修改的文字对象，单行文字只能对文字的内容进行修改，若需要修改文字的字体样式、字高等属性，用户可以通过修改该单行文字所采用的文字样式来实现。

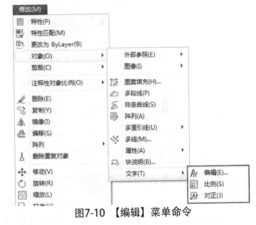

图7-10 【编辑】菜单命令

图7-11 【查找文字】工具按钮

★ 文字的查找与替换

在AutoCAD 2018中启调用文字【查找】命令的方法如下。

- 命令行：在命令行中输入"FIND"。
- 功能区：单击【注释】选项【文字】面板上的🔍按钮，如图7-11所示。
- 菜单栏：执行【编辑】→【查找】命令，如图7-12所示。

执行上述任一命令后，系统弹出【查找和替换】对话框，如图7-13所示。

图7-12 【查找】菜单命令

图7-13 【查找和替换】对话框

7.1.3 注释性文字

基于AutoCAD软件的特点，用户可以直接按1：1比例绘制图形，当通过打印机或绘图仪将图形输出到图纸时，再设置输出比例。这样，绘制图形时就不需要考虑尺寸的换算问题，而且同一幅图形可以按不同的比例多次输出。

但这种方法存在一个问题，当以不同的比例输出图形时，图形按比例缩小或放大，但其他一些内容，如文字、尺寸文字和尺寸箭头的大小等也会按比例缩小或放大，它们就无法满足绘图标准的要求。利用AutoCAD 2018的注释性对象功能，则可以解决此问题。

● 注释性文字样式

为方便操作，可以专门定义注释性文字样式，用于定义注释性文字样式的命令也是STYLE，其定义过程与前面介绍的相似，只需选中【注释性】复选框即可。标注注释性文字。

当用"DTEXT"命令标注【注释性】文字后，应首先将对应的【注释性】文字样式设为当前样式，然后利用状态栏上的【注释比例】列表设置比例，如图7-14所示。最后可以用DTEXT命令标注文字。

对于已经标注的非注释性文字或对象，可以通过特性窗口将其设置为注释性文字。只要通过特性面板或选择【工具】→【选项板】→【特性】或选择【修改】→【特性】，选中该文字，则可以利用特性窗口将"注释性"设为"是"，如图7-15所示，通过注释比例设置比例即可。

图7-14 注释比例列表　　图7-15 利用特性窗口设置文字注释性

7.1.4 创建与编辑多行文字

【多行文字】又称为段落文字，是一种更易于管理的文字对象，可以由两行以上的文字组成，而且各行文字都是作为一个整体处理。在制图中常使用多行文字功能创建较为复杂的文字说明，如图样的工程说明或技术要求等。

❶ 创建多行文字

在AutoCAD 2018中调用【多行文字】命令有以下几种方法。

- ❖ 命令行：在命令行中输入"MTEXT/MT/T"。
- ❖ 功能区：单击【注释】面板上的【多行文字】按钮 A ，如图7-16所示。
- ❖ 菜单栏：执行【绘图】→【文字】→【多行文字】命令，如图7-17所示。

图7-16 多行文字面板按钮

图7-17 【多行文字】菜单命令

命令: MTEXT ✓　//调用多行文字命令
当前文字样式:"文字样式1" 文字高度: 5.4695
注释性: 否　　//显示当前文字样式
指定第一角点:　//指定多行文字输入区的第一
个角点
指定对角点或 [高度(H)/对正(J)/行距(L)/旋转(R)/
样式(S)/宽度(W)/栏(C)]:　//按照需要,选择其中
一选项后,输入文字

在指定了输入文字的对角点之后,弹出图7-18所示的【文字编辑器】选项卡和编辑框,用户可以在编辑框中输入、插入文字。

图7-18 多行文字编辑器

执行上述任一命令后,其命令行提示信息如下。

【多行文字编辑器】由【多行文字编辑框】和【文字编辑器】选项卡组成。

【多行文字编辑框】包含了制表位和缩进,可以十分快捷地对所输入的文字进行调整,其各部分功能如图7-19所示。

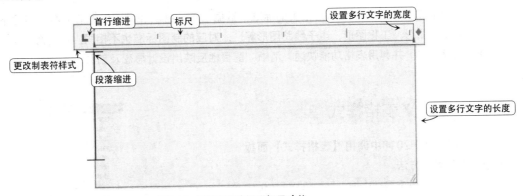

图7-19 多行文字编辑器标尺功能

【文字编辑器】选项卡包含【样式】面板、【格式】面板、【段落】面板、【插入】面板、【拼写检查】面板、【工具】面板、【选项】面板和【关闭】面板,如图7-20所示。在多行文字编辑框中,选中文字,【文字编辑器】选项卡中修改文字的大小、字体、颜色等,可以完成在一般文字编辑中常用的一些操作。

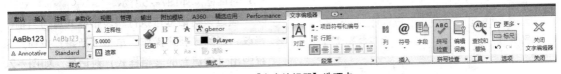

图7-20 【文字编辑器】选项卡

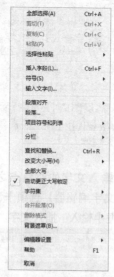

图7-21 【多行文字】的快捷菜单

在机械制图中通常使用【多行文字】进行一些复杂的标注。在【文字编辑器】选项卡中可以设置文字样式、文字字体、文字高度、加粗、倾斜或加下划线效果。

在编辑框中右键单击鼠标，系统弹出【多行文字】快捷菜单，使用该菜单可以对多行文字进行更多的设置，如图7-21所示。

如果要创建堆叠文字（一种垂直对齐的文字或分数），可先输入要堆叠的文字，然后在其间使用/、#或^分隔。选中要堆叠的字符，单击【格式】面板中的【堆叠】按钮，则文字按照要求自动堆叠，如图7-22所示。

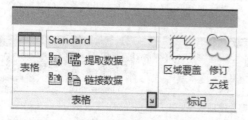

$$14/23 \Rightarrow \frac{14}{23} \qquad 200\hat{}-0.01 \Rightarrow 20^{0}_{-0.01}$$

图7-22 文字堆叠效果

2. 编辑多行文字

【多行文字】的编辑和单行文字编辑操作相同，在此不再赘述。

7.2 添加和编辑表格

【表格】主要用来展示与图形相关的标准、数据信息、材料和装配信息等内容。根据不同类型的图形（如机械图形、工程图形、电子线路图形等），对应的制图标准也不相同，这就需要设置符合产品设计的表格样式，并利用表格功能快速、清晰、醒目地反映出设计思想及创意。

7.2.1 定义表格样式

在AutoCAD 2018中调用【表格样式】面板有以下几种常用方法。

- 命令行：在命令行中输入TABLESTYLE/TS。
- 功能区：单击【注释】选项卡上的【表格】面板右下角按钮，如图7-23所示。
- 菜单栏：执行【格式】→【表格样式】命令，如图7-24所示。

图7-23 【表格】面板

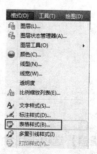

图7-24 通过菜单执行【表格样式】命令

执行上述任一命令后，系统弹出【表格样式】对话框，如图7-25所示。

通过该对话框可执行将表格样式置为当前、修改、删除或新建操作。单击【新建】按钮，系统弹出【创建新的表格样式】对话框，如图7-26所示。

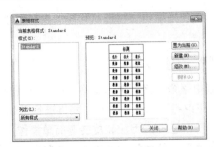

图7-25 【表格样式】对话框

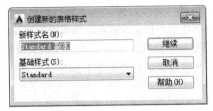

图7-26 【创建新的表格样式】对话框

在【新样式名】文本框中输入表格样式名称，在【基础样式】下拉列表框中选择一个表格样式为新的表格样式提供默认设置，单击【继续】按钮，系统弹出【新建表格样式】对话框，如图7-27所示，可以对样式进行具体设置。

【新建表格样式】对话框由【起始表格】、【常规】、【单元样式】和【单元样式预览】4个选项组组成。

当单击【新建表格样式】对话框中【管理单元样式】按钮图时，弹出图7-28所示的【管理单元格式】对话框，在该对话框中可以对单元格式进行添加、删除和重命名。

图7-27 【新建表格样式】对话框

图7-28 【管理单元样式】对话框

7.2.2 插入表格

表格是在行和列中包含数据的对象，在设置表格样式后便可以从空格或表格样式创建表格对象，还可以将表格链接至Microsoft Excel电子表格中的数据。本节将主要介绍利用【表格】工具插入表格的方法。在AutoCAD 2018中插入表格有以下几种常用方法。

- 命令行：在命令行中输入TABLE/TB。
- 功能区：单击【注释】面板上的【表格】按钮图，如图7-29所示。
- 菜单栏：执行【绘图】→【表格】命令，如图7-30所示。

图7-29 插入表格面板按钮

图7-30 通过菜单插入表格

执行上述任一命令后，系统弹出【插入表格】对话框，如图7-31所示。

设置好表格样式、列数和列宽、行数和行宽后，单击【确定】按钮，并在绘图区指定插入点，将会在当前位置按照表格设置插入一个表格，然后在此表格中添加相应的文本信息即可完成表格的创建，如图7-32所示。

图7-31 【插入表格】面板

技术性能	
振动频率	26Hz
额定电压	380V
额定电流	5A
功率	2kW

图7-32 在图形中插入表格

7.2.3 编辑表格

在添加完成表格后，不仅可根据需要对表格整体或表格单元执行拉伸、合并或添加等编辑操作，而且可以对表格的表指示器进行所需的编辑，其中包括编辑表格形状和添加表格颜色等设置。

❶ 编辑表格

选中整个表格，单击鼠标右键，弹出的快捷菜单如图7-33所示。可以对表格进行剪切、复制、删除、移动、缩放和旋转等简单操作，还可以均匀调整表格的行、列大小，删除所有特性替代。当选择【输出】命令时，还可以打开【输出数据】对话框，以.csv格式输出表格中的数据。

当选中表格后，也可以通过拖动夹点来编辑表格，其各夹点的含义如图7-34所示。

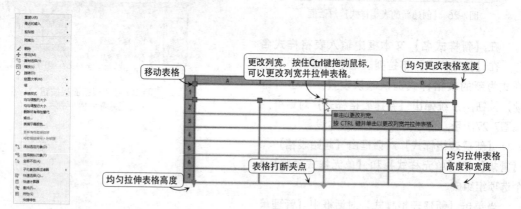

图7-33 快捷菜单　　　　　　图7-34 选中表格时各夹点的含义

专家点拨

使用表格底部的表格打断夹点，可以将包含大量数据的表格打断成主要和次要的表格片段，可以使表格覆盖图形中的多列或操作已创建不同的表格部分。

❷ 编辑表格单元

当选中表格单元时，单击鼠标右键，其快捷菜单如图7-35所示。

当选中表格单元格后，在表格单元格周围出现夹点，也可以通过拖动这些夹点来编辑单元格，其各夹点的含义如图7-36所示。

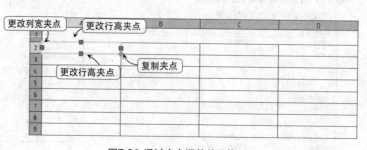

图7-35 快捷菜单　　　　　　图7-36 通过夹点调整单元格

专家点拨

要选择多个单元，可以按住鼠标左键并欲选择的单元上拖动；按住Shift键并在欲选择的单元内按住鼠标左键，可以同时选中这两个单元以及它们之间的所有单元。

7.2.4 添加表格内容

表格中的数据都是通过表格单元进行添加的，表格单元不仅可以包含文本信息，而且还可以包含多个块。此外，还可以将AutoCAD中的表格数据与Microsoft Excel电子表格中的数据进行链接。

❶ 添加数据

当创建表格后，系统会自动亮显第一个表格单元，并打开【文字格式】工具栏，此时可以开始输入文字，在输入文字的过程中，单元的行高会随输入文字的高度或行数的增加而增加。通过在选中的单元中按F2键可以快速编辑单元格文字。

❷ 插入块

当选中表格单元后，在展开的【表格】选项卡中单击【插入点】选项板下的【块】按钮，将弹出【在表格单元中插入块】对话框，进行块的插入操作。在表格单元中插入块时，块可以自动适应单元的大小，也可以调整单元以适应块的大小，并且可以将多个块插入到同一个表格单元中。

专家点拨

要编辑单元格内容，只需双击要修改的文字即可。而对于【块】的定义与使用请参考第8章中的详细内容。

7.3 综合实例——绘制表格

在本实例中将绘制出如图7-37所示的表格，并添加表格内的文字。通过本实例，练习创建表格、设置表格样式等操作。具体操作步骤如下。

❶ 启动AutoCAD 2018并新建文件

单击【快速访问】工具栏中的【新建】按钮，系统弹出【选择样板】对话框，选择"acadiso.dwt"样板，单击【打开】按钮，进入AutoCAD绘图模式。

图7-37 绘制表格

❷ 创建表格样式

01 ＊执行【表格样式】命令，系统弹出【表格样式】对话框，如图 7-38 所示。单击【新建】按钮，系统弹出【创建新的表格样式】对话框，在【新样式名】文本框中输入"表格 1"，如图 7-39 所示。

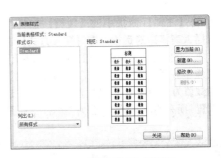

图7-38 【表格样式】对话框

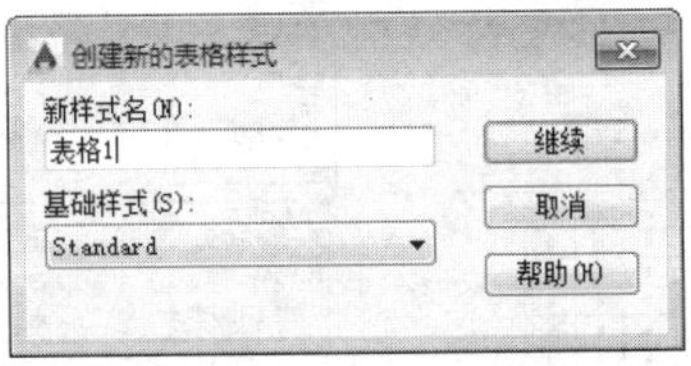

图7-39 【创建新的表格样式】对话框

02 ＊单击【继续】按钮，系统弹出【新建表格样式】对话框，在【单元样式】选项区域的下拉列表框中选择【数据】选项，如图 7-40 所示，将【对齐】方式设置为"正中"模式；将"线宽"设置为 0.3mm；设置文字样式为【Standard】，宽度因子为 0.7，再分别设置数据、表头、标题的文字高度为 1.5mm。

03 ＊单击【确定】按钮，返回【表格样式】对话框，将新建的表格样式置为当前。

04 ＊设置完毕后，单击【关闭】按钮，关闭【表格样式】对话框。

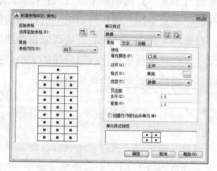

图7-40 【新建表格样式】对话框

❸ 插入并编辑表格

01 ＊调用 REC【矩形】命令，绘制尺寸为 180mm×56mm 的矩形，如图 7-41 所示。

图7-41 绘制矩形以确定表格范围大小

02 ＊单击【注释】面板中的【表格】按钮，系统弹出【插入表格】对话框，在【插入方式】选项区域中选中"指定窗口"单选按钮；在【列和行设置】选项区域中分别设置"列数"和"数据行数"文本框中的数值为 12 和 7；在【设置单元样式】选项区域中设置"所有的单元样式"全为"数据"，如图 7-42 所示。

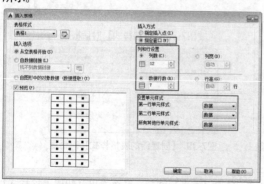

图7-42 设置插入表格数据

03 ＊单击【确定】按钮，捕捉之前绘制的矩形角点绘制出表格，如图 7-43 所示。

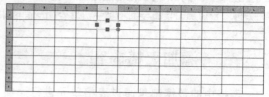

图7-43 通过夹点调整表格

04 ＊选中要合并的单元格，单击鼠标右键，在弹出的快捷菜单中选择"合并"选项，如图 7-44 所示，合并单元格的最终效果如图 7-45 所示。

图7-44 合并单元格

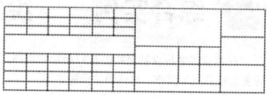

图7-45 表格合并完成效果

05 ＊选中表格，拖动夹点按图 7-46 所示调整表格的行高或列宽，得到图 7-47 所示的表格效果。

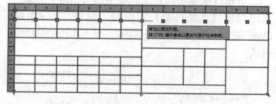

图7-46 通过夹点调整列宽

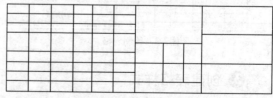

图7-47 表格列宽调整完成

4. 输入文字

双击单元格，在【文字编辑器】中输入相应的文字，如图7-48所示。表格最终完成效果如图7-49所示。

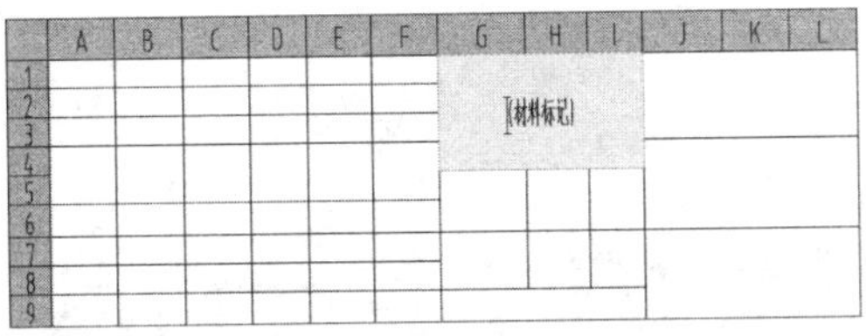

图7-48 输入文字

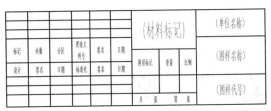

图7-49 完成表格制作

7.4 习 题

1. 填空题

（1）在 AutoCAD 2018 中，系统默认的文字样式为 _____，它使用的基本字体文件是 _____。

（2）在【文字样式】对话框中设置文字效果时，"倾斜角度"范围为 _____，如果要向右倾斜文字，则角度为 _____。

（3）AutoCAD 2018 支持 TrueType 字体，使用系统变量 _____ 和 _____ 可以设置所标注的文字是否填充和文字的光滑程度。

（4）在 AutoCAD 中创建文字时，正负公差（±）符号的表示方法是 _____。

（5）在 AutoCAD 中，可以通过拖动表格的 _____ 来编辑表格。

2. 操作题

（1）创建图 7-50 所示的表格，并添加文字。

6	泵轴	1	45	
5	垫圈B12	2	A3	GB97-76
4	螺母M12	2	45	GB58-76
3	内转子	8	40Cr	
2	外转子	1	40Cr	
1	泵体	1	HT25-47	
序号	名称	数量	材料	备注

图7-50 绘制表格

（2）创建表 7-2 所示的文字样式，并在图形区输入图 7-51 所示的文字内容。

表 7-2 文字样式要求

设置内容	设置值
样式名	样式1
字体	gbenor
字格式	普通
宽度比例	0.7
字高	4mm

技术要求

1.齿面表面淬火硬度为50-55HRC。

2.轴调质处理200-250HB。

3.两轴的键槽加工有不同的位置要求。

图7-51 添加技术要求文字

第8章

块、外部参照与设计中心

在绘制图形时，如果图形中有大量相同或相似的内容，或者所绘制的图形与已有的图形文件相同，则可以把要重复绘制的图形创建成块（也称为图块），并根据需要为块创建属性，指定块的名称、用途及设计者等信息，在需要时直接插入它们，从而提高绘图效率。

在设计过程中，会反复调用图形文件、样式、图块、标注、线型等内容，为了提高 AutoCAD 系统的效率，AutoCAD 提供了设计中心这一资源管理工具，对这些资源进行分门别类的管理。

本章主要内容：

❀ 块

❀ 外部参照

❀ AutoCAD 设计中心

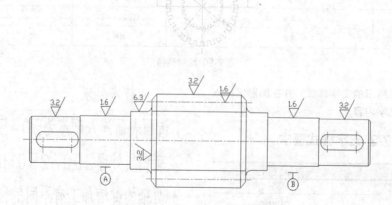

8.1 块

块是一个或多个对象组成的对象集合，常用于绘制复杂、重复的图形。在AutoCAD中，使用块可以提高绘图速度、节省存储空间、便于修改图形。

8.1.1 创建块

要定义一个新的图块，首先要用绘图和修改命令绘制出组成图块的所有图形对象，然后再用块定义命令定义块。在AutoCAD 2018中创建块有如下几种常用方法。

- ❧ 命令行：在命令行中输入BLOCK/B。
- ❧ 功能区1：在【插入】选项卡中，单击【块】面板中的【创建块】按钮，如图8-1所示。
- ❧ 功能区2：在【默认】选项卡中，单击【块】面板中的【创建块】按钮。
- ❧ 菜单栏：执行【绘图】→【块】→【创建】命令，如图8-2所示。

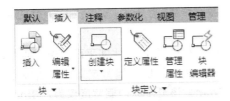

图8-1 【创建块】面板按钮

图8-2 【创建块】菜单命令

执行上述任一命令后，系统弹出【块定义】对话框，如图8-3所示。

【块定义】对话框中主要选项的功能说明如下。

图8-3 【块定义】对话框

- ❧ "名称"文本框：输入块名称，可以在下拉列表框中选择已有的块。
- ❧ "基点"选项区域：设置块的插入基点位置。用户可以直接在X、Y、Z文本框中输入，也可以单击【拾取点】按钮，切换到绘图窗口并选择基点。
- ❧ "对象"选项区域：设置组成块的对象。其中，单击【选择对象】按钮，可切换到绘图窗口选择组成块的各对象。
- ❧ "方式"选项区域：设置组成块的对象显示方式。选择【注释性】复选框，可以将对象设置成注释性对象；选择【按同一比例缩放】复选框，设置对象是否按统一的比例进行缩放；选择【允许分解】复选框，设置对象是否允许被分解。

将如图8-4所示的门图形定义为块，可进行如下操作：

01 ✳ 绘制门图形。调用矩形、圆弧命令，门宽度为1000。

02 ✳ 调用 B【块】命令，弹出【块定义】对话框。

03 ✳ 图块命名。在【名称】文本框输入图块名【单扇门】。

04 ✳ 选择对象。单击【选择对象】按钮，在屏幕上选取组成门的所有图形对象。

05 ✳ 确定插入基点。单击【拾取点】按钮，捕捉门图形左下角端点 A 作为插入基点。

06 ✳ 单击【确定】按钮，完成图块的创建，方便以后调用。

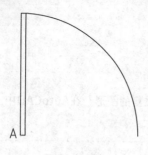

图8-4 门图块

8.1.2 控制图块的颜色和线型

块定义中保存了图块中各个对象的源图层、颜色和线型等特性信息，可以控制图块中的对象是保留其原特性还是继承当前层的特性。为了控制插入块实例的颜色、线型和线宽特性，在定义块时有如下三种情况。

- ❖ 如果要使块实例完全继承当前层的属性，那么在定义块时应将图形对象绘制在0层，将当前层颜色、线型和线宽属性设置为"随层"（ByLayer）。

- ❖ 如果希望能为块实例单独设置属性，那么在块定义时应将颜色、线型和线宽属性设置为"随块"（ByBlock）。

- ❖ 如果要使块实例中的对象保留属性，而不从当前层继承；那么在定义块时，应为每个对象分别设置颜色、线型和线宽属性，而不应当设置为"随块"或"随层"。

8.1.3 插入块

块定义完成后，就可以插入与块定义关联的块实例了。启动插入块命令的方式有以下几种。

- ❖ 命令行：在命令行中输入INSERT/I。
- ❖ 功能区：单击【插入】选项卡上的【注释】面板【插入】按钮，如图8-5所示。
- ❖ 菜单栏：执行【插入】→【块】命令，如图8-6所示。

图8-5 插入块工具按钮

图8-6 插入块菜单命令

执行上述任一命令后，系统弹出【插入】对话框，如图8-7所示。

图8-7 【插入】对话框

该对话框中常用选项的含义如下。

- ❖ "名称"下拉列表框：用于选择块或图形名称。可以单击其后的【浏览】按钮，系统弹出【打开图形文件】对话框，选择保存的块和外部图形。

- ❖ "插入点"选项区域：设置块的插入点位置。

- ❖ "比例"选项区域：用于设置块的插入比例。

- ❖ "旋转"选项区域：用于设置块的旋转角度。可直接在【角度】文本框中输入角度值，也可以通过选中【在屏幕上指定】复选框，在屏幕上指定旋转角度。

- ❖ "分解"复选框：可以将插入的块分解成块的各基本对象。

在图8-8所示的卫生间平面图中，插入定义好的"单扇门"块。因为定义的门图块宽度为1000mm，该卫生间门洞宽度仅为700mm，因此门图块应缩小至原来的0.7倍。

01 ❋ 调用【插入】命令，系统弹出【插入】对话框。

02 ❋ 选择需要插入的内部块。打开【名称】下拉列表框，选择【单扇门】图块。

03 ❋ 确定缩放比例。勾选【统一比例】复选框，在【X】框中输入"0.7"。

04 ❋ 确定插入基点位置。勾选【在屏幕上指定】复选框，单击【确定】按钮退出对话框。插入块实例到图 8-8 所示的 A 点位置，结束操作。

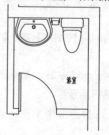

图8-8 插入【单扇门】图块实例

8.1.4 创建外部块

要让所有的AutoCAD文档共用图块，就需要用写块命令(WBLOCK)定义外部块。定义外部块的过程，实质上就是将图块保存为一个单独的DWG图形文件，因为DWG文件可以被其他AutoCAD文件使用。

在命令行中输入WBLOCK/W，按回车键，系统弹出【写块】对话框，如图8-9所示。

图8-9 【写块】对话框

❶ 【源】选项组

设置外部块类型。可供选择的一组单选按钮如下。

- ❖ 块：将已经定义好的块保存，可以在下拉列表中选择已有的内部块。如果当前文件中没有定义的块，该单选按钮不可用。
- ❖ 整个图形：将当前工作区中的全部图形保存为外部块。
- ❖ 对象：选择图形对象定义外部块。该项是默认选项，一般情况下选择此项即可。

❷ 【基点】选项组

该选项组确定插入基点。方法同块定义。

❸ 【对象】选项组

该选项组选择保存为块的图形对象，操作方法与定义块时相同。

❹ 【目标】选项组

设置写块文件的保存路径和文件名。

专家点拨

在指定文件名称时，只需输入文件名称而不用带扩展名。系统一般将扩展名定义为.dwg。此时，如果在【目标】选项组中未指定文件名，则系统将在默认保存位置保存该文件。

8.1.5 分解块

块实例是一个整体，AutoCAD不允许对块实例进行局部修改。因此要修改块实例，必须先用分解块命令(EXPLODE)将块实例分解。块实例被分解为彼此独立的普通图形对象后，每一个对象可以单独被选中，而且可以分别对这些对象进行修改操作。

启动EXPLODE命令的方法有以下几种。

- ❖ 命令行： 在命令行中输入EXPLODE / X。
- ❖ 功能区： 单击【修改】面板上的【分解】工具按钮。
- ❖ 工具栏： 单击【修改】工具栏上的【分解】按钮🗗。

调用X【分解】命令，连续选择需要分解的块实例，再按回车键，完成块的分解。

专家点拨

EXPLODE命令不仅可以分解块实例，还可以分解尺寸标注、填充区域等复合图形对象。

8.1.6 图块的重定义

通过对图块的重定义，可以更新所有与之关联的块实例，实现自动修改。

图8-10所示的"餐桌"图块有6个座位，并在当前图形中插入了多个块实例。现在由于设计发生变化，要将6座更改为4座，如图8-11所示，此时可进行如下操作。

01 ＊调用 X【分解】命令，分解【餐桌】图块。

02 ＊修改被分解的块实例。选择删除餐桌侧面的两张座位，如图 8-11 所示。

03 ＊重定义【餐桌】图块。调用 B【块】命令，弹出【块定义】对话框。在【名称】下拉列表框中选择【餐桌】，选择被分解的餐桌图形对象，确定插入基点。完成上述设置后，单击【确定】按钮。此时，AutoCAD会提示是否替代已经存在的"餐桌"块定义，单击【是 (Y)】按钮确定。重定义块操作完成。

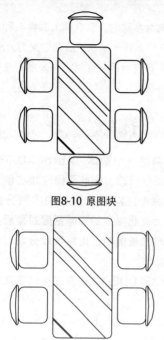

图8-10 原图块

图8-11 修改后的图块

图8-12 【定义属性】面板按钮

图8-13 【定义属性】菜单命令

8.1.7 添加块属性

图块包含的信息可以分为两类：图形信息和非图形信息。块属性是图块的非图形信息，例如办公室工程中定义办公桌图块，每个办公桌的编号、使用者等属性。块属性必须和图块结合在一起使用，在图样上显示为块实例的标签或说明，单独的属性是没有意义的。

1. 创建块属性

在AutoCAD中添加块属性的操作主要分为三步。

01 * 定义块属性。

02 * 在定义图块时附加块属性。

03 * 在插入图块时输入属性值。

定义块属性必须在定义块之前进行。定义块属性的命令启动方式有以下几种。

♣ 命令行：在命令行中输入"ATTDEF/ATT"。

♣ 功能区：单击【插入】选项卡【属性】面板上的【定义属性】按钮，如图8-12所示。

♣ 菜单栏：执行【绘图】→【块】→【定义属性】命令，如图8-13所示。

执行上述任一命令后，系统弹出【属性定义】对话框，如图8-14所示。

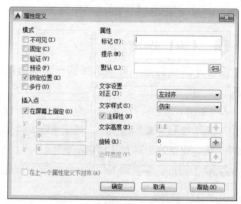

图8-14 【属性定义】对话框

【属性定义】对话框中常用选项的含义如下。

♣ 属性：用于设置属性数据，包括"标记""提示""默认"三个文本框。

♣ 插入点：该选项组用于指定图块属性的位置。

♣ 文字设置：该选项组用于设置属性文字的对正、样式、高度和旋转。

专家点拨

通过【属性定义】对话框，用户只能定义一个属性，并不能指定该属性属于哪个图块，因此用户必须通过【块定义】对话框将图块和定义的属性重新定义为一个新的图块。

2. 修改属性定义

直接双击块属性，系统弹出【增强属性编辑器】对话框。在【属性】选项卡的列表中选择要修改的文字属性，然后在下面的【值】文本框中输入块中定义的标记和值属性，如图8-15所示。

图8-15 【增强属性编辑器】对话框

在【增强属性编辑器】对话框中，各选项卡的含义如下。

- 属性：显示了块中每个属性的标识、提示和值。在列表框中选择某一属性后，在【值】文本框中将显示出该属性对应的属性值，可以通过它来修改属性值。
- 文字选项：用于修改属性文字的格式，该选项卡如图8-16所示。
- 特性：用于修改属性文字的图层以及其线宽、线型、颜色、打印样式等，该选项卡如图8-17所示。

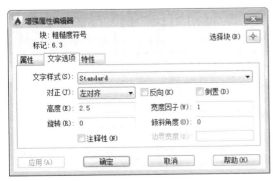

图8-16 【文字选项】选项卡

图8-17 【特性】选项卡

8.1.8 创建动态图块

【动态图块】就是将一系列内容相同或相近的图形通过块编辑创建为块，并设置该块具有参数化的动态特性，在操作时通过自定义夹点或自定义特性来操作动态块。设置该类图块相对于常规图块来说具有极大的灵活性和智能性，在提高绘图效率的同时还能减小图块库中的块数量。

1. 块编辑器

【块编辑器】是专门用于创建块定义并添加动态行为的编写区域。在AutoCAD 2018中调用【块编辑器】有以下几种常用方法。

- 命令行：在命令行中输入BEDIT/BE。
- 功能区：单击【插入】选项卡【块】面板上的【块编辑器】按钮，如图8-18所示。
- 菜单栏：执行【工具】→【块编辑器】命令，如图8-19所示。

图8-18 【块编辑器】面板按钮

图8-19 【块编辑器】菜单命令

执行上述任一命令后，系统弹出【编辑块定义】对话框，如图8-20所示。

该对话框提供了多种编辑并创建动态块的块定义，选择一种块类型，则可在右侧预览块效果。单击【确定】按钮，系统进入默认为灰色背景的绘图区域，一般称该区域为块编辑窗口，如图8-21所示。

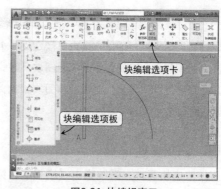

图8-21 块编辑窗口

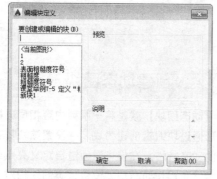

图8-20 【编辑块定义】对话框

其右侧自动弹出块编辑选项板，包含参数、动作、参数集和约束四个选项卡，可创建动态块的所有特征；在其上方显示一个选项卡，该选项卡是创建动态块并设置可见性的专门工具。【块编辑器】选项卡位于整个编辑器的上方，其各主要选项功能见表8-1。

表 8-1 【块编辑器】各主要选项的功能

图标	名称	功能
	编辑或创建块定义按钮	单击该按钮，系统弹出【编辑块定义】对话框，用户可重新选择需要创建的动态块
	保存块定义	单击该按钮，保存当前块定义
	将块另存为	单击此按钮，系统弹出【将块另存为】对话框，用户可以重新输入块名称后保存此块。
	测试块	测试此块能否被加载到图形中
	自动约束对象	对选择的块对象进行自动约束
	重合	对块对象进行重合约束
	显示所有几何约束	显示约束符号
	隐藏所有几何约束	隐藏约束符号
	块表	单击该按钮，系统弹出【块特性表】对话框，通过此对话框对参数约束进行函数设置
	点	单击该按钮，向动态块定义中添加点参数
	移动	单击该按钮，向动态块定义中添加移动动作
	属性	单击此按钮系统弹出【属性定义】对话框，从中可定义模式、属性标记、提示、值等的文字选项
	编写选项板	显示或隐藏编写选项板
fx	参数管理器	打开或者关闭参数管理器

在该绘图区域UCS命令是被禁用的，绘图区域显示一个UCS图标，该图标的原点定义了块的基点。用户可以通过相对UCS图标原点移动几何体图形或者添加基点参数来更改块的基点。这样在完成参数的基础上添加相关动作，然后通过【保存块定义】工具来保存块定义，此时可以立即关闭编辑器并在图形中测试块。

如果在块编辑窗口中选择【文件】→【保存】选项，则保存的是图形而不是块定义。因此处于【块编辑】窗口时，必须专门对块定义进行保存。

❷ 块编写选项板

该选项板中一共四个选项卡，即"参数""动作""参数集"和"约束"选项卡。

- ♣ 参数选项卡：如图8-22所示，用于向【块编辑器】中的动态块添加参数。
- ♣ 动作选项卡：如图8-23所示，用于向【块编辑器】中的动态块添加动作。
- ♣ 参数集选项卡：如图8-24所示，用于在【块编辑器】中向动态块定义中添加以一个参数和至少一个动作的工具时，创建动态块的一种快捷方式。
- ♣ 约束选项卡：如图8-25所示，用于在【块编辑器】中向动态块进行几何或参数约束。

图8-22【参数】选项卡

图8-23【动作】选项卡

图8-24【参数集】选项卡

图8-25【约束】选项卡

8.2 外部参照

【外部参照】与【块】有相似之处，但它们的主要区别是：一旦插入了块，该块就永久性地插入到当前图形中，成为当前图形的一部分。而以外部参照方式将图形插入到某一图形后，被插入图形文件的信息并不直接加入到主图形中，主图形只是记录参照的关系。

8.2.1 ▪ 附着外部参照 ▪

附着外部参照的目的是帮助用户用其他图形来补充当前图形，主要用在需要附着一个新的外部参照文件或将一个已附着的外部参照文件的副本附着在文件中。

在AutoCAD 2018中创建新的图形文件有以下几种方法。

- ♣ 功能区：单击【参照】面板【附着】工具按钮，如图8-26所示。
- ♣ 工具栏：根据附着对象类型单击【插入】工具栏中的对应按钮。
- ♣ 菜单栏：执行【插入】菜单相应命令，如图8-27所示。

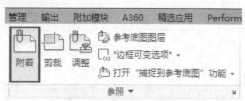

图8-26 【附着】工具按钮

图8-27 【附着】菜单命令

可将以下5种格式的文件附着至当前文件。

① 附着DWG文件

执行对应【附着】命令弹出【选择参照文件】对话框，如图8-28所示。选择参照文件后单击【打开】按钮，系统弹出【附着外部参照】对话框，如图8-29所示。

指定路径选择外部参照文件并设置参照类型和路径类型，单击【确定】按钮，该外部参照文

件将显示在当前图形中，然后按照命令行提示信息分别指定该参照相对于 *X*、*Y* 轴的比例系数，即可将该参照文件添加到该图形中。

图8-30所示为在图形中插入的外部参照。

图8-28 【选择参照文件】对话框

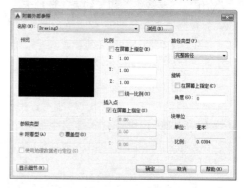

图8-29 【附着外部参照】对话框

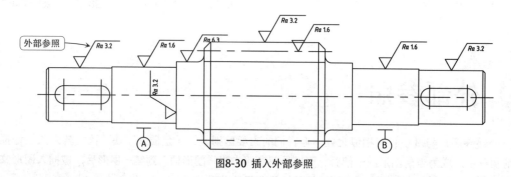

图8-30 插入外部参照

② 附着DWF文件

DWF格式文件是一种从DWG文件创建的高度压缩的文件格式，该文件易于在Web上发布和查看，并且支持实时的平移和缩放，以及对图层显示和命名视图显示的控制。

③ 附着DGN文件

DGN格式文件是MicroStation绘图软件生成的文件，该文件格式对精度、层数以及文件和单元的大小并不限制，另外该文件中的数据都是

经过快速优化、检验并压缩，有利于节省存储空间。

④ 附着PDF文件

PDF格式文件是Adobe公司设计的可移植电子文件格式。其在Windows、Unix还是Mac OS操作系统中都是通用的。这一性能使它成为在Internet上进行电子文档发行和数字化信息传播的理想格式。PDF文件具有许多其他电子文档格式无法相比的优点。PDF文件格式可以将文字、

字型、格式、颜色及独立于设备和分辨率的图形图像等封装在一个文件中，支持特长文件，集成度和安全可靠性都较高。

❺ 附着图像文件

使用【外部参照】选项板能够将图像文件附着到当前文件中，并且能够对当前图形进行辅助说明或讲解。

执行【插入】→【光栅图像参照】命令，系统弹出【选择参照文件】对话框。选择要参照的图像后，单击【打开】按钮，系统弹出【附着图像】对话框，如图8-31所示，设置其中的参数，单击【确定】按钮，即可将该图像文件附着在当前文件中。

8.2.2 绑定外部参照

在AutoCAD中，将外部参照与最终图形一起存储要求图形总是保持在一起，对参照图形的任何修改将持续反映在最终图形中。要防止修改参照图形时更新归档图形，可将外部参照绑定到最终图形，这样可以使外部参照成为图形中的固有部分，而不再是外部参照文件。

在命令行中输入XBIND/XB，然后按回车键执行，系统均将弹出【外部参照绑定】对话框，如图8-32所示。

图8-31 【附着图像】对话框

图8-32 【外部参照绑定】对话框

8.2.3 管理外部参照

在AutoCAD中，可在【外部参照】选项板中对附着或裁剪的外部参照进行编辑和管理，或通过【参照管理器】对话框对当前已打开的外部参照进行有效管理，分别介绍如下。

❶ 通过【外部参照】选项板管理参照

在AutoCAD 2018中打开【外部参照】选项板有以下几种常用方法。

- ♣ 功能区：单击【参照】面板右下角◢按钮，如图8-33所示。
- ♣ 工具栏：单击【参照】工具栏【外部参照】按钮。
- ♣ 菜单栏：执行【插入】→【外部参照】命令，如图8-34所示。

图8-33 【参照】面板

图8-34 通过菜单命令打开【外部参照】

执行上述任一命令后，系统均将弹出【外部参照】选项板，如图8-35所示。

右键单击所选择的参照文件，系统弹出快捷菜单，如图8-36所示。

图8-35 【外部参照】选项板　　　图8-36 快捷菜单

❷ 使用【参照管理器】对话框管理参照

执行【开始】→【程序】→【Autodesk】
→AutoCAD 2018－Simplified Chinese→【参照管理器】命令，即可打开【参照管理器】对话框，如图8-37所示。

该对话框分为两个窗口，其中左侧窗格用于选定图形和外部参照，可执行查找和添加内容等操作。单击该对话框中的【添加图形】按钮，然

后在打开的对话框中浏览放置练习数据集或文件的位置，此时命令行将显示图8-38所示的提示对话框，可以根据设计需要选择对应选项，即可添加外部参照到该对话框。

图8-37 【参照管理器】对话框

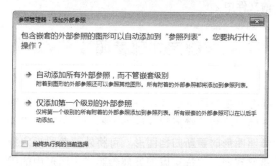

图8-38 提示对话框

8.3　AutoCAD设计中心

AutoCAD设计中心类似于Windows资源管理器，可执行对图形、块、图案填充和其他图形内容的访问等辅助操作，并在图形之间复制和粘贴其他内容，从而使设计者更好地管理外部参照、块参照和线型等图形内容。这种操作不仅可简化绘图过程，而且可通过网络资源共享来服务当前产品设计。

8.3.1　设计中心窗口

在AutoCAD 2018中进入【设计中心】有以下2种常用方法。

❖ 快捷键：按下"Ctrl+2"的组合键。
❖ 功能区：在【视图】选项卡中，单击【选项板】面板中的【设计中心】工具按钮。

执行上述任一命令后，均可打开AutoCAD 【设计中心】选项板，如图8-39所示。

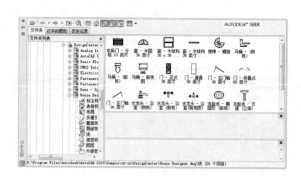

图8-39 【设计中心】选项板

设计中心窗口的按钮和选项卡的含义及设置方法如下。

❶ 选项卡操作

在设计中心中，可以在4个选项卡之间进行切换，各选项含义如下。

❖ 文件夹：指定文件夹列表框中的文件路径（包括网络路径），右侧显示图形信息。

❖ 打开的图形：该选项卡显示当前已打开的所有图形，并在右方的列表框中包括图形中的块、图层、线型、文字样式、标注样式和打印样式。

❖ 历史记录：该选项卡中显示最近在设计中心打开的文件列表。

❷ 按钮操作

在【设计中心】选项卡中，要设置对应选项卡中树状视图与控制板中显示的内容，可以单击选项卡上方的按钮执行相应的操作，各按钮的含义如下。

❖ 加载按钮 📂：使用该按钮通过桌面、收藏夹等路径加载图形文件。

❖ 搜索按钮 🔍：用于快速查找图形对象。

❖ 搜藏夹按钮 ⭐：通过收藏夹来标记存放在本地硬盘和网络服务器中常用的文件。

❖ 主页按钮 🏠：将设计中心返回到默认文件夹。

❖ 树状图切换按钮 🗗：使用该工具打开/关闭树状视图窗口。

❖ 预览按钮 🖼：使用该工具打开或关闭选项卡右下侧窗格。

❖ 说明按钮 🗒：打开或关闭说明窗格，以确定是否显示说明窗格内容。

❖ 视图按钮 ▦：用于确定控制板显示内容的显示格式。

8.3.2 ·设计中心查找功能·

使用设计中心的【查找】功能，可在弹出的【搜索】对话框中快速查找图形、块特征、图层特征和尺寸样式等内容，将这些资源插入当前图形，可辅助当前设计。单击【设计中心】选项板中的【搜索】按钮 🔍，系统弹出【搜索】对话框，如图8-40所示。

图8-40 【搜索】对话框

在该对话框中指定搜索对象所在的位置，然后在【搜索文字】列表框中输入搜索对象名称，在【位于字段】列表框中输入搜索类型，单击【立即搜索】按钮，即可执行搜索操作。另外，还可以选择其他选项卡设置不同的搜索条件。

将图形选项卡切换到【修改日期】选项卡，可指定图形文件创建或修改的日期范围。默认情况下不指定日期范围，需要使用时须先指定图形修改日期。

切换到【高级】选项卡可指定其他搜索参数。

8.3.3 ·插入设计中心图形·

使用AutoCAD设计中心最终的目的是在当前图形中调入块、引用图像和外部参照，并且在图形之间复制块、图层、线型、文字样式、标注样式以及用户定义的内容等。也就是说根据插入内容类型的不同，对应插入设计中心图形的方法也不相同。

❶ 插入块

通常情况下执行插入块操作可根据设计需要确定插入方式。

❖ 自动换算比例插入块：选择该方法插入块时，可从设计中心窗口中选择要插入的块，并拖动到绘图窗口。移到插入位置时释放鼠标左键，即可实现块的插入操作。

❖ 常规插入块：在【设计中心】对话框中选择要插入的块，然后用鼠标右键将该块拖动到窗口后释放鼠标，此时将弹出一个快捷菜单，选择【插入块】选项，即可弹出【插入块】对话框，可按照插入块的方法确定插入点、插入比例和旋转角度，将该块插入到当前图形中。

❷ 复制对象

在控制板中展开相应的块、图层、标注样式列表，然后选中某个块、图层或标注样式并将其拖入到当前图形，即可获得复制对象效果。如果按住右键将其拖入当前图形，此时系统将弹出一个快捷菜单，通过此菜单可以进行相应的操作。

❸ 以动态块形式插入图形文件

要以动态块形式在当前图形中插入外部图形

文件，只需要通过右键快捷菜单，执行【块编辑器】命令即可，此时系统将打开【块编辑器】窗口，用户可以通过该窗口将选中的图形创建为动态图块。

❹ 引入外部参照

从【设计中心】对话框选择外部参照，用鼠标右键将其拖动到绘图窗口后释放，在弹出的快捷菜单中选择【附加为外部参照】选项，弹出【外部参照】对话框，可以在其中确定插入点、插入比例和旋转角度。

8.4 综合实例

8.4.1 使用块添加表面粗糙度符号和基准代号

本实例将利用插入块方式插入表面粗糙度符号和基准代号，如图8-41所示。

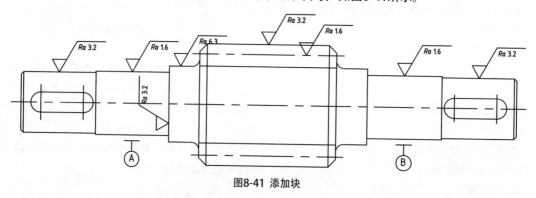

图8-41 添加块

❶ 启动AutoCAD 2018并打开文件

单击【快速访问】工具栏中的【打开】按钮，系统弹出【选择文件】对话框，打开"素材 \ 第 08 章 \ 8.4.1 实例操作 .dwg"文件，系统进入 AutoCAD 绘图模式，如图 8-42 所示。

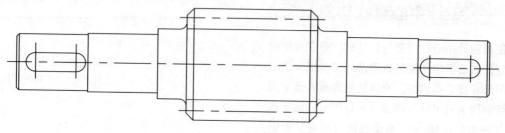

图8-42 实例操作文件

②. 创建块

01 ＊调用 L【直线】命令，根据命令行的提示，在绘图区合适的地方单击，确定绘制直线的第一点，再指定下一点（@-11.5，0），指定下一点（@11.5<300），再输入最后一点的极坐标（@28<60），按 Enter 键退出，完成表面粗糙度符号的绘制，如图 8-43 所示。

02 ＊调用 MT（多行文字）命令，设置文字高度为 5mm，创建文字"Ra"，调用 ATT【定义属性】命令，系统弹出【属性定义】对话框，如图 8-44 所示。

03 ＊在【标记】文本框中输入 3.2，设置文字高度为 5mm，单击【确定】按钮，此时绘图区鼠标指针呈 形状，拖动鼠标指针至合适的位置单击放置块属性，如图 8-45 所示。

图8-43 表面粗糙度符号

图8-44 【属性定义】对话框

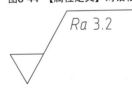

图8-45 放置块属性

04 ＊调用 B【块】命令，系统弹出【块定义】对话框，如图 8-46 所示。

图8-46 【块定义】对话框

05 ＊在【名称】文本框中输入【粗糙度】，单击【拾取点】按钮，系统自动切换至绘图环境，指定基点，如图 8-47 所示。

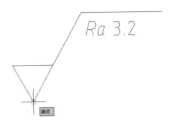

图8-47 选定基点

06 ＊单击【选择对象】按钮，切换至绘图区，利用窗选选取需要创建为块的图素，按 Enter 键，返回【块定义】对话框，单击【确定】按钮，完成创建块操作。

07 ＊重复上述操作，创建基准符号块，并添加其属性，如图 8-48 所示。

图8-48 基准符号块

③. 插入块

01 ＊调用【插入】命令，系统弹出【插入】对话框，如图 8-49 所示。

图8-49 【插入】对话框

02 ＊在名称列表框中选择【基准符号】图块，取消【分解】复选框的选择，其他均为默认设置，单击【确定】按钮，移动鼠标指针至合适的位置单击放置块符号。在【编辑属性】对话框中输入属性值为"A"，单击【确定】按钮，完成插入基准符号，如图 8-50 所示。

03 ＊重复上述操作插入另一个基准符号，输入属性值为"B"，如图 8-51 所示。

139

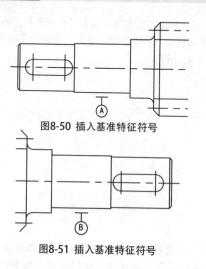

图8-50 插入基准特征符号

图8-51 插入基准特征符号

04 ＊调用【插入】命令，系统弹出【插入】对话框。在名称列表框中选择【粗糙度】图块，取消【分解】复选框的选择，其他均为默认设置，单击【确定】按钮，移动鼠标指针至合适的位置单击放置块符号。在【编辑属性】对话框中输入属性值为"3.2"，单击【确定】按钮，完成表面粗糙度符号块的插入。

05 ＊按空格键重复操作，插入其他的表面粗糙度符号，更改属性值，结果如图 8-52 所示。

06 ＊继续按空格键，系统弹出【插入】对话框，在【旋转】选项区域设置角度为 90°，其他设置不变，单击【确定】按钮，移动鼠标指针至合适的位置单击放置块符号。输入属性值为"3.2"，单击【确定】按钮，完成插入表面粗糙度符号块的操作，如图 8-41 所示。

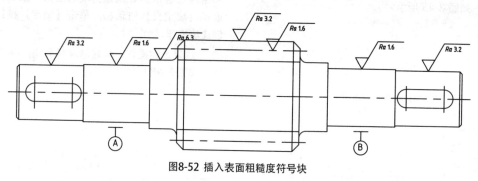

图8-52 插入表面粗糙度符号块

8.4.2 ▪布置办公室家具▪

本实例利用设计中心添加家具图块，来完成办公室平面图的绘制，如图8-53所示。

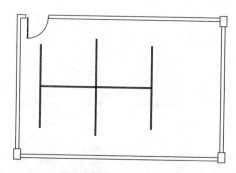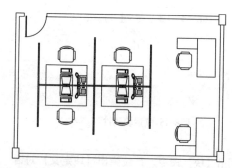

图8-53 利用设计中心插入图块

本实例的操作步骤如下。

❶ 打开图形文件

单击【快速访问】工具栏中的【打开】按钮▷，系统弹出【选择文件】对话框，选择"素材 / 第 08 章 /8.4.2 布置家具 .dwg"文件，单击【打开】按钮，进入 AutoCAD 绘图界面。

❷ 插入图块

01 ＊按"Ctrl+2"组合键，系统弹出【设计中心】选项板，如图 8-54 所示。

02 ＊单击【文件夹】选项卡，在【文件夹列表】中找到"8.4.2 布置家具完成"文件，在选项卡中右侧窗口中双击"块"图标，在打开的窗口中显示了该文件所有图块，如图 8-55 所示。

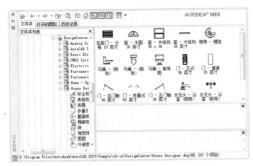

图8-54 【设计中心】选项板

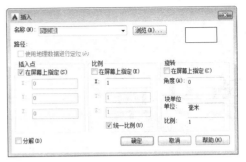

图8-56 【插入】对话框

图8-55 显示图块

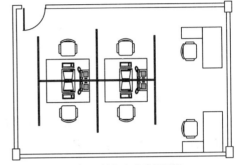

图8-57 插入完成后的图形

03 ＊在窗口中双击要插入的图块，系统弹出【插入】对话框，如图 8-56 所示。

04 ＊设置参数，单击【确定】按钮，在绘图区相应位置插入图块，如图 8-57 所示。

专家点拨

还可以根据命令行提示，输入相应的选项，设置基点位置、旋转角度、比例因子等。

 # 8.5 习 题

❶ 填空题

（1）在 AutoCAD 设计中心窗口的 _____ 选项卡中，可以查看当前图形中的图形信息。

（2）在图形中插入外部参照时，不仅可以设置参照图形的插入点位置、比例及旋转角度，还可以选择参照的 _____ 和 _____。

（3）在 AutoCAD 中插入外部参照时，路径类型不能为 _____。

❷ 操作题

绘制图 8-58 所示的图框，并将其保存为样板文件（文件名为"A4 横放"）。

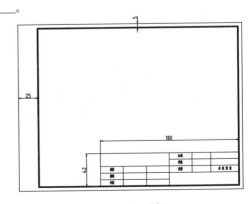

图8-58 A4图框

第9章

尺寸标注

尺寸标注是对图形对象形状和位置的定量化说明，也是工件加工或工程施工的重要依据，因而标注图形尺寸是一般绘图不可缺少的步骤。

AutoCAD 2018 包含了一套完整的尺寸标注命令和实用程序，可以对直径、半径、角度、直线及圆心位置等进行标注，轻松完成图样中要求的尺寸标注要求。

此外，如果在每次新建文件时都一一设置文档的尺寸标注、多重引线标注、文字样式以及图层等绘图环境，将会是一件非常繁琐的事情。因此本章还将学习将一些常用的环境设置保存在样板文件当中的方法，这样在新建文档时可以直接调用样板文件，在样板文件的基础上绘制图形，从而省去了重复设置文档环境的步骤。

本章主要内容：
- ✿ 尺寸标注样式
- ✿ 标注尺寸
- ✿ 多重引线标注
- ✿ 编辑标注对象
- ✿ 约束的运用
- ✿ 建立样板文件

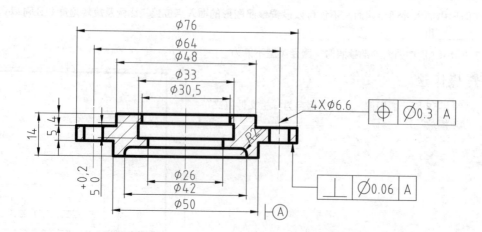

9.1 尺寸标注的组成

如图9-1所示，一个完整的尺寸标注对象由尺寸界线、尺寸线、尺寸箭头和尺寸文字四个要素构成。AutoCAD的尺寸标注命令和样式设置，都是围绕着这四个要素进行的。

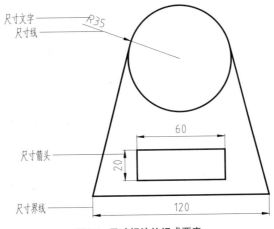

图9-1 尺寸标注的组成要素

❶ 尺寸界线

尺寸界线表示所注尺寸的起止范围。一般从图形的轮廓线、轴线或对称中心线处引出。

❷ 尺寸线

尺寸线绘制在尺寸界线之间，表示尺寸的度量方向。尺寸线不能用图形轮廓线代替，也不能和其他图线重合或在其他图线的延长线上，必须单独绘制。标注线性尺寸时，尺寸线必须与所标注的线段平行。

❸ 箭头

箭头用于标识尺寸线的起点和终点。建筑制图的箭头以45°的粗短斜线表示，而机械制图的箭头以实心三角形箭头表示。

❹ 尺寸文字

尺寸文字一律不需要根据图样的输出比例变换，而直接标注尺寸的实际数值大小，一般由AutoCAD自动测量得到。尺寸单位为mm时，尺寸文字中不标注单位。

尺寸文字包括数字形式的尺寸文字（尺寸数字）和非数字形式的尺寸文字（如注释）。

9.2 尺寸标注样式

【标注样式】用来控制标注的外观，如箭头样式、文字位置和尺寸公差等。在同一个AutoCAD文档中，可以同时定义多个不同的命名样式。修改某个样式后，就可以自动修改所有用该样式创建的对象。

绘制不同的工程图样，需要设置不同的尺寸标注样式，要系统地了解尺寸设计和制图的知识，请参考有关机械制图或建筑制图的国家规范和行业标准，以及其他相关的资料。

9.2.1 新建标注样式

新建【标注样式】可以通过【标注样式和管理器】完成，在AutoCAD 2018中调用【标注样式和管理器】有如下几种常用方法。

- 命令行：在命令行中输入DIMSTYLE/D。
- 功能区：在【默认】选项卡中单击【注释】面板下拉列表中的【标注样式】按钮，如图9-2所示。
- 菜单栏：执行【格式】→【标注样式】命令，如图9-3所示。

图9-2 【样式】面板

图9-3 【标注样式】菜单命令

执行上述任一命令后，系统弹出【标注样式管理器】对话框，如图9-4所示。

单击【新建】按钮，系统弹出【创建新标注样式】对话框，如图9-5所示。新建【标注样式】时，可以在【新样式名】文本框中输入新样式的名称。在【基础样式】下拉列表框中选择一种基础样式，新样式将在该基础样式的基础上进行修改。

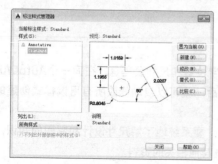

图9-4 【标注样式管理器】对话框

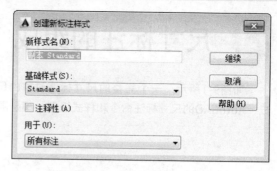

图9-5 【创建新标注样式】对话框

选中【注释性】复选框，可将标注定义成可注释对象。

设置了新样式的名称、基础样式和适用范围后，单击该对话框中的【继续】按钮，系统弹出【新建标注样式】对话框，可以设置标注中的直线、符号和箭头、文字、单位等内容，如图9-6所示。

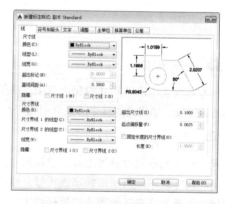

图9-6 【新建标注样式】对话框

9.2.2 设置线样式

在【新建标注样式】对话框中，使用【线】选项卡，可以设置尺寸线和延伸线的格式和位置。

❶ 尺寸线

在"尺寸线"选项区域中，可以设置尺寸线的颜色、线宽、超出标记以及基线间距等属性。下面具体介绍一些选项的含义。

- 超出标记：当尺寸线的箭头采用倾斜、建筑标记、小点、积分或无标记等样式时，使用该文本框可以设置尺寸线超出延伸线的长度，如图9-7所示。

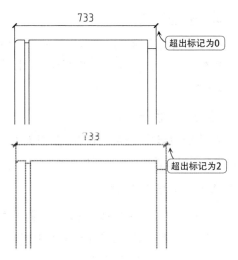

图9-7 不同超出标记值效果

❤ 基线间距：进行基线尺寸标注时可以设置各
尺寸线之间的距离，如图9-8所示。

❤ 隐藏：通过选择【尺寸线1】或【尺寸线
2】复选框，可以隐藏第1段或第2段尺寸线
及其相应的箭头，如图9-9所示。

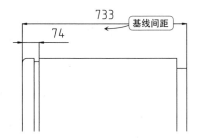

图9-8 设置基线间距

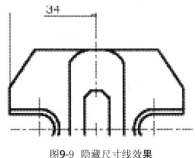

图9-9 隐藏尺寸线效果

❷ 延伸线

在"延伸线"选项区域中，可以设置延伸
线的颜色、线宽、超出尺寸线的长度、起点偏移
量，以及隐藏控制等属性，下面具体介绍其常用
选项的含义。

❤ 超出尺寸线：用于设置延伸线超出尺寸线的
距离，如图9-10所示。

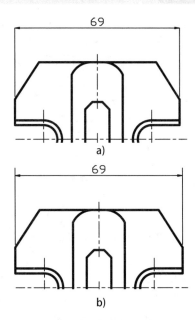

图9-10 不同超出尺寸线距离效果

❤ 起点偏移量：设置延伸线的起点与标注定义
点的距离，如图9-11所示。

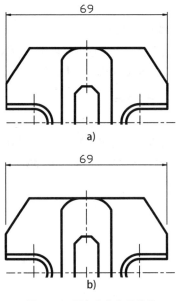

图9-11 不同起点偏移量效果

❤ 隐藏：通过选中【延伸线1】或【延伸线
2】复选框，可以隐藏延伸线。

9.2.3 设置符号箭头样式

在【新建标注样式】对话框中，使用【符号
和箭头】选项卡可以设置箭头、圆心标记、弧长
符号和半径折弯的格式与位置，如图9-12所示。

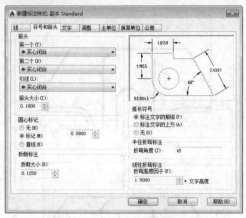

图9-12 【符号和箭头】选项卡

① 箭头

通常情况下，尺寸线的两个箭头应一致。为了适用于不同类型的图形标注需要，AutoCAD 2018设置了20多种箭头样式。可以从对应的下拉列表框中选择箭头，并在"箭头大小"文本框中设置其大小，也可以通过"用户箭头"选项自定义箭头。

② 圆心标记

在"圆心标记"选项区域中可以设置圆或圆心标记类型，如【标记】、【直线】和【无】。

③ 弧长符号

在"弧长符号"选项区域可以设置符号显示的位置，包括"标注文字的前缀""标注文字的上方"和"无"3种方式，如图9-13所示。

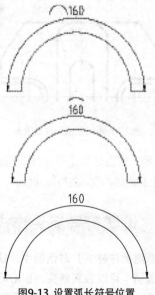

图9-13 设置弧长符号位置

④ 半径折弯

在【半径折弯标注】选项区域的"折弯角度"文本框中，可以设置标注圆弧半径时标注线的折弯角度。

⑤ 折断标注

在【折断标注】选项区域的"折断大小"文本框中，可以设置折断标注线的长度。

⑥ 线性折弯标注

在【线性折弯标注】选项区域的"折弯高度因子"文本框中，可以设置折弯标注打断时折弯线的高度。

9.2.4 ❖设置文字样式❖

在【新建标注样式】对话框中可以使用【文字】选项卡设置标注文字的外观、位置和对齐方式，如图9-14所示。

图9-14 【文字】选项卡

① 文字外观

在"文字外观"选项区域中可以设置文字的样式、颜色、高度和分数高度比例，以及控制是否绘制文字边框等。

② 文字位置

在【文字位置】选项区域中可以设置文字的垂直、水平位置以及从尺寸线的偏移量。

③ 文字对齐

在【文字对齐】选项区域中可以设置标注文字是保持水平还是与尺寸线平行。

9.2.5 设置调整样式

在【新建标注样式】对话框中可以使用【调整】选项卡设置标注文字的位置、尺寸线、尺寸箭头的位置，如图9-15所示。

1. 调整选项

在【调整选项】选项区域中，如果延伸线之间没有足够的空间同时放置标注文字和箭头，可以设置从延伸线之间移出对象。

图9-15 【调整】选项卡

2. 文字位置

在【文字位置】选项区域中，可以设置当文字不在默认位置时的位置，如图9-16所示。

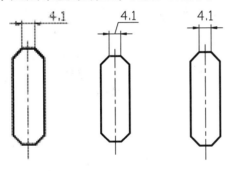

a)尺寸线旁　　b)尺寸线上方，　c)尺寸线上方，不
　　　　　　　　带引线　　　　　带引线

图9-16 标注文字位置

3. 标注特征比例

在【标注特征比例】选项区域中，可以设置标注尺寸的特征比例，以便通过设置全局比例来增加或减少各标注的大小。

4. 优化

在【优化】选项区域中，可以对标注文字和尺寸线进行细微调整。

9.2.6 设置标注单位样式

在【新建标注样式】对话框中可以使用【主单位】选项卡设置主单位的格式与精度等属性，如图9-17所示。

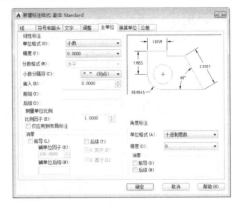

图9-17 【主单位】选项卡

1. 线性标注

在【线性标注】选项区域中可以设置线性标注的单位格式与精度，常用选项功能如下。

- 单位格式：设置除角度标注之外的其余各标注类型的尺寸单位。
- 精度：设置除角度标注之外的其他标注的尺寸精度。
- 分数格式：当单位格式是分数时，可以设置分数的格式。
- 小数分隔符：设置小数的分隔符。
- 前缀和后缀：设置标注文字的前缀和后缀，在相应的文本框中输入字符即可。

2. 角度标注

在【角度标注】选项区域中，可以使用"单位格式"下拉列表框设置标注单位。

9.2.7 设置换算单位样式

在【新建标注样式】对话框中可以使用【换算单位】选项卡设置单位格式，如图9-18所示。在AutoCAD 2018中，通过换算标注单位，可以转换使用不同测量单位制的标注，通常是显示英制标注的等效公制标注，或公制标注的等效英制标注。在标注文字中，换算标注单位显示在主单位旁边的括号"[ ]"中，如图9-19所示。

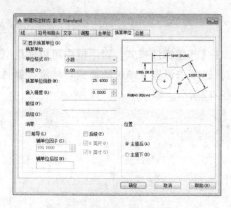

图9-18 【换算单位】选项卡

图9-19 使用换算单位

选中【显示换算单位】复选框后，对话框的其他选项才可以用。

9.2.8 设置公差样式

在【新建标注样式】对话框中可以使用【公差】选项卡设置是否标注公差，以及以何种方式进行标注，如图9-20所示。

在"公差格式"选项区域中可以设置公差的标注格式，部分选项的功能说明如下。

♣ 方式：确定标注公差的方式，如图9-21

所示。

♣ 上、下偏差：设置尺寸上、下偏差。

♣ 高度比例：确定公差文字的高度比例因子。

♣ 垂直位置：控制公差文字相对于尺寸文字的位置，包括"上""中"和"下"。

♣ 换算单位公差：当标注换算单位时，可以设置换算单位精度和是否消零。

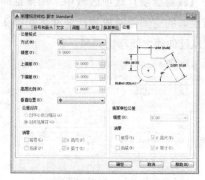

图9-20 【公差】选项卡

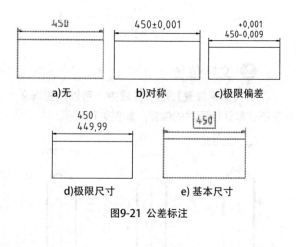

图9-21 公差标注

9.3 标注尺寸

为了更方便、快捷地标注图样中的各个方向和形式的尺寸，AutoCAD提供了线性标注、径向标注、角度标注、和指引标注等多种标注类型。

9.3.1 智能标注

【智能标注】命令为AutoCAD 2018的新增功能，可以根据选定的对象类型自动创建相应的标注。可自动创建的标注类型包括垂直标注、水平标注、对齐标注、旋转的线性标注、角度标注、半径标注、直径标注、折弯半径标注、弧长标注、基线标注和连续标注等。如果需要，可以使用命令行选项更改标注类型。

执行"智能标注"命令有以下几种方式。

♣ 功能区：单击【默认】选项卡中【注释】面板上的【标注】按钮。

♣ 命令行：输入DIM命令。

使用上面任一种方式启动【智能标注】命令，具体操作命令行提示如下。

选择对象或指定第一个尺寸界线原点或 [角度(A)/基线(B)/连续(C)/坐标(O)/对齐(G)/分发(D)/图层(L)/放弃(U)]:   //选择图形或标注对象

命令行中各选项的含义说明如下。

- ☘ 角度：创建一个角度标注来显示三个点或两条直线之间的角度，操作方法基本同【角度标注】。
- ☘ 基线：从上一个或选定标准的第一条界线创建线性、角度或坐标标注，操作方法基本同【基线标注】。
- ☘ 连续：从选定标注的第二条尺寸界线创建线性、角度或坐标标注，操作方法基本与【连续标注】相同。
- ☘ 坐标：创建坐标标注，提示选取部件上的点，如端点、交点或对象中心点。
- ☘ 对齐：将多个平行、同心或同基准的标注对齐到选定的基准标注。
- ☘ 分发：指定可用于分发一组选定的孤立线性标注或坐标标注的方法。
- ☘ 图层：为指定的图层指定新标注，以替代当前图层。输入Use Current或"."，以使用当前图层。

将鼠标指针置于对应的图形对象上，就会自动创建出相应的标注，如图9-22所示。

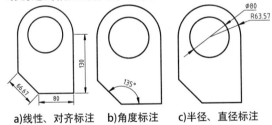

a)线性、对齐标注   b)角度标注   c)半径、直径标注

图9-22 智能标注

9.3.2 线性标注

在AutoCAD 2018中调用【线性】标注有如下几种常用方法。

- ☘ 命令行：在命令行中输入DIMLINEAR/DLI。
- ☘ 功能区：在【默认】选项卡中，单击【注释】面板中的【线性】按钮，如图9-23所示。
- ☘ 菜单栏：执行【标注】→【线性】命令，如图9-24所示。

图9-23 线性标注面板按钮

图9-24 【线性】标注菜单命令

执行上述任一命令后，命令行提示如下。

指定第一个尺寸界线原点或 <选择对象>:

可以选择【指定起点】或是直接【选择对象】进行标注，两者的具体操作与区别如下。

❶ 指定原点

默认情况下，在命令行提示下指定第一条延伸线的原点，并在"指定第二条延伸线原点："提示下指定了第二条延伸线原点后，命令行提示如下。

指定尺寸线位置或[多行文字(M)/文字(T)/角度(A)/水平(H)/垂直(V)/旋转(R)]:

默认情况下，指定尺寸线的位置后，系统将自动测量出的两个延伸线起始点间的相应距离标注出尺寸。此外，其他各选项的功能说明如下。

- ☘ 多行文字：选择该选项将进入多行文字编辑模式，可以使用【多行文字编辑器】对话框输入并设置标注文字。其中，文字输入窗口中的尖括号（<>）表示系统测量值。
- ☘ 文字：以单行文字形式输入尺寸文字。
- ☘ 角度：设置标注文字的旋转角度。
- ☘ 水平和垂直：标注水平尺寸和垂直尺寸。可以直接确定尺寸线的位置，也可以选择其他选项来指定标注的文字内容或标注文字的旋转角度。
- ☘ 旋转：旋转标注对象的尺寸线。

指定原点标注的操作方法示例如图9-25所示，命令行的操作过程如下。

```
命令:_dimlinear //执行【线性标注】命令
指定第一个尺寸界线原点或 <选择对象>:
              //选择矩形一个顶点
指定第二条尺寸界线原点:
              //选择矩形另一侧边的顶点
指定尺寸线位置或
[多行文字(M)/文字(T)/角度(A)/水平(H)/垂直(V)/
旋转(R)]:        //向上拖动指针，在合适位置
单击放置尺寸线
标注文字 = 50    //生成尺寸标注
```

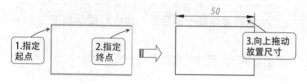

图9-25 线性标注之【指定原点】

② 选择对象

执行【线性标注】命令之后，直接按Enter键，则要求选择标注尺寸的对象。选择了对象之后，系统便以对象的两个端点作为两条尺寸界线的起点。

该标注的操作方法示例如图9-26所示，命令行的操作过程如下。

```
命令:_dimlinear      //执行【线性标注】命令
指定第一个尺寸界线原点或 <选择对象>:↙
              //按Enter键选择"选择对象"选项
选择标注对象: //单击直线AB
指定尺寸线位置或
[多行文字(M)/文字(T)/角度(A)/水平(H)/垂直(V)/
旋转(R)]: //水平向右拖动指针，在合适位置放置尺寸线（若上下拖动，则生成水平尺寸）
标注文字 = 30
```

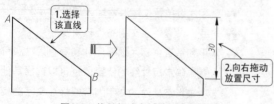

图9-26 线性标注之【选择对象】

9.3.3 对齐标注

在对直线段进行标注时，如果该直线的倾斜角度未知，那么使用【线性标注】的方法将无法得到准确的测量结果，这时可以使用【对齐标注】完成图9--27所示的标注。

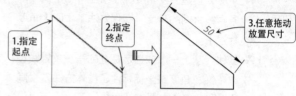

图9-27 对齐标注

在AutoCAD 2018中调用【对齐】标注有如下几种常用方法。

♦ 命令行：在命令行中输入DIMALIGNED/DAL。

♦ 功能区：在【默认】选项卡中，单击【注释】面板中的【对齐】按钮，如图9-28所示。

♦ 菜单栏：单击【标注】→【对齐】命令，如图9-29所示。

【对齐】标注的使用方法与【线性】标注相同，这里不再赘述。

图9-28 【对齐】标注面板按钮

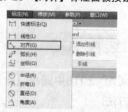

图9-29 【对齐】标注菜单命令

9.3.4 半径标注

利用【半径】标注可以快速获得圆或圆弧的

半径大小，在AutoCAD 2018中调用【半径】标注有如下几种常用方法。

🔹 命令行：在命令行中输入DIMRADIUS/DRA。

🔹 功能区：在【默认】选项卡中，单击【注释】面板中的【半径】按钮◎，如图9-30所示。

🔹 菜单栏：执行【标注】→【半径】命令，如图9-31所示。

图9-31 【半径】标注菜单命令

图9-30 【半径】标注面板按钮

执行任一命令后，命令行提示选择需要标注的对象，单击圆或圆弧即可生成【半径】标注，拖动指针在合适的位置放置尺寸线。该标注方法的操作示例如图9-32所示，命令行操作过程如下。

> 命令：_dimradius   //执行【半径】标注命令
> 选择圆弧或圆：   //单击选择圆弧A
> 标注文字 = 150
> 指定尺寸线位置或 [多行文字(M)/文字(T)/角度(A)]：
>   //在圆弧内侧合适位置放置尺寸线，结束命令

单击Enter键可重复上一命令，按此方法重复【半径】标注命令，即可标注圆弧B的半径。

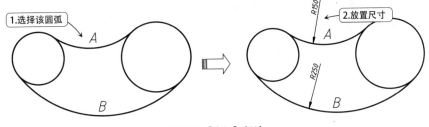

图9-32 【半径】标注

在系统默认情况下，系统自动加注半径符号"R"。但如果在命令行中选择【多行文字】和【文字】选项重新确定尺寸文字时，只有在输入的尺寸文字加前缀，才能使标注出的半径尺寸有半径符号"R"，否则没有该符号。

9.3.5 折弯标注

在标注大直径的圆或圆弧的半径尺寸时，可以使用【折弯】标注。在AutoCAD 2018中调用【折弯】标注有如下几种常用方法。

🔹 命令行：在命令行中输入DIMJOGGED。

🔹 功能区：在【默认】选项卡中，单击【注释】面板中的【折弯】按钮🗲，如图9-33

所示。

🔹 菜单栏：【标注】→【折弯】命令，如图9-34所示。

图9-33 【折弯】标注面板按钮

图9-34 【折弯】标注菜单命令

【折弯】标注与【半径】标注的使用方法基本相同，但需要指定一个位置代替圆或圆弧的圆心，操作示例如图9-35所示。命令行操作如下。

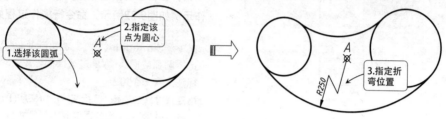

```
命令:_dimjogged        //执行【折弯】标注命令
选择圆弧或圆:      //单击选择圆弧
指定图示中心位置:        //指定A点
标注文字 = 250
指定尺寸线位置或 [多行文字(M)/文字(T)/角度(A)]:
指定折弯位置:    //指定折弯位置，结束命令
```

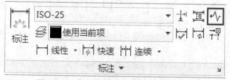

图9-35 折弯标注

9.3.6 折弯线性标注

在标注一些长度较大的轴类打断视图的长度尺寸时，可以对应地使用折弯线性标注。在AutoCAD 2018中调用【折弯线性】标注有如下几种常用方法。

- ♣ 命令行：在命令行中输入DIMJOGLINE。
- ♣ 功能区：单击【标注】面板【折弯线性】工具按钮，如图9-36所示。
- ♣ 菜单栏：执行【标注】→【折弯线性】命令，如图9-37所示。

图9-37 【折弯线性】标注菜单命令

图9-36 【折弯线性】标注面板按钮

执行上述任一命令后，选择需要添加折弯的线性标注或对齐标注，然后指定折弯位置即可，如图9-38所示，命令行操作如下。

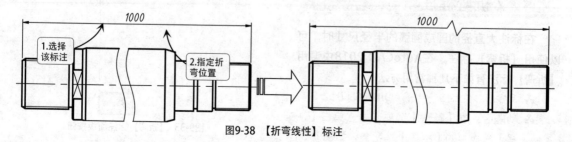

图9-38 【折弯线性】标注

```
命令:_DIMJOGLINE        //执行【折弯线性】标
注命令
选择要添加折弯的标注或 [删除(R)]: //选择要折
弯的标注
指定折弯位置 (或按Enter键):        //指定折弯位
置, 结束命令
```

9.3.7 直径标注

利用【直径】标注可以快速获得圆或圆弧的半径大小, 在AutoCAD 2018中调用【直径】标注有如下几种常用方法。

- ♣ 命令行: 在命令行中输入DIMDIAMETER/ DDI。
- ♣ 功能区: 在【默认】选项卡中, 单击【注释】面板中的【直径】按钮, 如图9-39所示。
- ♣ 菜单栏: 执行【标注】→【直径】命令, 如图9-40所示。

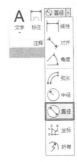

图9-39 【直径】标注面板按钮

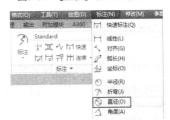

图9-40 【直径】标注菜单命令

【直径】标注的方法与【半径】标注的方法相同, 执行【直径标注】命令之后, 选择要标注的圆弧或圆, 然后指定尺寸线的位置即可, 如图9-41所示, 命令行操作如下。

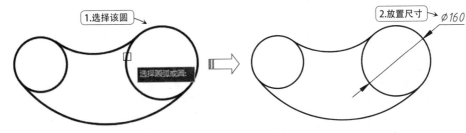

图9-41 直径标注

```
命令:_dimdiameter //执行【直径】标注命令
选择圆弧或圆:    //单击选择圆
标注文字 = 160
指定尺寸线位置或 [多行文字(M)/文字(T)/角度
(A)]: //在合适位置放置尺寸线, 结束命令
```

9.3.8 角度标注

利用【角度】标注工具不仅可以标注两条呈一定角度的直线或3个点之间的夹角, 还可以标注圆弧的圆心角。在AutoCAD 2018中调用【角度】标注有如下几种常用方法。

- ♣ 命令行: 在命令行中输入DIMANGULAR/ DAN。
- ♣ 功能区: 在【默认】选项卡中, 单击【注

释】面板中的【角度】按钮, 如图9-42所示。

- ♣ 菜单栏: 执行【标注】→【角度】命令, 如图9-43所示。

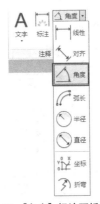

图9-42 【角度】标注面板按钮

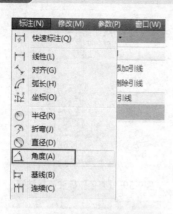

图9-43 【角度】标注菜单命令

```
命令:_dimangular
选择圆弧、圆、直线或 <指定顶点>:
                    //选择直线CO
选择第二条直线: //选择直线AO
指定标注弧线位置或 [多行文字(M)/文字(T)/角度
(A)/象限点(Q)]: //在锐角内放置圆弧线，结束
命令
标注文字 = 45
✓    //按Enter键，重复【角度标注】命令
命令:_dimangular    //执行【角度标注】命令
选择圆弧、圆、直线或 <指定顶点>:
                    //选择圆弧AB
指定标注弧线位置或 [多行文字(M)/文字(T)/角度
(A)/象限点(Q)]: //在合适位置放置圆弧线，结
束命令
标注文字 = 50
```

通过以上任意一种方法执行该命令后，选择图形上要标注角度尺寸的对象，即可进行标注。操作示例如图9-44所示，命令行操作过程如下。

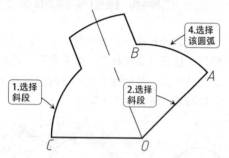

图9-44 角度标注

9.3.9 弧长标注

使用【弧长】标注工具标注圆弧、多段线圆弧或者其他弧线的长度。在AutoCAD 2018中调用【角度】标注有如下几种常用方法。

- 命令行：在命令行中输入DIMARC。
- 功能区：在【默认】选项卡中，单击【注释】面板中的【弧长】按钮，如图9-45所示。
- 菜单栏：执行【标注】→【弧长】命令，如图9-46所示。

图9-46 【弧长】标注菜单命令

【弧长】标注的操作与【半径】、【直径】标注相同，直接选择要标注的圆弧即可。该标注的操作方法示例如图9-47所示，命令行的操作过程如下。

```
命令:_dimarc    //执行【弧长】标注命令
选择弧线段或多段线圆弧段:        //单击选择要
标注的圆弧
指定弧长标注位置或 [多行文字(M)/文字(T)/角度
(A)/部分(P)/引线(L)]:
标注文字 = 67    //在合适的位置放置标注
```

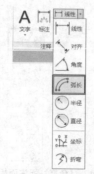

图9-45 【弧长】标注面板按钮

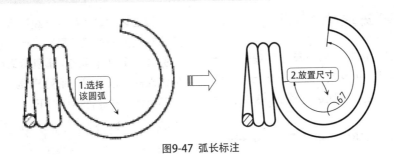

图9-47 弧长标注

9.3.10 连续标注

连续标注是以指定的尺寸界线(必须以线性、坐标或角度标注界线)为基线进行标注,但连续标注所指定的基线仅作为与该尺寸标注相邻的连续标注尺寸的基线。

在AutoCAD 2018中调用【连续】标注有如下几种常用方法。

- 命令行:DIMCONTINUE/DCO。
- 功能区:在【注释】选项卡中,单击【标注】面板中的【连续】按钮，如图9-48所示。
- 菜单:执行【标注】→【连续】命令,如图9-49所示。

图9-48 【标注】面板上的【连续】按钮

图9-49 【连续】标注菜单命令

标注连续尺寸前,必须存在一个尺寸界线起点。进行连续标注时,系统默认将上一个尺寸界线终点作为连续标注的起点,提示用户选择第二条延伸线起点,重复指定第二条延伸线起点,则创建出连续标注。【连续】标注在进行墙体标注时极为方便,其效果如图9-50所示,命令行操作如下。

```
命令:_dimcontinue  //执行【连续】标注命令
选择连续标注:  //选择作为基准的标注
指定第二个尺寸界线原点或 [选择(S)/放弃(U)] <
选择>:  //指定标注的下一点,系统自
动放置尺寸
标注文字 = 2400
指定第二个尺寸界线原点或 [选择(S)/放弃(U)] <
选择>:  //指定标注的下一点,系统自
动放置尺寸
标注文字 = 1400
指定第二个尺寸界线原点或 [选择(S)/放弃(U)] <
选择>:  //指定标注的下一点,系统自
动放置尺寸
标注文字 = 1600
指定第二个尺寸界线原点或 [选择(S)/放弃(U)] <
选择>:  //指定标注的下一点,系统自
动放置尺寸
标注文字 = 820
指定第二个尺寸界线原点或 [选择(S)/放弃(U)] <
选择>:↙  //按Enter键完成标注
选择连续标注:*取消*↙  //按Enter键结束命令
```

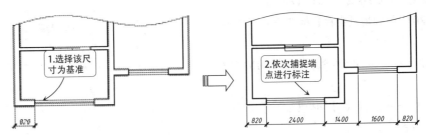

图9-50 连续标注

9.3.11 基线标注

【基线】标注用于以同一尺寸界线为基准的一系列尺寸标注，即从某一点引出的尺寸界线作为第一条尺寸界线，依次进行多个对象的尺寸标注。

在AutoCAD 2018中调用【基线】标注有如下几种常用方法。

- ♣ 命令行：在命令行中输入DIMBASELINE/DBA。
- ♣ 功能区：单击【标注】面板上的【基线】工具按钮，如图9-51所示。
- ♣ 菜单栏：执行【标注】→【基线】命令，如图9-52所示。

图9-51 【基线】标注工具按钮　　图9-52 【基线】标注菜单命令

按上述方式执行【基线】标注命令后，将光标移动到第一条尺寸界线起点，单击鼠标左键，即完成一个尺寸标注。重复拾取第二条尺寸界线的终点即可以完成一系列基线尺寸的标注，如图9-53所示，命令行操作如下。

```
命令:_dimbaseline  //执行【基线】标注命令
选择基准标注:    //选择作为基准的标注
指定第二个尺寸界线原点或 [选择(S)/放弃(U)] <
选择>:          //指定标注的下一点，系统自
动放置尺寸
标注文字 = 20
指定第二个尺寸界线原点或 [选择(S)/放弃(U)] <
选择>:          //指定标注的下一点，系统自
动放置尺寸
标注文字 = 30
指定第二个尺寸界线原点或 [选择(S)/放弃(U)] <
选择>:↙         //按Enter键完成标注
选择基准标注:↙  //按Enter键结束命令
```

专家点拨

在为基线标注选取基线时，所选择的尺寸界线必须是线性尺寸、角度尺寸或坐标尺寸中的一种。

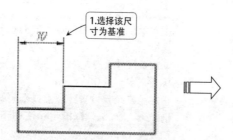

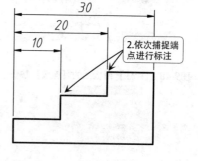

图9-53 基线标注示例

9.3.12 坐标标注

【坐标】标注是一类特殊的引注，用于标注某些点相对于UCS坐标原点的X和Y坐标。在AutoCAD 2018中调用【坐标】标注有如下几种常用方法。

- ♣ 命令行：在命令行中输入DIMORDINATE/DOR。
- ♣ 功能区：单击【标注】面板【坐标】工具按钮，如图9-54所示。

- ♣ 菜单栏：执行【标注】→【坐标】命令，如图9-55所示。

图9-54 【坐标】标注面板按钮

图9-55 【坐标】标注菜单命令

执行上述任一命令后，指定标注点，命令行提示如下。

指定引线端点或 [X 基准(X)/Y 基准(Y)/多行文字(M)/文字(T)/角度(A)]:

坐标标注效果如图9-56所示，命令行各选项的含义如下。

- 指定引线端点：通过拾取绘图区中的点确定标注文字的位置。
- X基准：系统自动测量X坐标值并确定引线和标注文字的方向。
- Y基准：系统自动测量Y坐标值并确定引线和标注文字的方向。
- 多行文字：选择该选项可以通过输入多行文字的方式输入多行标注文字。
- 文字：选择该选项可以通过输入单行文字的方式输入单行标注文字。
- 角度：选择该选项可以设置标注文字的方向与X（Y）轴夹角，系统默认为0°。
- 水平：选择该选项表示只标注两点之间的水平距离。
- 垂直：选择该选项表示只标注两点之间的垂直距离。

9.3.13 形位公差标注

在产品设计及工程施工时很难做到分毫无差，因此必须考虑形位公差标注，设计时应规定相应的【公差】，并按规定的标注符号标注在图样上。

通常情况下，形位公差的标注主要由公差框格和指引线组成，而公差框格内又主要包括公差代号、公差值以及基准代号。以下简单介绍形位公差的标注方法。

❶ 绘制基准代号和公差指引

通常在进行形位公差标注之前指定公差的基准位置绘制基准符号，并在图形上的合适位置利用引线工具绘制公差标注的箭头指引线，如图9-57所示。

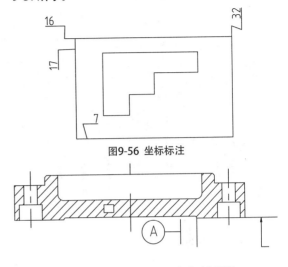

图9-56 坐标标注

图9-57 绘制公差基准代号和箭头指引线

❷ 指定形位公差符号

在AutoCAD 2018中启用【形位公差】标注有如下几种常用方法。

- 命令行：在命令行中输入TOLERANCE/TOL。
- 功能区：单击【标注】面板上的【公差】工具按钮，如图9-58所示。
- 工具栏：单击【标注】工具栏上的【公差】按钮。
- 菜单栏：执行【标注】→【公差】命令，如图9-59所示。

执行上述任一命令后，系统弹出【形位公差】对话框，如图9-60所示。选择对话框中的【符号】色块，系统弹出【特征符号】对话框，如图9-61所示，选择公差符号，即可完成公差符号的指定。

图9-58 【公差】标注面板按钮

图9-59 【公差】标注菜单命令

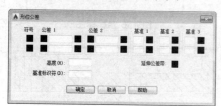

图9-60 【形位公差】对话框

❸ 指定公差值和包容条件

在【公差1】选项组中的文本框中直接输入

公差值，并选择后侧的色块弹出【附加符号】对话框，在对话框中选择所需的包容符号即可完成指定。

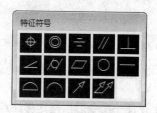

图9-61 【特征符号】对话框

❹ 指定基准并放置公差框格

在【基准1】选项组中的文本框中直接输入该公差代号A，然后单击【确定】按钮，并在图中所绘制的箭头指引处放置公差框格即可完成公差标注，如图9-62所示。

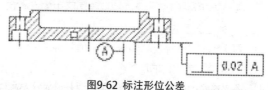

图9-62 标注形位公差

9.4 引线标注

【引线】标注可为图形添加注释、说明等。引线标注可分为快速引线标注和多重引线标注。

9.4.1 ❖快速引线标注❖

【快线引线】标注命令是AutoCAD常用的引线标注命令。

在命令行中输入QLEADER /LE，然后按回车键，此时命令行提示如下。

```
命令: LE✐
QLEADER
指定第一个引线点或 [设置(S)] <设置>:
```

在命令行中输入S，系统弹出【引线设置】对话框，如图9-63所示，可以在其中对引线的注释、引出线和箭头、附着等参数进行设置。

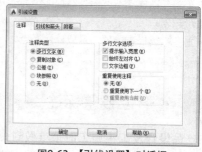

图9-63 【引线设置】对话框

9.4.2 ❖多重引线标注❖

使用【多重引线】工具添加和管理所需的引出线，不仅能够快速地标注装配图的序列号和引出公差，而且能够更清楚地标识制图的标准、说明等内容。此外，还可以通过修改多重引线的样式对引线的格式、类型以及内容进行编辑。

❶ 创建多重引线标注

在AutoCAD 2018中启用【多重引线】标注有如下几种常用方法。

- ☘ 命令行：在命令行中输入MLEADER / MLD。
- ☘ 功能区：在【默认】选项卡中，单击【注释】面板上的【引线】按钮 ，如图9-64所示。
- ☘ 菜单栏：执行【标注】→【多重引线】命令，如图9-65所示。

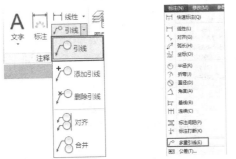

图9-64 【多重引线】标注面板按钮　　图9-65 【多重引线】标注菜单命令

执行上述任一命令后，命令行提示如下。

指定引线箭头的位置或 [引线基线优先(L)/内容优先(C)/选项(O)] <选项>:

在图形中单击确定引线箭头位置；然后在打开的文字出入窗口中输入注释内容即可，如图9-66所示。

单击【引线】面板【多重引线】工具按钮，可以为图形继续添加多个引线和注释，如图9-67所示。

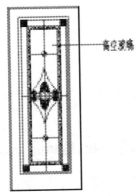

图9-66 多重引线标注

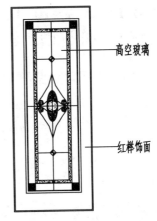

图9-67 添加引线

❷ 管理多重引线样式

通过【多重引线样式管理器】可以设置【多重引线】的箭头、引线、文字等特征，在AutoCAD 2018中打开【多重引线样式管理器】有如下几种常用方法。

- ☘ 命令行：在命令行中输入"MLEADERSTYLE/ MLS"。
- ☘ 功能区：单击【引线】面板右下角 按钮，如图9-68所示。
- ☘ 菜单栏：执行【格式】→【多重引线样式】命令，如图9-69所示。

图9-68 【引线】面板

图9-69 【多重引线样式】菜单命令

执行上述任一命令后，系统均将弹出【多重引线样式管理器】面板，如图9-70所示。

单击【新建】按钮，系统弹出【创建新多重引线样式】对话框，如图9-71所示，在对话框中可以创建多重引线样式。

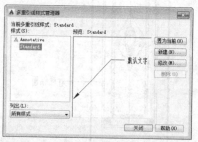

图9-70 【多重引线样式管理器】面板

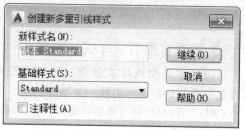

图9-71 【创建新多重引线样式】对话框

设置了新样式的名称和基础样式后，单击【继续】按钮，系统弹出【修改多重引线样式】对话框，可以创建多重引线的格式、结构和内容，如图9-72所示。

用户自定义【多重引线样式】后，单击【确定】按钮。然后在【多重引线样式管理器】对话框将新建样式置为当前即可。

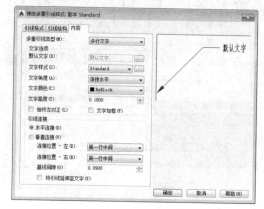

图9-72 【修改多重引线样式】对话框

9.5 编辑标注对象

在AutoCAD 2018中，可以对已标注对象的文字、位置及样式等内容进行修改，而不必删除所标注的尺寸对象再重新进行标注。

9.5.1 编辑标注文字

AutoCAD 2018中启动【标注文字编辑】命令有如下2种常用方法。

❖ 命令行：在命令行中输入DIMTEDIT。

❖ 图形对象：直接双击要修改的标注文字。

执行上述任一命令后，选择需要修改的尺寸对象，此时命令行提示如下。

为标注文字指定新位置或 [左对齐(L)/右对齐(R)/居中(C)/默认(H)/角度(A)]:

默认情况下，可以通过拖动光标来确定尺寸文字的新位置。也可以输入相应的选项指定文字的新位置。

专家点拨

在【草图与注释】工作空间中，可以通过各个工具按钮进行标注文字的对齐,如图9-73所示。

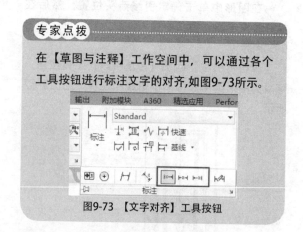

图9-73 【文字对齐】工具按钮

9.5.2 调整标注间距

在AutoCAD中利用【标注间距】功能，可根据指定的间距数值，调整尺寸线互相平行的线性尺寸或角度尺寸之间的距离，使其处于平行等距或对齐状态。

在AutoCAD 2018中启动【标注间距】调整命令有如下几种常用方法。

❖ 命令行：在命令行中输入DIMSPACE。

❖ 功能区：单击【标注】面板上的【调整间距】工具按钮，如图9-74所示。

图9-74 【调整间距】工具按钮

执行上述任一命令后，在图中选取第一个标注尺寸作为基准标注，然后依次选取要产生间距的标注，最后输入标注线的间距数值并按Enter键即可完成标注间距的设置。

9.5.3 ❖打断标注❖

使用【打断标注】工具可以在尺寸标注的尺寸线、尺寸界限或引伸线与其他的尺寸标注或图形中线段的交点处形成隔断，可以提高尺寸标注

的清晰度和准确性。

AutoCAD 2018中启用【打断标注】命令有如下几种常用方法：

❖ 命令行：在命令行中输入DIMBREAK。

❖ 功能区：单击【标注】面板上的【打断】工具按钮，如图9-75所示。

执行上述任一命令后，按照命令行提示首先在图形中选取要打断的标注线，然后选取要打断标注的对象，即可完成该尺寸标注的打断操作，如图9-76所示。

图9-75 【打断】工具按钮

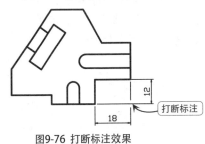

图9-76 打断标注效果

9.6 约束的应用

约束是AutoCAD 2010的新增功能，而在AutoCAD 2018中对其进行了较大的改进。约束包括标注约束和几何约束2种类型。用户可以通过在【绘图】工具栏中单击右键，在弹出的快捷菜单中选择【标注约束】和【参数化】选项，调出【标注约束】和【几何约束】工具栏，如图9-77所示。

图9-77 【标注约束】和【几何约束】工具栏

9.6.1 ❖约束的设置❖

在使用【约束】之前应先进行约束的设置，在AutoCAD 2018中调用【约束设置】有如下几

种常用方法。

❖ 命令行：在命令行中输入CONSTRAINTSETTINGS。

❖ 功能区：单击【参数化】选项卡【几何】面板右下角按钮，如图9-78所示。

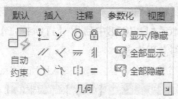

图9-78 【几何】面板

❖ 菜单栏：执行【参数】→【约束设置】命令，如图9-79所示。

图9-79 约束设置菜单命令

执行上述任一命令后，系统均将弹出图9-80所示的【约束设置】对话框，通过该对话框可以进行约束的具体设置。

图9-80 【约束设置】对话框

【约束设置】对话框共有3个选项卡，【几何】选项卡、【标注】选项卡和【自动约束】选项卡，各个选项卡的功能如下。

❖ 【几何】选项卡：用于设置约束的类型，例如垂直、平行、水平、平滑等。

❖ 【标注】选项卡：用于设置标注约束的显示方式以及动态约束方式的隐藏和显示。

❖ 【自动约束】选项卡：设置了在选择【自动约束】命令后执行自动约束命令的约束方式。

9.6.2 创建几何约束

几何约束可以确定对象之间或对象上的点之间的关系。创建后，它们可以限制可能会违反约

束的所有更改。

【几何约束】能控制图形与图形之间的相对位置，能够减少不必要的尺寸标注。在绘制三维草图中，通过几个约束能对草图进行初步的定义，也就是说能够通过一个图形来驱动和约束其他图形，大大节约了绘图的工作量。

下面以创建相切约束为例，具体介绍几何约束的创建方法。

01 ✳ 打开 AutoCAD 2018，在【绘图区】绘制两个互不相交的圆，如图 9-81 所示。

02 ✳ 单击【几何约束】面板中的【相切】按钮 ，此时鼠标指针呈 形状，依次选择要添加约束的圆，如图 9-82 所示。

03 ✳ 单击完成后，系统为两个圆添加自动相切约束，效果如图 9-83 所示。

图9-81 绘制圆

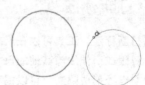

图9-82 选择要添加约束的圆

图9-83 相切约束效果

专家点拨

在进行约束操作时，先单击的对象将保持位置不变，而后单击的对象将进行位置的变化以满足约束效果，其他几何约束的创建方法与此相同。

9.6.3 创建标注约束关系

标注约束可以确定对象、对象上的点之间的距离或角度，也可以确定对象的大小。

在AutoCAD 2018中调用【标注约束】有如

下几种常用方法。

- ♒ 功能区：单击【参数化】选项卡上的【标注】面板对应工具按钮，如图9-84所示。
- ♒ 菜单栏：执行【参数】→【标注约束】相应菜单命令，如图9-85所示。

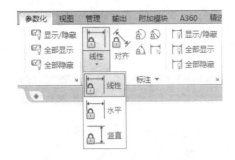

图9-84 【标注约束】面板按钮

图9-85 【标注约束】菜单命令

在使用了【标注约束】后，此时就不能通过【缩放】等编辑工具对其尺寸进行更改，要改变【标注约束】对象的尺寸有如下两种方法。

❶ 通过【标注约束】尺寸进行修改

在使用了【标注约束】后，双击标注约束尺寸数值，然后调整数值，图形尺寸会随着修改值进行相应的变化，如图9-86所示。

图9-86 修改标注约束

❷ 通过【参数管理器】进行修改

图9-87所示为添加【标注约束】的四边形，单击【管理】面板中的【参数管理器】按钮 fx，系统弹出图9-88所示的【参数管理器】选项板。

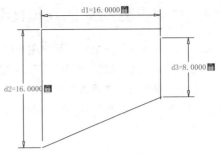

图9-87 绘制四边形

图9-88 【参数管理器】选项板

在【参数管理器】选项板修改标注约束参数，如图9-89所示。【绘图区】中的图形发生了相应的变化，如图9-90所示。

图9-89 设置参数

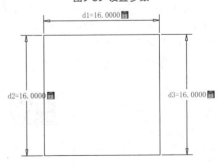

图9-90 图形变化效果

此时如果修改$d1$的数值，那么其他边的数值就会发生相应的变化。

9.6.4 编辑受约束的几何图形

几何图形元素被约束之后，用户需要修改被约束的几何图形元素。首先需要删除几何约束或者修改标注元素的函数关系式，然后才能对图形元素进行修改，或者重新添加新的几何约束。

在【参数化】选项卡中，单击【管理】面板中的【删除约束】按钮，然后在【绘图区】选择要删除的【几何约束】或者【标注约束】，单击鼠标右键或按Enter键，即完成删除约束操作。

9.7 综合实例

9.7.1 创建机械绘图样板

AutoCAD样板文件的后缀名为"*.dwt"。AutoCAD 2018提供了许多样板文件，但这些样板文件和我国的国标并不完全相符。所以不同的专业在绘图前都应该建立符合各自专业国家标准的样板文件，保证图样的规范性和准确性。

下面以创建机械制图国家标准的A4竖放样板文件为例，介绍样板文件的创建方法。

❶ 设置绘图环境

01 ✳ 单击【快速访问】工具栏中的【新建】按钮，系统弹出【选择样板】对话框，如图 9-91 所示。选择"acadiso.dwt"样板文件，单击【打开】按钮，进入 AutoCAD 绘图界面。

02 ✳ 在命令行中输入 UNITS（单位）命令并按回车键，系统弹出【图形单位】对话框，设置【长度类型】为"小数"，【精度】为"0.000"。设置角度【类型】为"十进制度数"，精度为"0.0"，如图 9-92 所示。

03 ✳ 调用 LIMITS【图形界限】命令，根据命令行的提示，首先指定左下角点（0,0），再指定右上角点（210,297），按回车键结束设置。双击鼠标滚轮，将设置的图形界限最大化显示。

图9-92 【图形单位】对话框

04 ✳ 在命令行中输入 DS，系统弹出【草图设置】对话框，单击【捕捉和栅格】选项卡，取消勾选【显示超出范围的栅格】复选框，然后在【状态栏】打开栅格显示功能按钮，如图 9-93 所示。

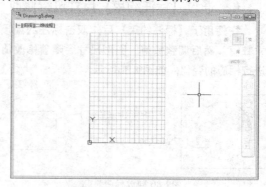

图9-93 打开栅格显示功能按钮

❷ 创建图层

调用 LA【图层特性管理器】命令，系统弹出【图层特性管理器】，在【图层特性管理器】选项板中创建图层，如图 9-94 所示。

图9-91 【选择样板】对话框

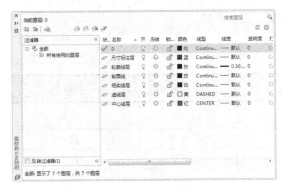

图9-94 【图层特性管理器】选项板

图9-95 【文字样式】对话框

③. 设置文字样式

调用 ST【文字样式】命令,系统弹出【文字样式】对话框,单击【新建】按钮,输入样式名为"工程字",单击【确定】按钮,在【SHX 字体】下拉列表框中选择 gbenor.shx 字体,选择【使用大字体】复选框,在【大字体】下拉列表框中选择 gbcbig.shx 字体,如图 9-95 所示。

④. 设置尺寸标注样式

01 ＊调用 D【标注样式】命令,系统弹出【标注样式管理器】对话框,如图 9-96 所示。

图9-96 【标注样式管理器】对话框

02 ＊以 ISO—25 为基础样式新建【机械标注】样式,并按表 9-1 设置有关参数,其余采用默认值。

表 9-1 标注样式中的参数

选项卡	选项组	选项名称	变量值
线	尺寸线	基线间距	8mm
	尺寸界线	超出尺寸线	2mm
		起点偏移量	0
符号和箭头	尺寸界线	第一个	实心闭合
		第二个	实心闭合
		引线	实心闭合
		箭头大小	3
	弧长符号	标注文字的前缀	选中
	半径折弯标注	折弯角度	45°
	折断标注	折断大小	3
文字	文字外观	文字样式	工程字
		文字高度	3.5mm
	文字位置	垂直	上方
		水平	居中
		从尺寸线偏移	1.5
	文字对齐	与尺寸线对齐	选中
主单位	线性标注	单位格式	小数
		精度	0.00
		小数分隔符	句号
	角度标注	单位格式	十进制度数
		精度	0.0

03 ✳ 另外，还应设置角度、直径、半径标注子样式中的参数，见表 9-2。

表 9-2 子样式参数

名　称	选项卡	选项组	选项名称	变量值
角度	文字	文字位置	垂直	外部
			水平	居中
		文字对齐	水平	选中
直径/半径	文字	文字对齐	ISO标准	选中
	调整	调整选项	文字	选中

5. 设置多重引线样式

调用 MLS【多重引线样式】命令，系统弹出【多重引线样式管理器】对话框。以 Standard 为基础样式新建【倒角标注】样式和【形位公差引线】样式，并按表 9-3 设置有关参数，其余参数默认。

表 9-3 设置多重引线样式的参数

选项卡	选项组	选项名称	变量值	
			倒角标注	形位公差引线
引线格式	箭头	符号	无	实心闭合
		大小	0	3
	引线打断	打断大小	3	3
引线结构	约束	最大引线点数	2	3
		第一段角度	45°	90°
		第二段角度		0
	基线设置	自动包含基线	选中	不选中
		设置基线距离	选中	
		基线距离文本框	0.3mm	
内容	多重引线类型		多行文字	无
	文字选项	默认文字	C1	
		文字样式	工程字	
		文字高度	3.5mm	
	引线连接	连接位置—左	最后一行加下划线	
		连接位置—右	最后一行加下划线	
		基线间距	0.1mm	

6. 绘制图框

01 ✳ 将【细实线】置为当前图层，调用 L【直线】命令，绘制边框，如图 9-97 所示。

02 ✳ 调用 O【偏移】命令，偏移边框设置偏移距离分别为 25mm 和 5mm。再将偏移得到的线段的图层转换为【粗实线】，如图 9-98 所示。

03 ✳ 调用 TR【修剪】命令，修剪图形，如图 9-99 所示。

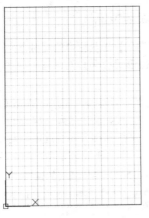

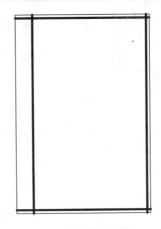

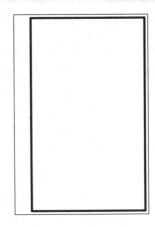

图9-97 绘制外边框　　　图9-98 绘制偏移图形　　　图9-99 修剪图形

7. 绘制标题栏

01 ＊调用 TS【表格样式】命令，系统弹出【表格样式】对话框，如图 9-100 所示。单击【新建】按钮，系统弹出【创建新的表格样式】对话框，在【新样式名】文本框中输入"表格 1"，如图 9-101 所示。

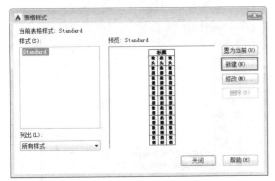

图9-100 【表格样式】对话框

图9-101 【创建新的表格样式】对话框

02 ＊单击【继续】按钮，系统弹出【新建表格样式】对话框，在【单元样式】选项区域的下拉列表框中选择【数据】选项，将【对齐】方式设置为"正中"模式；将"线宽"设置为 0.3mm；设置文字样式为大字体 TXT.SHX，高度为 5mm，如图 9-102 所示。

03 ＊单击【确定】按钮，返回【表格样式】对话框，将新建的表格样式置为当前。

04 ＊设置完毕后，单击【关闭】按钮，关闭【表格样式】对话框。

05 ＊调用 TB【表格】命令，系统弹出【插入表格】对话框，在【插入方式】选项区域中选中【指定插入点】单选按钮；在【列和行设置】选项区域中分别设置【列数】和【数据行数】的值为 6 和 2；"列宽"设置为 15mm，行高为 1mm，在【设置单元样式】选项区域中设置，所有的单元样式都为【数据】，如图 9-103 所示。

图9-102 【新建表格样式】对话框

图9-103 【插入表格】对话框

06 ＊单击【确定】按钮，在绘图区插入一个 4 行 6 列的表格，如图 9-104 所示。

07 ＊选中要合并的单元格，单击鼠标右键，在弹出的快捷菜单中选择【合并】选项，合并单元格，其最终效果如图 9-105 所示。

图9-104 插入表格

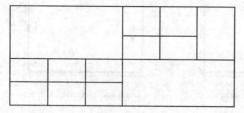

图9-105 合并单元格

08 ✻选中表格，拖动夹点，调整表格的行高或列宽，如图 9-106 所示。

09 ✻双击单元格，在【文字编辑器】中输入相应的文字，如图 9-107 所示。

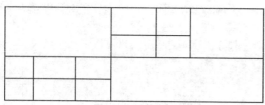

图9-106 调整表格

图9-107 输入文字

8. 保存样板文件

01 ✻单击【快速访问】工具栏中的【另存为】按钮，系统弹出【图形另存为】对话框，如图 9-108 所示。

02 ✻在【文件类型】下拉列表中选择"AutoCAD 图形样板（*.dwt）"，输入文件名为"A4 竖放"，单击【保存】按钮，系统弹出【样板选项】对话框，可以输入有关说明，如图 9-109 所示。

03 ✻单击【确定】按钮，完成样板的保存。

图9-108 【图形另存为】对话框

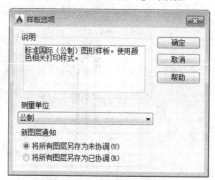

图9-109 【样板选项】对话框

9.7.2 标注蜗杆端盖图形

在本例中将绘制图9-110所示的蜗杆端盖图形，并添加尺寸标注及形位公差。

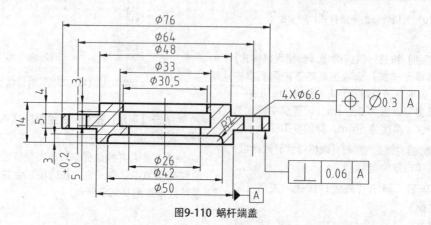

图9-110 蜗杆端盖

标注蜗杆端盖的具体操作步骤如下。

① 启动AutoCAD 2018并新建文件

单击【快速访问】工具栏中的【新建】按钮，系统弹出【选择样板】对话框，选择"A4"样板，单击【打开】按钮，进入 AutoCAD 绘图窗口。

② 设置绘图环境

01 ＊调用 LA【图层特性管理器】命令，系统弹出【图层特性管理器】对话框，如图 9-111 所示。

02 ＊单击对话框中的【新建图层】按钮，新建 4 个图层，分别命名为"轮廓线""剖面线""中心线""尺寸线"，设置各图层的属性，如图 9-112 所示。

图9-111　【图层特性管理器】对话框

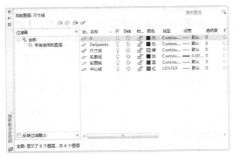

图9-112　创建图层

03 ＊单击对话框中的【关闭】按钮 ✖，完成图层的设置。

04 ＊在【状态栏】中设置【对象捕捉】模式：端点、中点、交点、垂足。并依次打开"极轴追踪""对象捕捉""对象捕捉追踪"和"线宽"。

③ 绘制图形

01 ＊将【中心线】图层置为当前，调用 L【直线】命令，在绘图区任意处绘制一条长为 20mm 的竖直中心线。

02 ＊将【轮廓线】图层置为当前，调用 L【直线】命令，利用极轴追踪功能绘制轮廓，根据命令行的提示，在中心线上指定轮廓线起点，鼠标向左移动 24mm，鼠标向下移动 4mm，鼠标向左移动 14mm，鼠标向下

移动 5，鼠标向右移动 13mm，鼠标向下移动 5mm，最后利用极轴追踪和对象捕捉功能，确定直线绘制的终点，完成轮廓线的绘制，如图 9-113 所示。

03 ＊调用 O【偏移】命令，将中心线向左偏移 32mm，如图 9-114 所示。

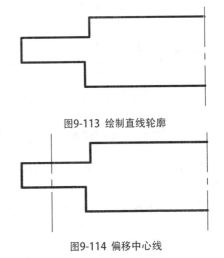

图9-113　绘制直线轮廓

图9-114　偏移中心线

04 ＊重复上述操作，再将偏移得到的中心线向两侧分别偏移 3.3mm，如图 9-115 所示。

05 ＊将偏移的中心线图层转换为【轮廓线】，调用 TR【修剪】命令修剪图形，如图 9-116 所示。

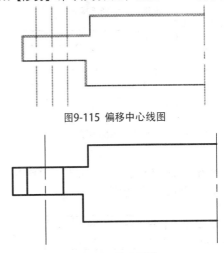

图9-115　偏移中心线图

图9-116　修剪图形

06 ＊调用 L【直线】命令，按住 Shift+ 鼠标右键，在弹出的快捷菜单中选择【自】选项，然后在绘图区单击图 9-117 所示的点作为偏移基点，输入偏移值为（@-15.25,0)，按 Enter 键确定绘制直线的起点，鼠标向下移动 3mm，鼠标向左移动 1.25mm，鼠标向下移动 5mm，鼠标向右移动 3.5mm，鼠标向下移动 3mm，鼠标向左移动 8mm，再指定绘图终点，如图 9-118 所示。

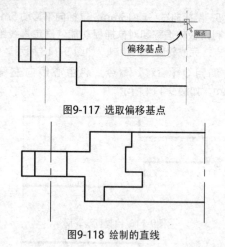

图9-117 选取偏移基点

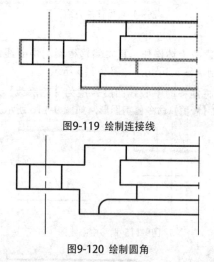

图9-118 绘制的直线

07 ✳按空格键重复 L【直线】命令，绘制连接线，如图 9-119 所示。

08 ✳调用 F【圆角】命令，设置圆角半径为 2mm，对图形进行圆角处理，如图 9-120 所示。

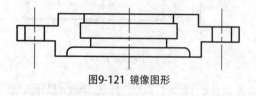

图9-119 绘制连接线

图9-120 绘制圆角

09 ✳调用 MI【镜像】命令，以中心线为镜像中心线，镜像图形，如图 9-121 所示。

图9-121 镜像图形

❹ 添加剖面线

将【剖面线】图层置为当前。在命令行中直接输入【ANSI31】，并按回车键，然后在绘图区选取填充区域，对图形剖面处填充剖面线，如图 9-122 所示。

图9-122 绘制剖面线

❺ 标注尺寸

01 ✳将【尺寸线】图层置为当前，调用 D【标注样式】命令，系统弹出【标注样式管理器】对话框，如图 9-123 所示。

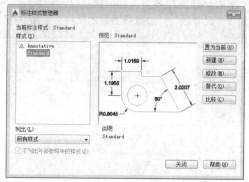

图9-123 【标注样式管理器】对话框

02 ✳单击【新建】按钮，系统弹出【创建新标注样式】对话框，如图 9-124 所示，在【新样式名】文本框中输入"尺寸样式1"。单击【继续】按钮，系统弹出【新建标注样式】对话框，如图 9-125 所示。

图9-124 【创建新标注样式】对话框

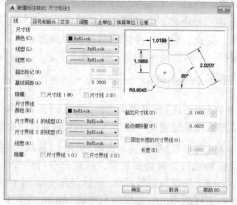

图9-125 【新建标注样式】对话框

03 ＊单击选择各选项卡，在各选项卡中进行参数设置，设置【文字高度】为"2.5"；【文字对齐】为"ISO 标准"；【文字位置】垂直方向为"上"，主单位精度为"0.0"；设置前缀为"%%C"，在【消零】一栏中选择勾选"前导"，单击【确定】按钮，完成【尺寸样式1】的设置。

04 ＊继续单击【新建】按钮，在【新样式名】文本框中输入"尺寸样式2"。单击【继续】按钮，设置【公差方式】为"极限偏差"，设置【上偏差】为"0.20"，【下偏差】为"0"。删除【前缀设置】，【对齐方式】为"与尺寸线对齐"，单击【确定】按钮，完成【尺寸样式2】的设置。

05 ＊继续单击【新建】按钮，在【新样式名】文本框中输入"尺寸样式3"。单击【继续】按钮，设置【公差方式】为"无"，删除前缀，单击【确定】按钮，完成【尺寸样式3】的设置。

06 ＊将"尺寸样式1"置为当前，单击【关闭】按钮。调用 DLI【线性标注】命令，对图形进行线性标注，如图 9-126 所示。

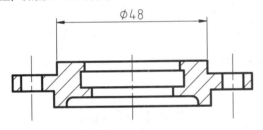

图9-126 标注尺寸

07 ＊重复上述操作，标注其他线性尺寸，如图 9-127 所示。

08 ＊将当前尺寸样式切换至"尺寸样式2"，添加尺寸公差，如图 9-128 所示。

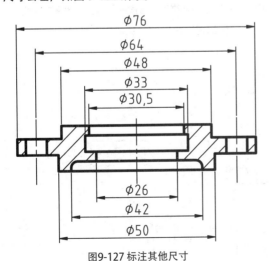

图9-127 标注其他尺寸

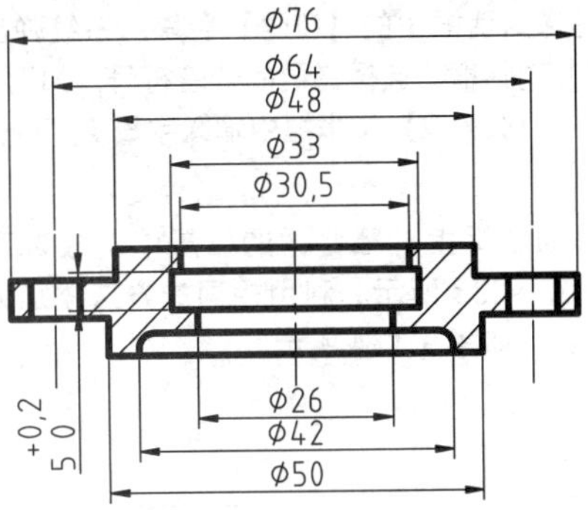

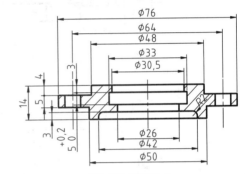

图9-128 添加尺寸公差

09 ＊将当前尺寸样式切换至"尺寸样式3"，标注尺寸，如图 9-129 所示。

10 ＊再绘制基准代号和公差指引，如图 9-130 所示。

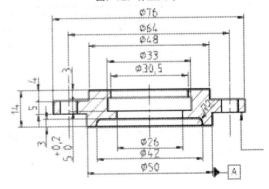

图9-129 标注尺寸

图9-130 绘制基准代号和公差指引

11 ＊单击【标注】面板中的【公差】按钮，系统弹出【形位公差】对话框，如图 9-131 所示。

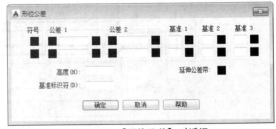

图9-131 【形位公差】对话框

12 ✳选择对话框中的【符号】色块，系统弹出【特征符号】对话框，选择需要的公差符号，如图9-132所示。在【公差2】文本框中输入字母 A，单击【确定】按钮。

13 ✳移动鼠标指针至合适的位置单击放置形位公差，如图 9-133 所示。利用相同的方法添加另一个形位公差，如图 9-134 所示。

图9-132 选择特征符号

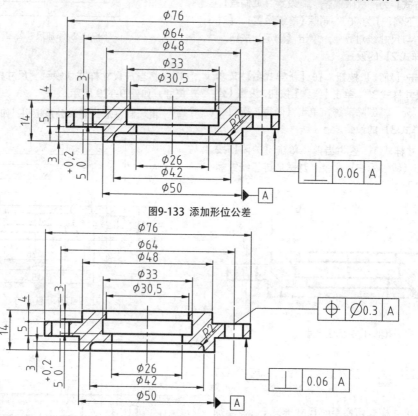

图9-133 添加形位公差

图9-134 添加另一个形位公差

14 ✳调用 T【多行文字】命令，在【文字编辑器】中输入"4×%%C6.6"字符，生成文字为"4×Φ6.6"。单击输入的文字，拖动其到合适的位置，如图9-135 所示。

15 ✳蜗杆端盖剖面图绘制完成。

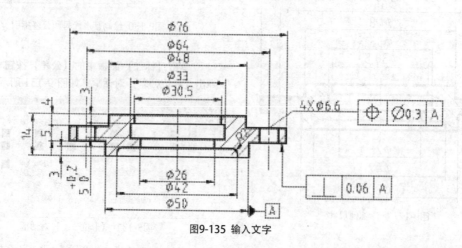

图9-135 输入文字

9.8 习题

❶ 填空题

（1）在机械制图国家标准中对尺寸标注的规定主要有 _____、_____、_____、_____、简化标注法以及尺寸的公差配合标注法等。

（2）实际生产中的尺寸不可能达到规定的那么标准，所以允许其上下浮动，这个浮动值则称为 _____。

（3）在 AutoCAD 2018 中，通过 _____ 来显示形位公差信息，如图形的 _____、_____、_____ 和 _____ 等。

❷ 操作题

绘制图 9-136 所示的图形并标注尺寸。

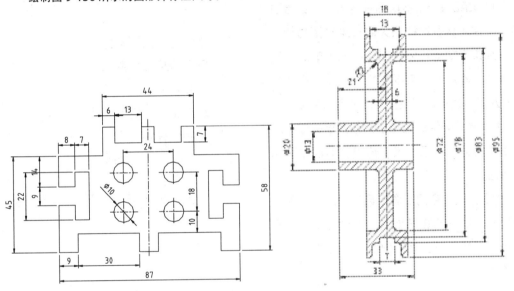

图9-136 绘制图形并标注尺寸

第 10 章

三维绘图基础

AutoCAD 2018 不仅具有强大的二维绘图功能，而且还具备同样强大的三维绘图功能。利用三维绘图功能可以绘制各种三维的线、平面以及曲面等，而且可以直接创建三维实体模型，并对实体模型进行抽壳、布尔运算等编辑。

本章首先介绍三维空间绘图的相关知识，后面章节将分别介绍三维实体模型的创建和编辑的方法。

树立正确的空间观念，灵活建立和使用三维坐标系，准确地在三维空间中设置视点，既是整个三维绘图的基础，同时也是三维绘图的难点所在。

本章主要内容：
- ✿ 三维模型分类
- ✿ 坐标系
- ✿ 观察三维模型
- ✿ 视觉样式
- ✿ 绘制三维点和线

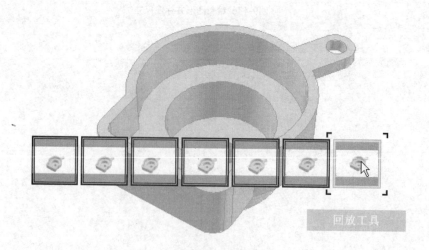

10.1 三维模型分类

AutoCAD支持三种类型的三维模型——线框模型、表面模型和实体模型。每种模型都有自己的创建方法和编辑技术。

10.1.1 线框模型

线框模型是一种轮廓模型，它是三维对象的轮廓描述，主要由描述对象的三维直线和曲线组成，没有面和体的特征。在AutoCAD中，可以通过在三维空间绘制点、线、曲线的方式得到线框模型。图10-1所示即为线框模型效果。

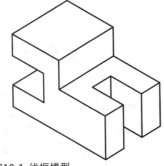

图10-1 线框模型

专家点拨

线框模型虽结构简单，但构成模型的各条线需要分别绘制。此外线框模型没有面和体的特征，即不能对其进行面积、体积、重心、转动质量、惯性矩等计算，也不能进行隐藏、渲染等操作。

10.1.2 表面模型

表面模型是将棱边围成的部分定义形体表面，再通过这些面的集合来定义形体。AutoCAD的曲面模型用多边形网格构成的小平面来近似定义曲面。表面模型特别适合于构造复杂曲面，如模具、发动机叶片、汽车等复杂零件的表面，它一般使用多边形网格定义镶嵌面，图10-2所示为创建的表面模型。

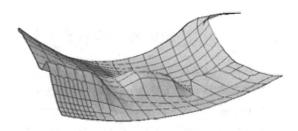

图10-2 表面模型

多边形网格越密，曲面的光滑程度越高。此外，由于表面模型具有面的特征，因此可以对它进行计算面积、隐藏、着色、渲染、求两表面交线等操作。

10.1.3 实体模型

实体模型是最容易使用的三维建模类型，它不仅具有线和面的特征，而且还具有体的特征，各实体对象间可以进行各种布尔运算操作，从而创建复杂的三维实体模型。可以直接了解它的特性，如体积、重心、转动惯量、惯性矩等，可以对它进行隐藏、剖切、装配干涉检查等操作，还可以对具有基本形状的实体进行并集、交集、差集等布尔运算，以构造复杂的模型。图10-3所示为创建的实体模型。

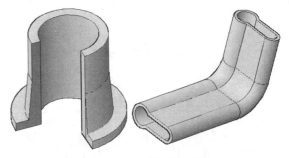

图10-3 实体模型

10.2 坐标系

在三维建模过程中，坐标系及其切换是AutoCAD绘图中不可缺少的元素，在该界面上创建三维模型，其实是在平面上创建三维图形，而视图方向的切换则是通过调整坐标位置和方向获得。因此三维坐标系是确定三维对象位置的基本手段，是研究三维空间的基础。

10.2.1 UCS概念及特点

在AutoCAD 2018中，【世界坐标系】（WCS）和【用户坐标系】（UCS）是常用的两大坐标系。

【世界坐标系】是系统默认的二维图形坐标系，它的原点及各坐标轴的方向固定不变，因而不能满足三维建模的需要。

【用户坐标系】是通过变换坐标系原点及方向形成的，因而可以根据需要随意更改坐标系原点及方向。用户坐标系主要应用于三维模型的创建。它主要有以下几方面的特点。

- 坐标系的直观性：【用户坐标系】总是直观、形象地反映当前模型实体的位置和坐标轴方向，这样可以方便、准确地为实体定位，为绘制特征截面做好准备，如图10-4所示。

- 坐标系的灵活性：【用户坐标系】就是根据坐标系的原点和方向变换形成的，因此它具有很大的灵活性和适应性，如图10-5所示。

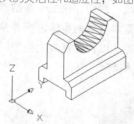

图10-4 坐标轴的直观性

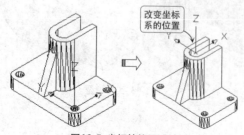

图10-5 坐标轴的灵活性

- 坐标系的单一性：在AutoCAD中，用户坐标系是唯一的，即一个图形文件只对应一个坐标系。尤其在创建三维实体过程中，如果变换坐标系原点位置或者其坐标轴方向，则原坐标系消失。如果在装配组件模型时，新添加到当前绘图区的模型坐标系消失，系统中只存在一个当前坐标系。

10.2.2 定义UCS

UCS坐标系表示了当前坐标系的坐标轴方向和坐标原点位置，也表示了相对于当前UCS的XY平面的视图方向，尤其在三维建模环境中，它可以根据不同的指定方位来创建模型特征。

在AutoCAD 2018中管理UCS坐标系主要有如下几种常用方法。

- 命令行：在命令行中输入"UCS"。
- 功能区：单击【坐标】面板工具按钮，如图10-6所示。
- 工具栏：单击【UCS】工具栏中的对应工具按钮，如图10-7所示。

图10-6 【坐标】面板工具按钮

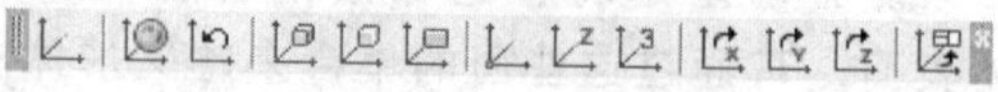

图10-7 UCS工具栏

接下来以【UCS】工具栏为例，介绍常用UCS坐标的调整方法。

❶ UCS ⌐

单击该按钮，命令行出现如下提示。

指定 UCS 的原点或 [面(F)/命名(NA)/对象(OB)/
上一个(P)/视图(V)/世界(W)/X/Y/Z/Z 轴(ZA)] <
世界>:

该命令行中各选项与工具栏中的按钮相对应。

❷. 世界 ⟦⟧

该工具用来切换回模型或视图的世界坐标
系，即WCS坐标系。世界坐标系也称为通用或
绝对坐标系，它的原点位置和方向始终是保持不
变的，如图10-8所示。

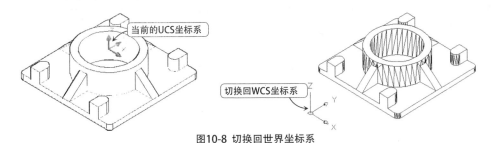

图10-8 切换回世界坐标系

❸. 上一个UCS ⟦⟧

【上一个UCS】是通过使用上一个UCS确
定坐标系，它相当于绘图中的撤销操作，可返回
上一个绘图状态，但区别在于该操作仅返回上一
个UCS状态，其他图形保持更改后的效果。

❹. 面UCS ⟦⟧

该工具主要用于将新用户坐标系的XY平面
与所选实体的一个面重合。在模型中选取实体
面或选取面的一个边界，此面被加亮显示，按
Enter键即可将该面与新建UCS的XY平面重合，
效果如图10-9所示。

图10-9 创建面UCS坐标

❺. 对象 ⟦⟧

该工具通过选择一个对象，定义一个新的坐
标系，坐标轴的方向取决于所选对象的类型。当
选择一个对象时，新坐标系的原点将放置在创建

该对象时定义的第一点，X轴的方向为从原点指
向创建该对象时定义的第二点，Z轴方向自动保
持与XY平面垂直，如图10-10所示。

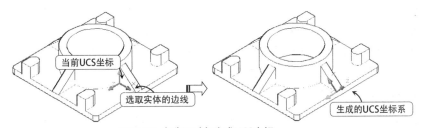

图10-10 由选取对象生成UCS坐标

❻. 视图 ⟦⟧

该工具可使新坐标系的XY平面与当前视图
方向垂直，Z轴与XY平面垂直，而原点保持不

变。通常情况下，该方式主要用于标注文字，当
文字需要与当前屏幕平行而不需要与对象平行
时，用此方式比较简单。

7. 原点

【原点】工具是系统默认的UCS坐标创建方法,它主要用于修改当前用户坐标系的原点位置,坐标轴方向与上一个坐标相同,由它定义的坐标系将以新坐标存在。

在UCS工具栏中单击UCS按钮,然后利用状态栏中的对象捕捉功能,捕捉模型上的一点,

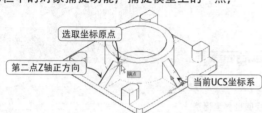

8. Z轴矢量

按Enter键结束操作。

该工具是通过指定一点作为坐标原点,指定一个方向作为Z轴的正方向,从而定义新的用户坐标系。此时,系统将根据Z轴方向自动设置X轴、Y轴的方向,如图10-11所示。

图10-11 由Z轴矢量生成UCS坐标系

9. 三点

该方式是最简单、也是最常用的一种方法、只需选取3个点就可确定新坐标系的原点、X轴与Y轴的正方向。

10. X/Y/Z轴

该方式是将当前UCS坐标绕X轴、Y轴或Z轴旋转一定的角度,从而生成新的用户坐标系。它可以通过指定两个点或输入一个角度值来确定所需要的角度。

10.2.3 动态UCS

使用动态UCS功能,可以在创建对象时使UCS的XY平面自动与实体模型上的平面临时对齐。执行动态UCS命令的方法有以下几种。

- 快捷键:按F6键。
- 状态栏:单击状态栏中的【动态UCS】按钮。

使用绘图命令时,可以通过在面的一条边上移动光标对齐UCS,而无需使用UCS命令。结束该命令后,UCS将恢复到其上一个位置和方向。使用动态UCS绘图如图10-12所示。

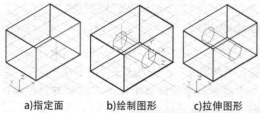

a)指定面　　b)绘制图形　　c)拉伸图形
图10-12 使用动态UCS

10.2.4 管理UCS

在命令行输入UCSMAN并按回车键执行,将弹出图10-13所示的【UCS】对话框。该对话框集中了UCS命名、UCS正交、显示方式设置以及应用范围设置等多项功能。

图10-13 【UCS】对话框

切换至【命名UCS】选项卡,如果单击【置为当前】按钮,可将坐标系置为当前工作坐标系,单击【UCS详细信息】对话框,显示当前使用和已命名的UCS信息,如图10-14所示。

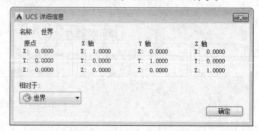

图10-14 显示当前UCS信息

【正交UCS】选项卡用于将UCS设置成一个正交模式。用户可以在【相对于】下拉列表中

确定用于定义正交模式UCS的基本坐标系，也可以在【当前UCS：世界】列表框中选择某一正交模式，并将其置为当前使用，如图10-15所示。

单击【设置】选项卡，则可通过【UCS图标设置】和【UCS设置】选项组设置UCS图标的显示形式、应用范围等特性，如图10-16所示。

图10-15 【正交UCS】选项卡

图10-16 【设置】选项卡

10.3 观察三维模型

在三维建模环境中，为了创建和编辑三维图形各部分的结构特征，需要不断地调整显示方式和视图位置，以更好地观察三维模型。本节主要介绍控制三维视图显示方式和从不同方位观察三维视图的方法和技巧。

10.3.1 设置视点

【视点】是指观察图形的方向。例如，绘制三维球体时，如果使用平面坐标系即Z轴垂直于屏幕，此时仅能看到该球体在XY平面上的投影，如果调整视点至东南轴测视图，将看到的是三维球体，如图10-17所示。

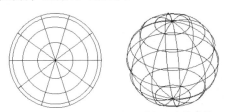

图10-17 在平面坐标系和三维视图中的球体

10.3.2 预置视点

在命令行中输入VPOINT【视点预设】命令并按回车键，系统弹出【视点预设】对话框，如图10-18所示。

默认情况下，观察角度是相对于WCS坐标系的。选中【相对于UCS】单选按钮，则可设置相对于UCS坐标系的观察角度。

此外，若单击【设置为平面视图】按钮，则可以将坐标系设置为平面视图。

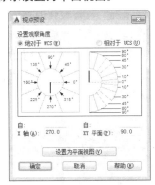

图10-18 【视点预设】对话框

10.3.3 利用控制盘观察三维图形

在【三维建模】工作空间中，使用三维导航器工具和视口标签，可快速切换各种正交或轴测视图模式，即可切换6种正交视图、8种正等轴测视图和8种斜等轴测视图，以及其他视图方向，如图10-19所示，可以根据需要快速调整模型的视点。该三维导航器操控盘显示了非常直观的3D导航立方体，选择该工具按钮的各个位置将显示不同的视图效果。

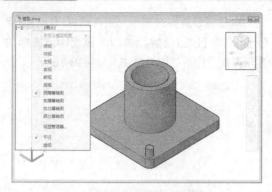

图10-19 利用导航工具切换视图方向

该导航器图标的显示方式可根据设计进行必要的修改，右击立方体并选择【View Cube设置】选项，系统弹出【View Cube设置】对话框，如图10-20所示。在该对话框中设置参数值可控制立方体的显示和行为。并且可在对话框中设置默认的位置、尺寸和立方体的透明度。

此外，右键单击立方体，可以通过弹出的快捷菜单定义三维图形的投影样式，模型的投影样式可分为平行投影和透视投影两种。选择【平行投影】选项，即是平行的光源照射到物体上所得到的投影，可以准确地反映模型的实际形状和结构；选择【透视投影】选项，可以直观地表达模型的真实投影状况，具有较强的立体感。透视投影视图取决于理论相机和目标点之间的距离。当距离较小时产生的投影效果较为明显；反之，当距离较大时产生的投影效果较为轻微，两种投影效果对比如图10-21所示。

图10-20 【View Cube设置】对话框

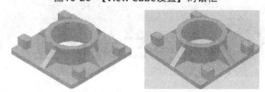

图10-21 两种投影效果对比

10.3.4 三维平移和缩放

利用【三维平移】工具可以将图形所在的图样随鼠标指针的任意移动而移动。利用【三维缩放】工具可以改变图样的整体比例，从而达到放大图形观察细节或缩小图形观察整体的目的。通过图10-22所示【三维建模】工作空间中【视图】选项卡中的【导航】面板可以快速执行这两项操作。

图10-22 三维建模空间视图选项卡

❶ 三维平移对象

单击【导航】面板中的【平移】功能按钮，此时绘图区中的指针呈形状，按住鼠标左键并沿任意方向拖动，窗口内的图形将随光标在同一方向上移动。

❷ 三维缩放对象

单击【导航】面板中的【缩放】功能按钮，

其命令行提示如下。

[全部(A)/中心(C)/动态(D)/范围(E)/上一个(P)/比例(S)/窗口(W)/对象(O)] <实时>:

此时根据实际需要，选择其中一种方式进行缩放，或直接单击【缩放】功能按钮后的下拉按钮，选择对应的工具按钮进行缩放。

专家点拨

执行三维缩放操作可模拟相机缩放镜头的效果，它能够使对象看起来靠近或远离相机，但不改变相机的位置。选择并垂直向上拖动光标将放大图像，使对象显得更大或更近。选择并垂直向下拖动光标将缩小图像，使对象显得更小或更远。

10.3.5 三维动态观察

AutoCAD提供了一个交互的三维动态观察器，该命令可以在当前视口中创建一个三维视图，用户可以使用鼠标来实时地控制和改变这个视图以得到不同的观察效果。使用三维动态观察器，既可以查看整个图形，也可以查看模型中任意的对象。

通过图10-23所示【视图】选项卡中的【导航】面板工具，可以快速执行三维动态观察。

❶ 受约束的动态观察

利用此工具可以对视图中的图形进行一定约束的动态观察，即水平、垂直或对角拖动对象进行动态观察。在观察视图时，视图的目标位置保持不动，并且相机位置（或观察点）围绕该目标移动。默认情况下，观察点会约束沿着世界坐标系的*XY*平面或*Z*轴移动。

单击【导航】面板中的【动态观察】按钮，此时【绘图区】光标呈形状。按住鼠标左键并拖动光标可以对视图进行受约束的三维动态观察，如图10-24所示。

图10-23 三维建模空间视图选项卡

图10-24 受约束的动态观察

❷ 自由动态观察

利用此工具可以对视图中的图形进行任意角度的动态观察，此时选择并在转盘的外部拖动光标，这将使视图围绕延长线通过转盘的中心并垂直于屏幕的轴旋转。

单击【导航】面板中的【自由动态观察】按钮，此时在【绘图区】显示出一个导航球，如图10-25所示，分别介绍如下。

★ 光标在弧线球内拖动

当在弧线球内拖动光标进行图形的动态观察时，光标将变成形状，此时观察点可以在水平、垂直以及对角线等任意方向上移动任意角度，即可以对观察对象做全方位的动态观察，如图10-26所示。

图10-25 导航球

图10-26 光标在弧线球内拖动

★ 光标在弧线球外拖动

当光标在弧线球外部拖动时，光标呈形状，此时拖动光标图形将围绕着一条穿过弧线球球心且与屏幕正交的轴进行旋转，如图10-27所示。

★ 光标在左右侧小圆内拖动

当光标置于导航球左侧或者右侧的小圆时，光标呈形状，按鼠标左键并左右拖动将使视图围绕着通过导航球中心的垂直轴进行旋转。当光标置于导航球顶部或者底部的小圆上时，光标呈形状，按鼠标左键并上下拖动将使视图围绕着通过导航球中心的水平轴进行旋转，如图10-28所示。

图10-27 光标在弧线球内拖动

图10-28 光标在左右侧小圆内拖动

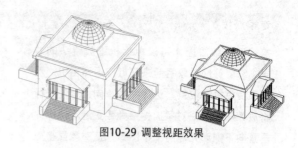

图10-29 调整视距效果

2. 调整回旋角度

在命令行中输入3DSWIVEL【回旋】命令并按回车键，此时图中的光标指针呈形状，按鼠标左键并任意拖动，此时观察对象将随鼠标的移动做反向的回旋运动。

> **专家点拨**
>
> 在利用【回旋】工具观察视图时，不仅可以利用拖动鼠标的方法改变观察点的回旋角度，利用键盘上的上、下、左、右箭头键同样可以进行调整回旋角度的操作。

3. 连续动态观察

利用此工具可以使观察对象绕指定的旋转轴以一定的旋转速度连续做旋转运动，从而对其进行连续动态的观察。

单击【导航】面板中的【连续动态观察】按钮，此时在【绘图区】光标呈形状，在单击鼠标左键并拖动光标，使对象沿拖动方向开始移动。释放鼠标左键后，对象将在指定的方向上继续运动。光标移动的速度决定了对象的旋转速度。

10.3.6 设置视距和回旋角度

利用三维导航中的【调整视距】以及回旋工具，使图形以绘图区的中心点为缩放点进行操作，或以观察对象为目标点，使观察点绕其做回旋运动。

1. 调整观察视距

在命令行中输入3DDISTANCE【调整视距】命令并按回车键，此时图中的光标指针呈形状，按鼠标左键并在垂直方向上向屏幕顶部拖动光标可使相机推近对象，从而使对象显示得更大。按住鼠标左键并在垂直方向上向屏幕底部拖动光标可使相机拉远对象，从而使对象显示得更小，如图10-29所示。

10.3.7 漫游和飞行

在命令行中输入3DWALK【漫游】或3DFLY【飞行】命令并按回车键，即可使用【漫游】或者【飞行】工具。此时打开【定位器】选项板，设置位置指示器和目标指示器的具体位置，用以调整观察窗口中视图的观察方位，如图10-30所示。

将鼠标指针移动至【定位器】选项板中的位置指示器上，此时光标呈形状，单击鼠标左键并拖动，即可调整绘图区中视图的方位；在【常规】选项组中设置指示器和目标指示器的颜色、大小以及位置等参数。

在命令行中输入WALKFLYSETTINGS【漫游和飞行】命令并按回车键，系统弹出【漫游和飞行设置】对话框，如图10-31所示。在该对话框中对漫游或飞行的步长以及每秒步数等参数进行设置。

设置好漫游和飞行操作的所有参数值后，可以使用键盘和鼠标交互在图形中漫游和飞行。使用4个箭头键或W、A、S和D键来向上、向下、向左和向右移动；使用F键可以方便地在漫游模式和飞行模式之间切换；如果要指定查看方向，只需沿查看的方向拖动鼠标即可。

图10-30 【定位器】 图10-31 【漫游和飞行设置】对话框
选项板

10.3.8 控制盘辅助操作

新的导航滚轮可以在鼠标上显示一个导航滚轮，通过该控制盘可快速访问不同的导航工具。

可以以不同方式平移、缩放或操作模型的当前视图。这样将多个常用导航工具结合到一个单一界面中，可节省大量的设计时间，从而提高绘图的效率。

单击【导航】面板中的【全导航控制盘】按钮，右键单击【导航控制盘】，系统弹出快捷菜单，整个控制盘可分为3个不同的控制盘，其中每个控制盘均拥有其独有的导航方式，如图10-32所示，分别介绍如下。

☙ 查看对象控制盘：将模型置于中心位置，并定义轴心点，使用【动态观察】工具可缩放和动态观察模型。

☙ 巡视建筑控制盘：通过将模型视图移近、移远或环视，以及更改模型视图的标高来导航模型。

☙ 全导航控制盘：将模型置于中心位置并定义轴心点，便可执行漫游和环视、更改视图标高、动态观察、平移和缩放模型等操作。

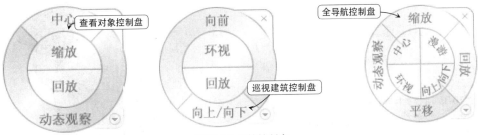

图10-32 导航控制盘

单击该控制盘的任意按钮都将执行相应的导航操作。在执行多项导航操作后，单击【回放】按钮可以从以前的视图选择视图方向帧，快速返回一个适当的视口位置，如图10-33所示。

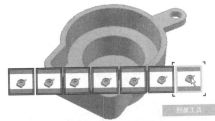

图10-33 回放视图

在浏览复杂对象时，通过调整【导航控制盘】将非常适合查看建筑的内部特征，除了上述介绍的【缩放】、【回放】等按钮外，在巡视建筑控制盘中还包含【向前】、【查看】和【向上/向下】工具。

此外，还可以根据设计需要对滚轮各参数值进行设置，即自定义导航滚轮的外观和行为。右击导航控制盘选择【Steering Wheel设置】选项，系统弹出【Steering Wheel设置】对话框，如图10-34所示，在该对话框中可以设置导航控制盘的各个参数。

图10-34 【Steering Wheel设置】对话框

10.4 视觉样式

在AutoCAD 2018中通过【视觉样式】功能来切换视觉样式，可以得到三维模型最佳的观察效果。

10.4.1 ❖ 应用视觉样式 ❖

【视觉样式】是一组设置，用来控制视口中边和着色的显示。一旦应用了视觉样式或更改了其设置，就可以在视口中查看效果。切换视觉样式，可以通过视觉样式面板、视口标签和菜单命令进行，如图10-35和图10-36所示。

图10-35 【视觉样式】面板及视口标签

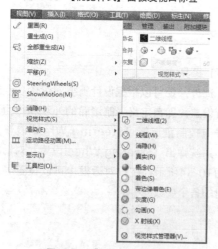

图10-36 【视觉样式】菜单

❖ 二维线框：显示用直线和曲线表示边界的对象，如图10-37所示。

❖ 概念：着色多边形平面间的对象，并使对象的边平滑化，如图10-38所示。

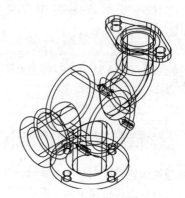

图10-37 二维线框视觉样式

图10-38 概念视觉样式

❖ 隐藏：显示用三维线框表示的对象并隐藏表示后向面的直线，如图10-39所示

❖ 真实：对模型表面进行着色，并使对象的边平滑化，效果如图10-40所示。

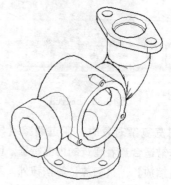

图10-39 隐藏视觉样式

图10-40 真实视觉样式

🌑 着色：该样式与真实样式类似，但不显示对
象轮廓线，效果如图10-41所示。

🌑 带边框着色：对其表面轮廓线以暗色线条显
示，效果如图10-42所示。

图10-41 着色视觉样式

图10-42 带边框着色

🌑 灰度：以灰色着色多边形平面间的对象，并
使对象的边平滑化，如图10-43所示。

🌑 勾画：利用手工勾画的笔触效果显示用三维
线框表示的对象并隐藏表示后向面的直线，
效果如图10-44所示。

图10-43 灰度视觉样式

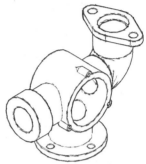

图10-44 勾画视觉样式

🌑 线框：显示用直线和曲线表示边界的对象，
如图10-45所示。

🌑 X射线：以X射线的形式显示对象效果，可以
清楚地观察到对象背面的特征，效果如图
10-46所示。

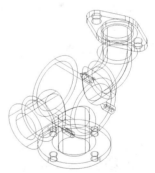

图10-45 线框视觉样式

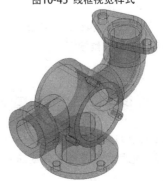

图10-46 X射线视觉样式

10.4.2 管理视觉样式

通过【视觉样式管理器】可以对各种视觉样式进行调整，打开该管理器有如下几种常用方法。

❖ 命令行：在命令行中输入VISUALSTYLES。

❖ 功能区：单击【视图】选项卡上的【视觉样式】面板右下角⬛按钮，如图10-47所示。

图10-47 【视觉样式】面板

❖ 工具栏：单击【视觉样式】工具栏上的【视觉样式管理器】按钮 🔲。

❖ 菜单栏：执行【视图】→【视觉样式】→【视觉样式管理器】，如图10-48所示。

执行上述任一命令后，系统均将弹出【视觉样式管理器】选项板，如图10-49所示。

在【图形中的可用视觉样式】列表中显示了图形中的可用视觉样式的样例图像。当选定某一视觉样式，该视觉样式显示黄色边框，选定的视觉样式的名称显示在选项板的顶部。在【视觉样式管理器】选项板的下部，将显示该视觉样式的面设置、环境设置和边设置。

在【视觉样式管理器】选项板中，使用工具条中的工具按钮，可以创建新的视觉样式、将选定的视觉样式应用于当前视口、将选定的视觉样式输出到工具选项板以及删除选定的视觉样式。

图10-48 【视觉样式】菜单

图10-49 【视觉样式管理器】选项板

10.5 绘制三维点和线

三维空间中的点和线是构成三维实体模型的最小几何单元，它同创建二维对象的点和直线类似，主要用来辅助创建三维模型。

10.5.1 绘制点和基本直线

三维空间中的点和基本直线是构成线框模型的基本元素，也是创建三维实体或曲线模型的基础。

❶ 通过坐标确定点

在AutoCAD中，可以通过绝对或相对坐标的方式确定点的位置。启用【点】命令，然后直接在命令行内输入三维坐标值即可确定三维点。

2. 捕捉空间特殊点

三维实体模型上的一些特殊点，如交点、端点以及中点等，可通过启用【对象捕捉】功能捕捉来确定位置，如图10-50所示。

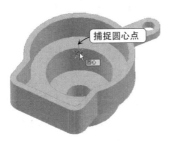

3. 绘制空间基本直线

三维空间中的基本直线包括直线、线段、射线、构造线等，它是点沿一个或两个方向无限延伸的结果。启用【直线】绘制，根据不同点的绘制方法，可在空间中绘制任意直线。

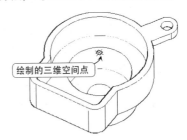

图10-50 利用捕捉功能绘制点

10.5.2 绘制多段线

三维多段线仅包括线段和线段的组合轮廓线，但绘制的轮廓同样可以是封闭的、非封闭的直线段。启用【多段线】绘制，依次指定端点即可。通过多条多段线组合，可组成空间线框模型。

10.5.3 绘制样条曲线

样条曲线就是通过一系列给定控制点的一条光滑曲线，它在控制处的形状取决于曲线在控制点处的矢量方向和曲率半径。

启用【样条曲线】绘制，依据命令行提示依次选取样条曲线控制点即可，对于空间样条曲线，可以通过曲面网格创建自由曲面，从而描述曲面等几何体。

10.5.4 绘制三维螺旋线

【螺旋线】是指一个固定点向外以底面所在平面的法线方向，以指定的半径、高度或圈数旋绕而形成的规律曲线，一般常用作扫描法创建螺栓螺纹特征时的路径。

在AutoCAD 2018中启用【螺旋线】绘制有如下几种常用方法。

- 命令行：在命令行中输入"HELIX"。
- 功能区：单击【绘图】面板上的【螺旋】工具按钮，如图10-51所示。
- 工具栏：单击【建模】工具栏上的【螺旋】按钮。
- 菜单栏：执行【绘图】→【螺旋】命令，如图10-52所示。

图10-51 【螺旋】面板按钮

图10-52 【螺旋】菜单命令

执行上述任一命令后，根据名命令行的提示，即可完成螺旋线的创建，如图10-53所示。

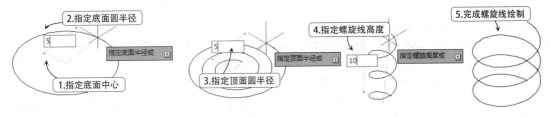

图10-53 绘制螺旋线

默认情况下螺旋线的圈数为3，当指定螺旋线顶面高度后，命令行提示如下。

> 指定螺旋高度或 [轴端点(A)/圈数(T)/圈高(H)/扭曲(W)]

其中选择【圈高】选项，可以指定螺旋线各圈之间的间距；选择【扭曲】选项，可以指定螺旋线的扭曲方式是顺时针还是逆时针。

在创建螺旋线后，可通过【特性】选项板编辑螺旋线各个参数。例如，更改其圈数、圈高、螺旋线高度等，如图10-54所示。

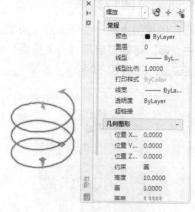

图10-54 【特性】选项板

10.6 综合实例——绘制三维线架模型

本实例通过绘制图10-55所示的三维线架，使读者熟悉UCS坐标的运用。具体步骤如下。

图10-55 三维线架

❶ 启动AutoCAD 2018并新建文件

单击【快速访问】工具栏中的【新建】按钮，系统弹出【选择样板】对话框，选择"acadiso.dwt"样板，单击【打开】按钮，进入 AutoCAD 绘图模式。

❷ 绘制线架

01 ✳ 单击绘图区左上角的视图快捷控件，将视图切换至【东南等轴测】，此时绘图区呈三维空间状态，其坐标显示如图 10-56 所示。

02 ✳ 单击绘图区左上角的视图快捷控件，将视图切换至【俯视】，进入二维绘图模式，绘制线架的底边线条。

03 ✳ 调用 L【直线】命令，根据命令行的提示，在绘图区空白处单击一点确定第一点，鼠标向左移动 14.5mm，鼠标向上移动 15mm，鼠标向左

移动 19mm，鼠标向下移动 15mm，鼠标向左移动 14.5mm，鼠标向上移动 38mm，鼠标向右移动 48mm，输入 C 激活闭合选项，完成图 10-57 所示线架底边线条的绘制。

04 ✳ 单击绘图区左上角的视图快捷控件，将视图切换至【东南等轴测】，查看所绘制的图形，如图 10-58 所示。

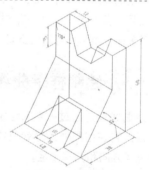

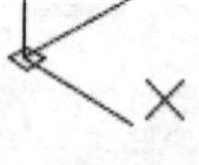

图10-56 坐标系显示状态 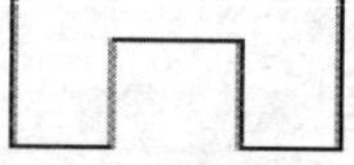　　图10-57 底边线条 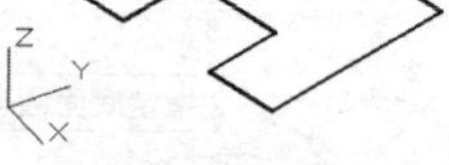　　图10-58 图形状态

05 ✳ 单击【坐标】面板中的【Z 轴矢量】按钮，在绘图区选择两点以确定新坐标系的 Z 轴方向，如图 10-59 所示。

06 ∗ 单击绘图区左上角的视图快捷控件,将视图切换至【右视】,进入二维绘图模式,以绘制线架的侧边线条。

07 ∗ 鼠标右击【状态栏】中的【极轴追踪】,在弹出的快捷菜单中选择【设置】命令,添加极轴角为126°。

08 ∗ 调用 L【直线】命令,绘制图 10-60 所示的侧边线条,其命令行提示如下。

```
命令: LINE ∠
指定第一点:    //在绘图区指定直线的端点A点
指定下一点或 [放弃(U)]: 60∠
指定下一点或 [放弃(U)]: 12∠
                //利用极轴追踪绘制直线
指定下一点或 [闭合(C)/放弃(U)]:
                //在绘图区指定直线的终点
指定下一点或 [放弃(U)]: *取消*
                //按Esc键,结束绘制直线操作
命令: LINE ∠    //再次调用直线命令,绘制直线
指定第一点:    //在绘图区单击确定直线端点B点
指定下一点或 [放弃(U)]:    //利用极轴绘制直线
```

09 ∗ 调用 TR【修剪】命令,修剪多余的线条,单击绘图区左上角的视图快捷控件,将视图切换至【东南等轴测】,查看所绘制的图形状态,如图 10-61 所示。

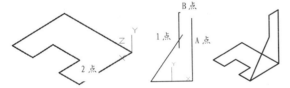

图10-59 生成的新坐标系 图10-60 绘制直线 图10-61 绘制的右侧边线条

10 ∗ 调用 CO【复制】命令,在三维空间中选择要复制的右侧线条。

11 ∗ 单击鼠标右键或按 Enter 键,然后选择基点位置,拖动鼠标在合适的位置单击放置复制图形,按 Esc 键或 Enter 键完成复制操作,复制效果如图 10-62 所示。

12 ∗ 单击【坐标】面板中的【三点】按钮 ⊠,在绘图区选择三点以确定新坐标系的 Z 轴方向,如图 10-63 所示。

13 ∗ 单击绘图区左上角的视图快捷控件,将视图切换至【后视】,进入二维绘图模式,绘制线架的后方线条,如图 10-64 所示,其命令行提示如下。

```
命令: LINE ∠
指定第一点:
指定下一点或 [放弃(U)]: 13∠
指定下一点或 [放弃(U)]: @20<290∠
指定下一点或 [闭合(C)/放弃(U)]: *取消*    //利
用极坐标方式绘制直线,按ESC键,结束直线绘制命令
命令: LINE ∠
指定第一点:
指定下一点或 [放弃(U)]: 13∠
指定下一点或 [放弃(U)]: @20<250∠
指定下一点或 [闭合(C)/放弃(U)]: *取消*    //用
同样的方法绘制直线
```

14 ∗ 调用 O【偏移】命令,将底边直线向上偏移45mm,如图 10-64 所示。

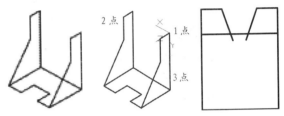

图10-62 复制图形 图10-63 新建坐标系 图10-64 绘制的直线图形

15 ∗ 调用 TR【修剪】命令,修剪多余的线条,如图 10-65 所示。

16 ∗ 利用同第 9~10 步的方法,复制图形,其复制效果如图 10-66 所示。

17 ∗ 单击【坐标】面板中的【UCS】按钮 ⊠,移动鼠标在要放置坐标系的位置单击,按空格键或 Enter 键,结束操作,生成图 10-67 所示的坐标系。

图10-65 修剪后的图形 图10-66 复制图形 图10-67 新建坐标系

18 ∗ 单击绘图区左上角的视图快捷控件,将视图切换至【前视】,进入二维绘图模式,绘制二维图形,向上距离为 15mm,两侧直线中间相距 19mm,如图 10-68 所示。

19 ∗ 单击绘图区左上角的视图快捷控件,将视图切换至【东南等轴测】,查看所绘制的图形状态,如图 10-69 所示。

20 ＊调用 L【直线】命令，将三维线架中需要连接的部分，用直线连接，其效果如图 10-70 所示。完成三维线架的绘制。

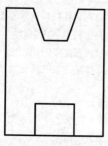
图10-68 绘制的二维图形

图10-69 图形的三维状态

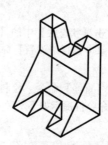
图10-70 三维线架

10.7 习题

❶ 填空题

（1）在三维坐标系下，用户除了使用直角坐标或极坐标方法来定义点，还可以使用 _____ 和 _____ 来定义点。

（2）【导航控制盘】可以分为 _____、_____ 和 _____ 三种类型。

（3）UCS 坐标系的特点为 _____、_____ 和单一性。

（4）系统默认的螺旋线圈数为 _____。

❷ 操作题

绘制一个底面中心为 (0, 0)、底面半径为 50mm、顶面半径为 70mm、高度为 100mm、圈数为 10 的弹簧，如图 10-71 所示。

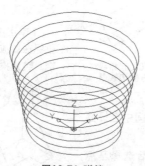
图10-71 弹簧

第11章

创建三维实体和网格曲面

实体模型是三维建模中最重要的一部分，是最符合真实情况的模型。实体模型不再像曲面模型那样只是一个"空壳"，而是具有厚度和体积的模型。

AutoCAD 2018 也提供了直接创建基本形状的实体模型命令。对于非基本形状的实体模型，可以通过曲面模型的旋转、拉伸等操作创建。

本章主要内容：

❀ 绘制基本实体

❀ 二维对象生成三维实体

❀ 创建网格曲面

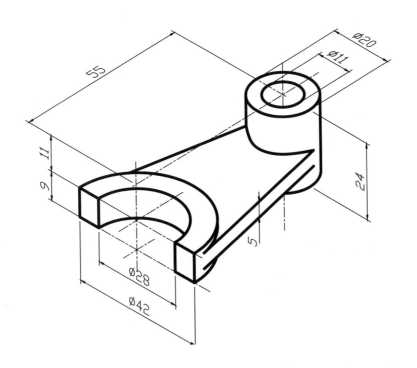

11.1 绘制基本实体

【长方体】是构成三维实体模型的最基本的元素，如长方体、楔体、球体等，在AutoCAD中可以通过多种方法来创建基本实体。

11.1.1 绘制多段体

与二维图形中的【多段线】相对应的是三维图形中的【多段体】，它能快速完成一个实体的创建，其绘制方法与绘制多段线相同。在默认情况下，多段体始终带有一个矩形轮廓，可以在执行命令之后，根据提示信息指定轮廓的高度和宽度。

在AutoCAD 2018中调用绘制【多段体】命令有如下几种常用方法。

♣ 命令行：在命令中输入POLYSOLID。
♣ 功能区：单击【创建】面板上的【多段体】工具按钮，如图11-1所示。

图11-1 【多段体】面板按钮

♣ 菜单栏：执行【绘图】→【建模】→【多段体】命令，如图11-2所示。

执行上述任一命令后，即可根据命令提示创建图11-3所示的【多段体】效果。

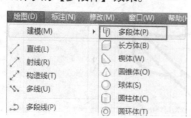

图11-2 【多段体】菜单命令

图11-3 绘制多段体

11.1.2 绘制长方体

【长方体】命令可创建具有规则实体模型形状的长方体或正方体等实体，如创建零件的底座、支承板、建筑墙体及家具等。在AutoCAD 2018中调用绘制【长方体】命令有如下几种常用方法。

♣ 命令行：在命令行中输入BOX。
♣ 功能区：单击【创建】面板上的【长方体】工具按钮，如图11-4所示。
♣ 菜单栏：执行【绘图】→【建模】→【长方体】命令，如图11-5所示。

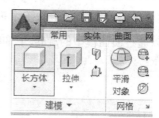

图11-4 长方体创建面板按钮

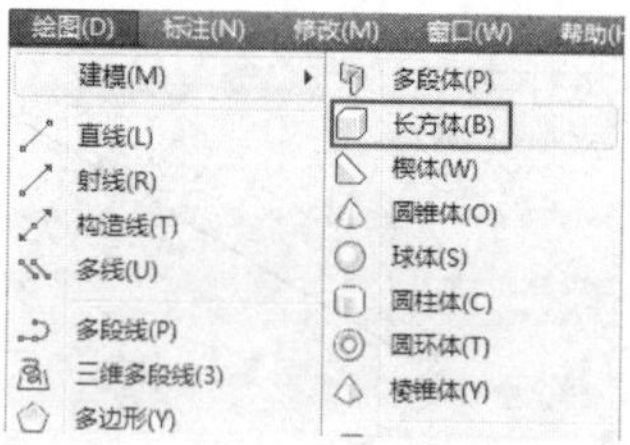

图11-5 长方体创建菜单命令

执行上述任一命令后，命令行出现如下提示。

指定第一个角点或 [中心(C)]:

此时可以根据提示利用两种方法进行【长方体】的绘制。

♣ 指定角点：该方法是创建长方体时默认方法，即通过依次指定长方体底面的两对角点或指定一角点和长、宽、高的方式进行长方体的创建，如图11-6所示。

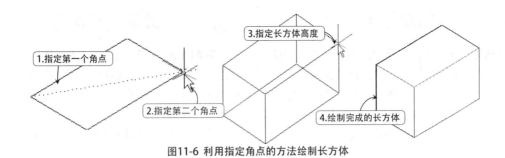

图11-6 利用指定角点的方法绘制长方体

❧ 指定中心：利用该方法可以先指定长方体中心，再指定底面的一个角点或长度等参数，最后指定高度来创建长方体，如图11-7所示。

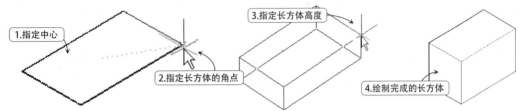

图11-7 利用指定中心的方法绘制长方体

11.1.3 绘制楔体

【楔体】可以看作是以矩形为底面，其一边沿法线方向拉伸所形成的具有楔状特征的实体。该实体通常用于填充物体的间隙，如安装设备时用于调整设备高度及水平度的楔体和楔木。

在AutoCAD 2018中调用绘制【楔体】命令有如下几种常用方法。

❧ 命令行：在命令行中输入WEDGE/WE。

❧ 功能区：单击【创建】面板上的【楔体】工具按钮 ，如图11-8所示。

图11-8 【楔体】面板按钮

❧ 菜单栏：执行【绘图】→【建模】→【楔体】命令，如图11-9所示。

图11-9 【楔体】菜单命令

执行以上任意一种命令均可创建【楔体】，创建【楔体】的方法同绘制长方体的方法类似，如图11-10所示。

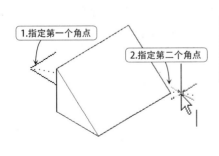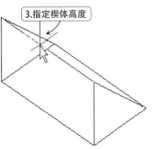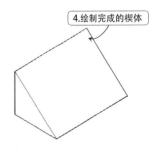

图11-10 绘制楔体

11.1.4 · 绘制球体 ·

【球体】是在三维空间中，到一个点（即球心）距离相等的所有点的集合形成的实体，它广泛应用于机械、建筑等制图中，如创建挡位控制杆、建筑物的球形屋顶等。

在AutoCAD 2018中调用绘制【球体】命令有如下几种常用方法。

- ♣ 命令行：在命令行中输入SPHERE。
- ♣ 功能区：单击【创建】面板【球体】工具按钮○，如图11-11所示。
- ♣ 菜单栏：执行【绘图】→【建模】→【球体】命令，如图11-12所示。

执行上述任一命令后，命令行提示如下。

> 指定中心点或 [三点(3P)/两点(2P)/切点、切点、半径(T)]:

此时直接捕捉一点为球心，然后指定球体的半径值或直径值，即可获得球体效果。另外，可以按照命令行提示使用以下3种方法创建球体，从【三点】、【两点】和【相切、相切、半径】，其具体的创建方法与二维图形中【圆】的相关创建方法类似。

图11-11 【球体】工具按钮

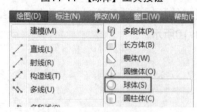

图11-12 【球体菜】单命令

11.1.5 · 绘制圆柱体 ·

在AutoCAD中创建的【圆柱体】是以面或椭圆为截面形状，沿该截面法线方向拉伸所形成的实体，常用于绘制各轴类零件、建筑图形中的各类立柱等。

在AutoCAD 2018中调用绘制【圆柱体】命令有如下几种常用方法。

- ♣ 命令行：在命令行中输入CYLINDER。
- ♣ 功能区：单击【创建】面板上的【圆柱体】工具按钮○，如图11-13所示。
- ♣ 菜单栏：执行【绘图】→【建模】→【圆柱体】命令，如图11-14所示。

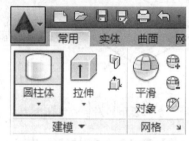

图11-13 【圆柱体】创建面板按钮

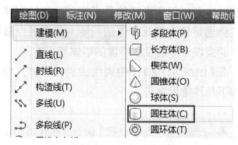

图11-14 【圆柱体】创建菜单命令

执行上述任一命令后，命令行提示如下。

> 指定底面的中心点或 [三点(3P)/两点(2P)/切点、切点、半径(T)/椭圆(E)]:

根据命令行提示选择一种创建方法即可绘制【圆柱体】图形，如图11-15所示。

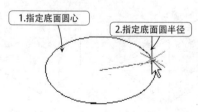

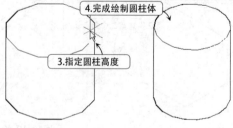

图11-15 绘制圆柱体

11.1.6　绘制圆锥体

【圆锥体】是指以圆或椭圆为底面形状、沿其法线方向并按照一定锥度向上或向下拉伸而形成的实体。使用【圆锥体】命令可以创建【圆锥体】、【平截面圆锥体】两种类型的实体。

① 创建常规圆锥体

在AutoCAD 2018中调用绘制【圆锥体】命令有如下几种常用方法。

- ♣ 命令行：在命令行中输入CONE。
- ♣ 功能区：单击【创建】面板上的【圆锥体】工具按钮◯，如图11-16所示。
- ♣ 菜单栏：执行【绘图】→【建模】→【圆锥体】命令，如图11-17所示。

图11-16　【圆锥体】创建面板按钮

图11-17　【圆锥体】创建菜单命令

执行上述任一命令后，在【绘图区】指定一点为底面圆心，并分别指定底面半径值或直径值，最后指定圆锥高度值，即可获得【圆锥体】效果，如图11-18所示。

② 创建平截面圆锥体

平截面圆锥体即圆台，可看作是由平行于圆锥底面，且与底面的距离小于锥体高度的平面为截面，截取该圆锥而得到的实体。

当启用【圆锥体】命令后，指定底面圆心及半径，命令提示行信息为"指定高度或[两点(2P)/轴端点(A)/顶面半径(T)] <9.1340>:"，选择【顶面半径】选项，输入顶面半径值，最后指

定平截面圆锥体的高度，即可获得【平截面圆锥体】效果，如图11-19所示。

图11-18　圆锥体

图11-19　平截面圆锥体

11.1.7　绘制棱锥体

【棱锥体】可以看作是以一个多边形面为底面，其余各面是由有一个公共顶点的具有三角形特征的面所构成的实体。

在AutoCAD 2018中调用绘制【棱锥体】命令有如下几种常用方法。

- ♣ 命令行：在命令行中输入PYRAMID。
- ♣ 功能区：单击【创建】面板上的【棱锥体】工具按钮◯，如图11-20所示。
- ♣ 菜单栏：执行【绘图】→【建模】→【棱锥体】命令，如图11-21所示。

图11-20　【棱锥体】创建面板按钮

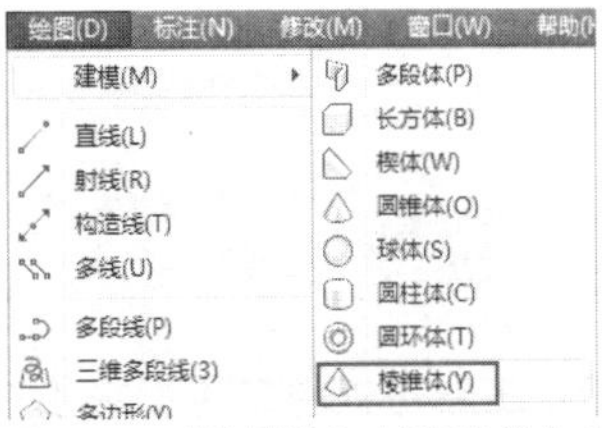

图11-21　【棱锥体】创建菜单命令

在AutoCAD中使用以上任意一种方法可以通过参数的调整创建多种类型的【棱锥体】和【平截面棱锥体】。其绘制方法与绘制【圆锥体】的方法类似，绘制完成的结果如图11-22所示。

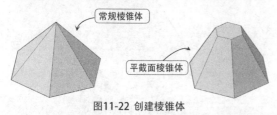

图11-22 创建棱锥体

11.1.8 绘制圆环体

【圆环体】可以看作是在三维空间内，圆轮廓线绕与其共面直线旋转所形成的实体特征，该直线即是圆环的中心线；直线和圆心的距离即是圆环的半径；圆轮廓线的直径即是圆环的直径。

在AutoCAD 2018中调用绘制【圆环体】命令有如下几种常用方法。

❖ 命令行：在命令行中输入TORUS。
❖ 功能区：单击【创建】面板上的【圆环体】工具按钮◎，如图11-23所示。
❖ 菜单栏：执行【绘图】→【建模】→【圆环体】命令，如图11-24所示。

图11-23 【圆环体】创建面板按钮

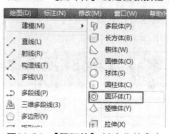

图11-24 【圆环体】创建菜单命令

通过以上任意一种方法执行该命令后，首先确定圆环的位置和半径，然后确定圆环圆管的半径即可完成创建，如图11-25所示。

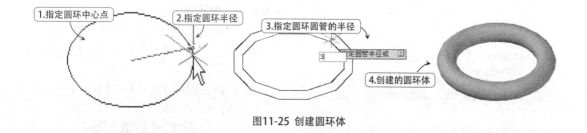

图11-25 创建圆环体

11.2 由二维对象生成三维实体

在AutoCAD中，不仅可以利用上面介绍的各类基本实体工具直接创建简单实体模型，同时还可以利用二维图形生成三维实体。

11.2.1 拉伸

【拉伸】工具可以将二维图形沿指定的高度和路径，将其拉伸为三维实体。拉伸命令常用于创建楼梯栏杆、管道、异形装饰等物体，是实际工程中创建复杂三维面最常用的一种方法。

在AutoCAD 2018中调用【拉伸】命令有如下几种常用方法。

- 命令行：在命令行中输入EXTRUDE/EXT。
- 功能区：单击【创建】面板上的【拉伸】工具按钮，如图11-26所示。
- 菜单栏：执行【绘图】→【建模】→【拉伸】命令，如图11-27所示。

图11-26 【拉伸】面板按钮

图11-27 【拉伸】菜单命令

执行上述任一命令后，可以使用以下两种方法将二维对象拉伸成实体：一种是指定生成实体的倾斜角度和高度；另一种是指定拉伸路径，路径可以闭合，也可以不闭合。

下面以图11-28所示的二维图形生成的三维实体为例，具体介绍【拉伸】工具的运用。

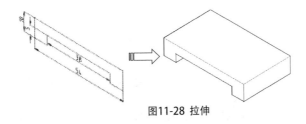

图11-28 拉伸

其操作步骤如下。

01 ＊打开配套光盘中的"11.2.1拉伸二维图形.dwg"文件。

02 ＊调用 REG【面域】命令，将要拉伸的二维图形创建面域。

03 ＊调用 EXT【拉伸】命令，创建拉伸三维实体，其命令行提示如下。

```
命令:EXT↙        //调用EXTRUDE命令，绘制
三维实体
当前线框密度: ISOLINES=4
选择要拉伸的对象: 找到 1 个
选择要拉伸的对象:↙    //选择要拉伸的面域
指定拉伸的高度或 [[方向(D)/路径(P)/倾斜角(T)/
表达式(E)] <-32.0000>: 38↙   //输入拉伸高
度为38，按Enter键，完成拉伸操作
```

命令行中各选项的含义如下。

- 方向：默认情况下，对象可以沿Z轴方向拉伸，拉伸的高度可以为正值或负值，它们表示了拉伸的方向。
- 路径：通过指定拉伸路径将对象拉伸为三维实体，拉伸的路径可以是开放的，也可以是封闭的。
- 倾斜角：通过指定的角度拉伸对象，拉伸的角度也可以为正值或负值，其绝对值不大于90°。若倾斜角为正，将产生内锥度，创建的侧面向里靠；若倾斜角度为负，将产生外锥度，创建的侧面则向外。

11.2.2 旋转

在创建实体时，用于旋转的二维对象可以是封闭多段线、多边形、圆、椭圆、封闭样条曲线、圆环及封闭区域。三维对象、包含在块中的对象、有交叉或自干涉的多段线不能被旋转，而且每次只能旋转一个对象。

在AutoCAD 2018中调用【旋转】命令有如下几种常用方法。

- 命令行：在命令行中输入REVOLVE/REV。
- 功能区：单击【创建】面板上的【旋转】工具按钮，如图11-29所示。
- 菜单栏：执行【绘图】→【建模】→【旋转】命令，如图11-30所示。

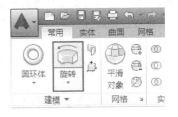

图11-29 【旋转】面板按钮

图11-30 【旋转】菜单命令

下面以图11-31所示由二维图形生成的三维实体为例，具体介绍【旋转】工具的运用。

图11-31 旋转

其操作步骤如下。

01 ＊打开配套光盘"11.2.2 旋转二维图形 .dwg"文件。

02 ＊调用 REG【面域】命令，把将要拉伸的二维图形创建面域。

03 ＊调用 REV【旋转】命令，创建旋转三维实体，其命令行提示如下。

```
命令:REV✓    REVOLVE    //调用旋转命
令，绘制三维实体
当前线框密度: ISOLINES=4
选择要旋转的对象:找到 1 个
选择要旋转的对象:✓    //选择要旋转的面域
指定轴起点或根据以下选项之一定义轴 [对象
(O)/X/Y/Z] <对象>:
指定轴端点:    //指定旋转轴的两端点/
指定旋转角度或 [起点角度(ST)/反转(R)/表达式
(EX)] <360>:✓    //默认旋转角度为360度
```

11.2.3 ◆扫掠◆

使用【扫掠】工具可以将扫掠对象沿着开放或闭合的二维或三维路径运动扫描，来创建实体或曲面。

在AutoCAD 2018中调用【扫掠】命令有如下几种常用方法。

❧ 命令行：在命令行中输入SWEEP。

❧ 功能区：单击【创建】面板上的【扫掠】工

具按钮 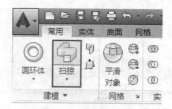，如图11-32所示。

❧ 菜单栏：执行【绘图】→【建模】→【扫掠】命令，如图11-33所示。

图11-32 【扫掠】面板按钮

图11-33 【扫掠】菜单命令

下面以图11-34所示由二维图形生成的三维实体为例，具体介绍【扫掠】工具的运用。

图11-34 扫掠

其操作步骤如下。

01 ＊打开配套光盘"11.2.3 扫掠二维图形 .dwg"文件。

02 ＊调用 REG【面域】命令，将要拉伸的二维图形创建成面域。

03 ＊调用 SWEEP【扫掠】命令，创建扫掠三维实体，其命令行提示如下。

```
命令:SWEEP✓    //调用SWEEP命令，绘制扫掠
三维实体
当前线框密度: ISOLINES=4
选择要扫掠的对象:找到 1 个
选择要扫掠的对象:✓ //单击选择要扫掠的面域
选择扫掠路径或 [对齐(A)/基点(B)/比例(S)/扭曲
(T)]: t✓    //选择扭曲选项，创建扭曲扫
掠三维实体
输入扭曲角度或允许非平面扫掠路径倾斜 [倾斜
(B)] <0.0000>:60✓    //输入扭曲角度为60°
选择扫掠路径或 [对齐(A)/基点(B)/比例(S)/扭曲
(T)]: //在绘图区选择扫掠路径，生成扫掠实体
```

11.2.4 放样

【放样】实体即将横截面沿指定的路径或导向运动扫描所得到的三维实体。横截面指的是具有放样实体截面特征的二维对象，并且使用该命令时必须指定两个或两个以上的横截面来创建放样实体。

在AutoCAD 2018中调用【放样】命令有如下几种常用方法。

- 命令行：在命令行中输入LOFT。
- 功能区：单击【创建】面板上的【放样】工具按钮◎，如图11-35所示。
- 菜单栏：执行【绘图】→【建模】→【放样】命令，如图11-36所示。

图11-35 【放样】工具按钮

图11-36 【放样】菜单命令

下面以图11-37所示的由二维图形生成三维实体为例，具体介绍【放样】的运用。

其操作步骤如下。

01 ＊打开配套光盘"11.2.4 放样二维图形 .dwg"文件。

02 ＊调用 LOFT【放样】命令，创建放样三维实体，其命令行提示如下。

```
命令:LOFT↙     //调用LOFT命令
绘制放样三维实体当前线框密度：ISOLINES=4,
闭合轮廓创建模式 = 实体
按放样次序选择横截面或 [点(PO)/合并多条边(J)/
模式(MO)]: 找到 1 个
按放样次序选择横截面或 [点(PO)/合并多条边(J)/
模式(MO)]: 找到 1 个，总计 2 个
按放样次序选择横截面或 [点(PO)/合并多条边(J)/
模式(MO)]: 找到 1 个，总计 3 个
按放样次序选择横截面或 [点(PO)/合并多条边(J)/
模式(MO)]:
选中了 3 个横截面
输入选项 [导向(G)/路径(P)/仅横截面(C)/设置(S)]
<仅横截面>:/按Enter键或是空格键，默认为【仅
横截面】选项，即可生成放样三维实体/
```

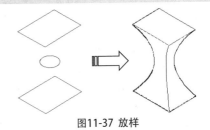

图11-37 放样

在创建比较复杂的放样实体时，可以指定导向曲线来控制点如何匹配相应的横截面，以防止创建的实体或曲面中出现皱褶等缺陷。

11.3 创建网格曲面

网格曲面是用户通过定义网格的边界来创建的平直或弯曲网格，其尺寸和形状由定义它的边界及确定边界点所采用的公式决定，它根据生成网格的特点可分为三维面、三维网格、旋转网格、平移网格、直纹网格以及边界网格等类型。

11.3.1 三维面

三维空间的表面称为【三维面】，它没有厚度，也没有质量属性。由【三维面】命令创建的面的各顶点可以有不同的Z坐标，构成各个面的

顶点最多不能超过4个。如果构成面的4个顶点共面，则消隐命令认为该面不是透明的，可以将其消隐，反之，消隐命令对其无效。在AutoCAD 2018中调用【三维面】命令有如下几种常用方法。

❖ 命令行：在命令行中输入3DFACE。

❖ 菜单栏：执行【绘图】→【建模】→【网格】→【三维面】命令。

专家点拨

使用【三维面】命令只能生成3条或4条边的三维面，若要生成多边曲面，则可以使用PFACE命令，在该命令提示下可以输入多个点。

11.3.2 旋转网格

使用【旋转网格】命令可以将曲线或轮廓（如直线、圆弧、椭圆、椭圆弧、多边形和闭合多段线等）绕指定的旋转轴旋转一定的角度，从而创建出旋转网格。旋转轴可以是直线，也可以是开放的二维或三维多段线。

在AutoCAD 2018中调用【旋转网格】命令有如下几种常用方法。

❖ 命令行：在命令行中输入REVSURF。

❖ 菜单栏：执行【绘图】→【建模】→【网格】→【旋转网格】命令。

执行上述任一命令后，在【绘图区】选取轨迹曲线，并指定旋转轴线。设置旋转角度并指定顺时针或逆时针方向，即可获得旋转网格效果，如图11-38所示。

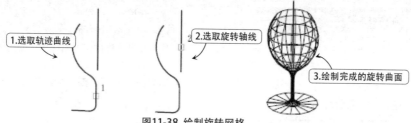

图11-38 绘制旋转网格

如果路径曲线是圆、圆弧或二维线段组成的对象，可以预先通过PEDIT命令组合成一个对象，再创建单一的网格曲面，而不是创建多个网格曲面。

专家点拨

如果是设计需要，在创建曲面后可删除旋转轴。在绘制路径曲线和中心轴时，旋转轴长度一般长于路径曲线，这样便于创建曲面后删除旋转轴。

轮廓曲线而创建的曲面网格，其中构成轮廓曲线的对象可以是直线、圆弧、圆、椭圆、椭圆弧、二维多段线和三维多段线等单个对象；方向矢量确定拉伸方向及距离，它可以是直线或开放的二维或三维多段线等曲线类型。一般情况下距离指定点最近的方向矢量的端点将沿着路径曲线生成曲面。

在AutoCAD 2018中调用【平移网格】命令有如下几种常用方法。

❖ 命令行：在命令行中输入TABSURF。

❖ 菜单栏：执行【绘图】→【建模】→【网格】→【平移网格】命令。

执行上述任一命令后，按照命令行提示依次选取轮廓曲线和方向矢量即可获得平移网格效果，如图11-39所示。

11.3.3 平移网格

【平移网格】是通过沿指定的方向矢量拉伸

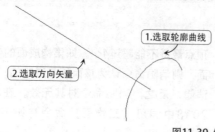

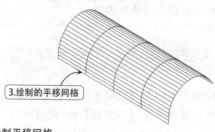

图11-39 绘制平移网格

11.3.4　直纹网格

【直纹网格】是在两个对象之间创建曲面网格，组成直纹曲面边的两个对象可以是直线、点、圆弧、圆、二维多段线、三维多段线或样条曲线。如果其中的一个对象是开放或闭合的，则另一个对象也必须是开放或闭合的；如果一个点作为一个对象，而另一个对象则不考虑是开放或闭合的，但两个对象中只能有一个是点对象。

在AutoCAD 2018中调用【直纹网格】命令有如下几种常用方法。

　　❦ 命令行：在命令行中输入RULESURF。
　　❦ 菜单栏：执行【绘图】→【建模】→【网格】→【直纹网格】命令。

执行上述任一命令后，按照命令行提示依次选取两条开放边线，即可获得直纹网格效果，如图11-40所示。如果两轮廓曲线是非闭合的，直纹曲面总是从曲线上离拾取点最近的一端点开始，拾取点位置不同，生成的直纹网格也不同。

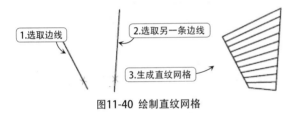

图11-40　绘制直纹网格

11.3.5　边界网格

【边界网格】是一个三维多边形网格，该曲面网格由4条邻边作为边界创建，其中边界可以是圆弧、直线、多段线、样条曲线和椭圆弧等曲线类型。每条边分别为单个对象，而且要首尾相连形成封闭的环，但不要求一定共面。

在AutoCAD 2018中调用【边界网格】命令有如下几种常用方法。

　　❦ 命令行：在命令行中输入EDGESURF。
　　❦ 菜单栏：执行【绘图】→【建模】→【网格】→【边界网格】命令。

执行上述任一命令后，按住Shift键依次选取相连的4条边线即可获得边界网格效果，如图11-41所示。

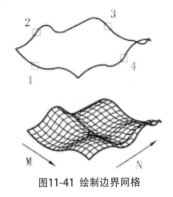

图11-41　绘制边界网格

11.4　综合实例

11.4.1　绘制支架模型

绘制图11-42所示的三维支架模型，熟悉UCS坐标转换以及【拉伸】命令的运用。

下面具体介绍模型的绘制过程。

❶ 启动AutoCAD 2018并新建文件

启动 AutoCAD 2018，单击【快速访问】工具栏中的【新建】按钮，系统弹出【选择样板】对话框，选择"acadiso.dwt"样板，单击【打开】按钮，进入 AutoCAD 绘图模式。

❷ 绘制底座

01 ＊单击绘图区左上角的视图快捷控件，将视图切换至【东南等轴测】，此时绘图区呈三维空间状态，

其坐标显示如图 11-43 所示。

02 ＊单击绘图区左上角的视图快捷控件，将视图切换至【俯视】，进入二维绘图模式，绘制底座二维图形。

03 ＊调用 REC【矩形】命令，绘制尺寸为 42mm×28mm 的矩形，如图 11-44 所示。

图11-42　绘制支架模型

图11-43 坐标系状态

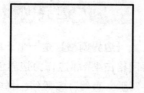

图11-44 绘制的矩形

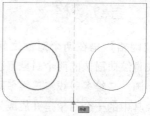

图11-48 选择镜像线两端点

04 ＊调用 F【圆角】命令，设置圆角半径为 4mm，对图形进行圆角处理，如图 11-45 所示。

05 ＊调用 C【圆】命令，绘制直径为 13mm 的圆，其命令行提示如下。

命令:CIRCLE ✓ //调用绘制圆命令
指定圆的圆心或 [三点(3P)/两点(2P)/切点、切点、半径(T)]: _from 基点:<偏移>:@-11,10✓ //输入FROM【捕捉自】命令，指定基点"O点"，如图11-46所示
指定圆的半径或 [直径(D)] <6.5000>:d✓
指定圆的直径 <13.0000>:13✓ //绘制直径为13mm的圆，如图11-47所示

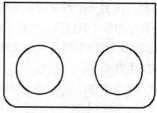

图11-49 镜像后的图形

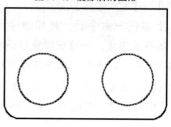

图11-50 面域求差

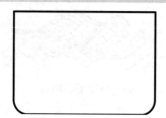

图11-45 绘制圆角

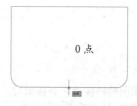

图11-46 指定偏移基点

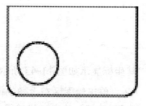

图11-47 绘制圆

06 ＊调用 MI【镜像】命令，镜像所绘制的圆图形，以上、下边的中点为镜像线的端点，如图 11-48 所示，其镜像后的图形如图 11-49 所示。

07 ＊创建面域。调用 REG【面域】命令，利用窗选的方式选择绘图区中图形，单击回车键或 Enter 键完成面域创建。

08 ＊面域求差。在命令行中输入 SU【差集】命令并回车，在绘图区选择矩形面域作为被减去的面域，单击鼠标右键，然后选择两个圆面域，再次单击鼠标右键，完成面域求差操作，如图 11-50 所示。

09 ＊单击绘图区左上角的视图快捷控件，将视图切换至【东南等轴测】，切换至三维绘图模式，如图 11-51 所示。

10 ＊调用 EXT【拉伸】命令，设置拉伸高度为 7mm，并使用 HI【消隐】命令，对模型进行消隐，如图 11-52 所示。

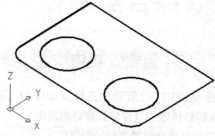

图11-51 三维绘图模式

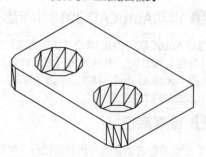

图11-52 绘制的底板

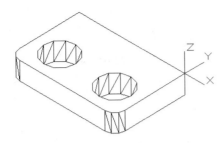

图11-53 调整坐标系位置

❸ 绘制扫掠实体

01 ＊单击【坐标】面板中的【UCS】按钮，移动鼠标在要放置坐标系的位置单击，按空格键或 Enter 键，结束操作，生成图 11-53 所示的坐标系。

02 ＊调用 REC【矩形】命令，绘制矩形，如图 11-54 所示。其命令行提示如下。

03 ＊单击【坐标】面板中的【Z 轴矢量】按钮，在绘图区选择两点以确定新坐标系的 Z 轴方向，如图 11-55 所示。

命令：RECTANG✓　//调用矩形命令，绘制矩形
指定第一个角点或 [倒角(C)/标高(E)/圆角(F)/厚度(T)/宽度(W)]：_from 基点：<偏移>：@10,0✓
//输入【捕捉自】命令，指定基点O点
指定另一个角点或 [面积(A)/尺寸(D)/旋转(R)]：
@-22,-6✓　　//利用相对坐标输入方式确定另一个角点，按Enter键，完成矩形绘制

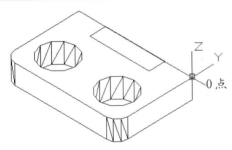

图11-54 绘制矩形

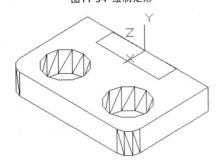

图11-55 新建坐标系

04 ＊调用 PL【多段线】命令，绘制多段线，如图 11-56 所示。其命令行提示如下。

命令：PLINE✓　//调用多段线命令，绘制多段线
指定起点：　　　　//指定多段线的起点A点
当前线宽为 0.0000
指定下一个点或 [圆弧(A)/半宽(H)/长度(L)/放弃(U)/宽度(W)]：12✓　//绘制多段线的直线部分
指定下一点或 [圆弧(A)/闭合(C)/半宽(H)/长度(L)/放弃(U)/宽度(W)]：A✓
指定圆弧的端点或[角度(A)/圆心(CE)/闭合(CL)/方向(D)/半宽(H)/直线(L)/半径(R)/第二个点(S)/放弃(U)/宽度(W)]：A✓
指定包含角：90✓
指定圆弧的端点或 [圆心(CE)/半径(R)]：R✓
指定圆弧的半径：4✓
指定圆弧的弦方向 <90>：135✓　　//绘制多段线的圆弧部分，确定圆弧的方向、角度及半径值
指定圆弧的端点或[角度(A)/圆心(CE)/闭合(CL)/方向(D)/半宽(H)/直线(L)/半径(R)/第二个点(S)/放弃(U)/宽度(W)]：L✓
指定下一点或 [圆弧(A)/闭合(C)/半宽(H)/长度(L)/放弃(U)/宽度(W)]：17✓　　//绘制多段线的水平直线部分
指定下一点或 [圆弧(A)/闭合(C)/半宽(H)/长度(L)/放弃(U)/宽度(W)]：✓　//按Enter键或空格键，完成多段线的操作

05 ＊调用 SWEEP【扫掠】命令，扫掠二维图形，如图 11-57 所示，其命令行提示如下。

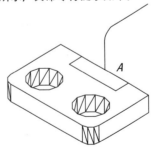

图11-56 绘制的多段线

命令：SWEEP✓　//调用扫掠命令，绘制三维实体图形
当前线框密度：ISOLINES=4，闭合轮廓创建模式 = 实体
选择要扫掠的对象：找到 1 个
选择要扫掠的对象：　　//选择要扫掠的矩形，单击鼠标右键或者按Enter键
选择扫掠路径或 [对齐(A)/基点(B)/比例(S)/扭曲(T)]：　//选择绘制的多段线作为扫掠路径

4. 绘制旋转实体

01 ＊单击【坐标】面板中的【3点】按钮，在绘图区选择三点以确定新坐标系的Z轴方向，如图11-58所示。

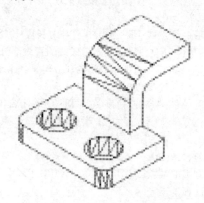

图11-57 扫掠实体图形

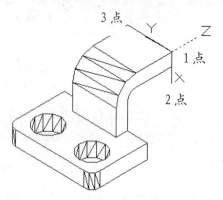

图11-58 新建坐标系

02 ＊调用 REC【矩形】命令，绘制矩形，如图11-59所示。其命令行提示如下。

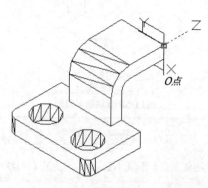

图11-59 绘制矩形

03 ＊调用 REVOLVE【旋转】命令，旋转二维图形，其结果如图11-60所示。

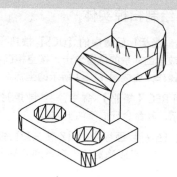

图11-60 绘制旋转实体

5. 绘制肋板

01 ＊单击【坐标】面板中的【世界】按钮，回到世界坐标系模式。

02 ＊单击【建模】面板中的【楔体】按钮，绘制楔体，如图11-61所示，命令行提示如下。

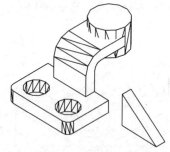

图11-61 绘制楔体

03 ＊调用 L【直线】命令，绘制长为 24mm 的直线，如图11-62所示。

04 ＊调用 AL【对齐】命令，对齐三维图形，如图11-63所示。结果如图11-64所示。

05 * 支架模型创建完成。执行【保存】命令，保存三维图形。

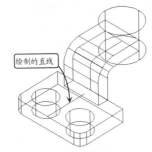

图11-62 绘制直线

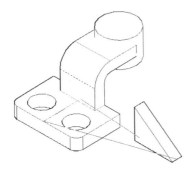

图11-63 选择源点及目标点

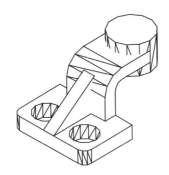

图11-64 对齐图形

11.4.2 · 绘制叉架模型 ·

绘制如图11-65所示的三维实体模型，熟悉AutoCAD中各种实体创建命令。

下面具体介绍模型的绘制过程。

① 启动AutoCAD 2018并新建文件

启动 AutoCAD 2018，单击【快速访问】工具栏中的【新建】按钮，系统弹出【选择样板】对话框，选择"acadiso.dwt"样板，单击【打开】按钮，进入 AutoCAD 绘图模式。

② 绘制旋转实体

01 * 单击绘图区左上角的视图快捷控件，将视图切

换至【东南等轴测】，此时绘图区呈三维空间状态，其坐标系状态如图 11-66 所示。

02 * 单击【坐标】面板中的【绕 X 轴旋转】按钮，输入旋转角度为 90°，其新建坐标系如图 11-67 所示。

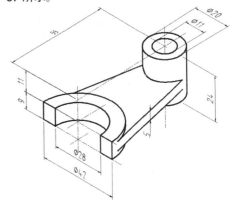

图11-65 绘制叉架模型

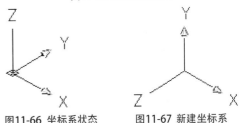

图11-66 坐标系状态   图11-67 新建坐标系

03 * 单击绘图区左上角的视图快捷控件，将视图切换至【前视】，进入二维绘图模式，绘制要旋转的二维图形。

04 * 调用 REC【矩形】命令，绘制矩形，如图11-68 所示，其命令行提示如下。

```
命令: RECTANG↙
指定第一个角点或 [倒角(C)/标高(E)/圆角(F)/厚
度(T)/宽度(W)]:
指定另一个角点或 [面积(A)/尺寸(D)/旋转(R)]:
@4.5,-24↙
```

05 * 调用 L【直线】命令，绘制旋转轴，如图11-69 所示，其命令行提示如下。

```
命令: LINE ↙
指定第一点: _from 基点: <偏移>: @-5.5,0↙  //单
击【对象捕捉】工具栏中的【捕捉自】按钮，
指定基点"O点"
指定下一点或 [放弃(U)]:@0, -25↙
指定下一点或 [放弃(U)]: ↙
```

06 * 单击绘图区左上角的视图快捷控件，将视图切换至【东南等轴测】，切换至三维绘图模式，如

图 11-70 所示。

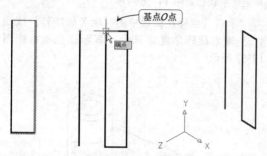

图11-68 绘　图11-69 绘制直线　　图11-70 三维模式
制的矩形

07 ∗ 调用 REVOLVE【旋转】命令，旋转二维图形，其结果如图 11-71 所示。

08 ∗ 单击【坐标】面板中的【对象】按钮，在绘图区选择旋转轴以确定新坐标系的方向，如图 11-72 所示。

09 ∗ 调用 REC【矩形】命令，绘制矩形，如图 11-73 所示，其命令行提示如下。

命令: RECTANG↙
指定第一个角点或 [倒角(C)/标高(E)/圆角(F)/厚度(T)/宽度(W)]: _from 基点: <偏移>: @14,-11,55↙　　//单击【对象捕捉】工具栏中的【捕捉自】按钮，指定基点"O点"
指定另一个角点或 [面积(A)/尺寸(D)/旋转(R)]: @7,-9↙

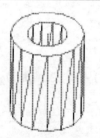

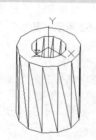

图11-71 旋转二维矩形　　图11-72 新建坐标系

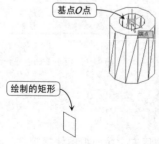

图11-73 绘制矩形

10 ∗ 调用 L【直线】命令，根据命令行的提示，指定第一点（@0,0,55），再指定下一点 (@0, -30)，完成直线的绘制，如图 11-74 所示。

11 ∗ 调用 REVOLVE【旋转】命令，指定旋转角度为 -180°，旋转结果如图 11-75 所示。

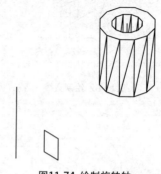

图11-74 绘制旋转轴

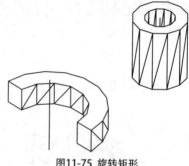

图11-75 旋转矩形

3. 绘制拉伸实体

01 ∗ 单击【UCS】工具栏中的【世界】按钮，回到世界坐标系状态。

02 ∗ 调用 C【圆】命令，根据命令行的提示，在绘图区空白处指定圆心，绘制半径为 10mm 的圆。再次调用圆命令，输入 FROM【捕捉自】命令，选择第一个圆的圆心为基点，并输入相对坐标值 (@0,-55)，绘制半径为 21mm 的圆，如图 11-76 所示。

03 ∗ 调用 L【直线】命令，绘制与圆相切直线，如图 11-77 所示。

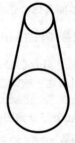

图11-76 绘制圆　　　　图11-77 绘制直线

04 ＊调用 TR【修剪】命令，修剪多余的线条，如图 11-78 所示。

05 ＊调用 REG【面域】命令，选择要形成面域的图形创建面域。

06 ＊单击绘图区左上角的视图快捷控件，将视图切换至【东南等轴测】，切换至三维绘图模式。

07 ＊调用 EXT【拉伸】命令，指定拉伸高度为 5mm，结果如图 11-79 所示。

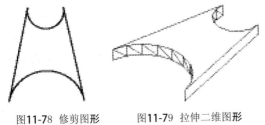

图11-78 修剪图形　　图11-79 拉伸二维图形

08 ＊调用 L【直线】命令，绘制图 11-80 所示的直线。

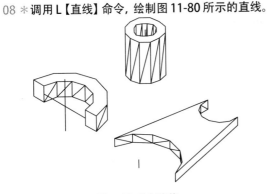

图11-80 绘制直线

09 ＊调用 AL【对齐】命令，源点和目标点如图 11-81 所示，对齐结果如图 11-82 所示。

10 ＊完成叉架的绘制，执行【文件】【保存】命令，保存文件。

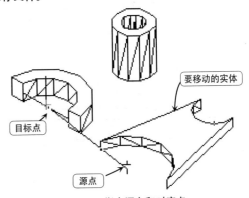

要移动的实体

目标点

源点

图11-81 指定源点和对齐点

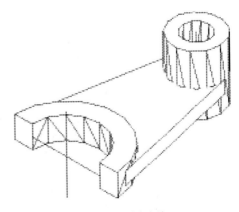

图11-82 对齐实体

11.5 习 题

❶ 填空题

（1）如果要扫掠的对象是封闭的图形，那么使用【扫掠】命令后得到的是 ＿＿＿＿＿＿＿＿，否则将得到 ＿＿＿＿＿＿＿。

（2）绘制长方体时，当在"指定第一个角点或 [中心（C）]："命令行提示下选择"长度（L）"选项时，可以根据 ＿＿＿＿＿、＿＿＿＿＿、＿＿＿＿＿ 来创建。

（3）在使用【拉伸】命令拉伸对象时，拉伸角度可正可负，如果要产生内锥效果，角度应为 ＿＿＿＿＿＿。

❷ 操作题

（1）按照表 11-1 的参数要求绘制三维实体模型。

表 11-1 圆环体表面参数

参　数	值
圆环中心点坐标	(100, 80, 50)
圆环半径	100mm
圆管半径	15mm
环绕圆管圆周的网格分段数目	20
环绕圆环体表面圆周的网格分段数目	20

(2) 绘制图 11-83 所示的轮廓图，然后使用 EX【拉伸】命令创建与其对应的拉伸实体，拉伸高度为 100mm。

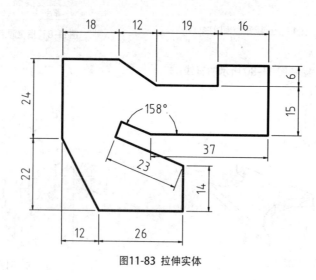

图11-83 拉伸实体

第12章

编辑三维实体

就像在二维绘图中可以使用修改命令对已经创建好的图形对象进行编辑和修改一样，也可以对已经创建的三维实体进行编辑和修改，以创建出更复杂的三维实体模型。根据三维建模中将三维转化为二维的基本思路，可以借助UCS变换，使用平移、复制、镜像、旋转等基本修改命令，对三维实体进行修改。

本章主要内容：

❀ 布尔运算
❀ 操作三维对象
❀ 编辑实体边
❀ 编辑实体面
❀ 编辑实体
❀ 干涉检查

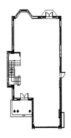

12.1 布尔运算

AutoCAD的【布尔运算】功能贯穿建模的整个过程，尤其是在建立一些机械零件的三维模型时使用更为频繁，该运算用来确定多个体（曲面或实体）之间的组合关系，也就是说通过该运算可将多个形体组合为一个形体，从而实现一些特殊的造型，如孔、槽、凸台和齿轮特征都是执行布尔运算组合而成的新特征。

与二维图形中的【布尔运算】一致，三维建模中【布尔运算】同样包括【并集】、【差集】以及【交集】三种运算方式。

12.1.1 并集运算

【并集】运算是将两个或两个以上的实体（或面域）对象组合成为一个新的组合对象。执行并集操作后，原来各实体相互重合的部分变为一体，使其成为无重合的实体。

在AutoCAD 2018中启动【并集】运算有如下几种常用方法。

- 命令行：在命令行中输入UNION/UNI。
- 功能区：单击【布尔值】面板【并集】工具按钮，如图12-1所示。
- 菜单栏：执行【修改】→【实体编辑】→【并集】命令，如图12-2所示。

图12-1 【并集】工具面板按钮

图12-2 【并集】菜单命令

执行上述任一命令后，在【绘图区】中选取要合并的对象，按Enter键或者单击鼠标右键，即可执行合并操作，效果如图12-3所示。

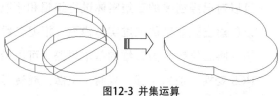

图12-3 并集运算

12.1.2 差集运算

差集运算就是将一个对象减去另一个对象从而形成新的组合对象。与并集操作不同的是首先选取的对象为被剪切对象，之后选取的对象则为剪切对象。

在AutoCAD 2018中进行【差集】运算有如下几种常用方法。

- 命令行：在命令行中输入SUBTRACT/SU。
- 功能区：单击【布尔值】面板【差集】工具按钮，如图12-4所示。
- 菜单栏：执行【修改】→【实体编辑】→【差集】命令，如图12-5所示。

图12-4 【差集】运算面板按钮

图12-5　【差集】运算菜单命令

执行上述任一命令后，在【绘图区】中选取被剪切的对象，按Enter键或单击鼠标右键；然后选取要剪切的对象，按Enter键或单击鼠标右键即可执行差集操作。差集运算效果如图12-6所示。

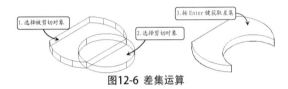

图12-6　差集运算

专家点拨

在执行差集运算时，如果第二个对象包含在第一个对象之内，则差集操作的结果是第一个对象减去第二个对象；如果第二个对象只有一部分包含在第一个对象之内，则差集操作的结果是第一个对象减去两个对象的公共部分。

12.1.3　交集运算

在三维建模过程中执行交集运算可获取两相交实体的公共部分，从而获得新的实体，该运算是差集运算的逆运算。

在AutoCAD 2018中进行【交集】运算有如下几种常用方法。

- 命令行：在命令行中输入INTERSECT/IN。
- 功能区：单击【布尔值】面板上的【交集】工具按钮，如图12-7所示。
- 菜单栏：执行【修改】→【实体编辑】→【交集】命令，如图12-8所示。

图12-7　【交集】运算面板按钮

图12-8　【交集】运算菜单命令

通过以上任意一种方法执行该命令，然后在【绘图区】选取具有公共部分的两个对象，按Enter键或单击鼠标右键即可执行相交操作，其运算效果如图12-9所示。

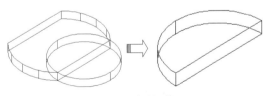

图12-9　交集运算

12.2　操作三维对象

AutoCAD 2018提供了专业的三维对象编辑工具，如三维移动、三维旋转、三维对齐、三维镜像和三维阵列等，从而为创建出更加复杂的实体模型提供了条件。

12.2.1 ·三维旋转·

利用【三维旋转】工具可将选取的三维对象和子对象，沿指定旋转轴（X轴、Y轴、Z轴）进行自由旋转。

在AutoCAD 2018中调用【三维旋转】有如下几种常用方法。

- ♣ 命令行：在命令行中输入3DROTATE。
- ♣ 功能区：单击【修改】面板上的【三维旋转】工具按钮◉，如图12-10所示。
- ♣ 菜单栏：执行【修改】→【三维操作】→【三维旋转】命令，如图12-11所示。

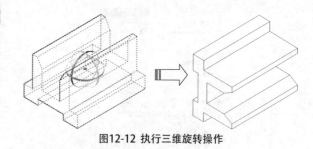

图12-12 执行三维旋转操作

图12-10 【三维旋转】面板按钮

图12-11 【三维旋转】菜单命令

12.2.2 ·三维移动·

使用【三维移动】工具能将指定模型沿X、Y、Z轴或其他任意方向，以及直线、面或任意两点间移动，从而获得模型在视图中的准确位置。

在AutoCAD 2018中调用【三维移动】有如下几种常用方法。

- ♣ 命令行：在命令行中输入3DMOVE。
- ♣ 功能区：【修改】面板【三维移动】工具按钮◉，如图12-13所示。
- ♣ 菜单栏：【修改】→【三维操作】→【三维移动】命令，如图12-14所示。

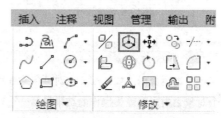

图12-13 【三维移动】面板按钮

图12-14 【三维移动】菜单命令

执行上述任一命令后，即可进入【三维旋转】模式，在【绘图区】选取需要旋转的对象，此时绘图区出现3个圆环（红色代表X轴、绿色代表Y轴、蓝色代表Z轴），然后在绘图区指定一点为旋转基点，如图12-12所示。指定完旋转基点后，选择夹点工具上的圆环用以确定旋转轴，接着直接输入角度进行实体的旋转，或选择屏幕上的任意位置用以确定旋转基点，再输入角度值即可获得实体三维旋转效果。

执行上述任一命令后，在【绘图区】选取要移动的对象，绘图区将显示坐标系图标，如图12-15所示。

图12-15 移动坐标系

单击选择坐标轴的某一轴，拖动鼠标所选定的实体对象将沿所约束的轴移动；若是将光标停留在两条轴柄之间的直线汇合处的平面上（用以确定一定平面），直至其变为黄色，然后选择该平面，拖动鼠标将移动约束到该平面上。

12.2.3 ▪ 三维阵列 ▪

使用【三维阵列】工具可以在三维空间中按矩形阵列或环形阵列的方式，创建指定对象的多个副本。在AutoCAD 2018中调用【三维阵列】有如下几种常用方法。

- ♣ 命令行：在命令行中输入3DARRAY/3A。
- ♣ 功能区：单击【修改】面板【阵列】工具按钮 ，如图12-16所示。
- ♣ 菜单栏：执行【修改】→【三维操作】→【三维阵列】命令，如图12-17所示。

图12-16 【阵列】面板按钮

图12-17 【三维阵列】菜单命令

执行上述任一命令后，按照提示选择阵列对

齐，命令行提示如下。

输入阵列类型 [矩形(R)/极轴(P)] <矩形>:

下面分别介绍创建【矩形阵列】和【环形阵列】的方法。

❶ 矩形阵列

在执行【矩形阵列】时，需要指定行数、列数、层数、行间距和层间距，其中一个矩形阵列可设置多行、多列和多层。

在指定间距值时，可以分别输入间距值或在绘图区域选取两个点，AutoCAD 2018将自动测量两点之间的距离值，并以此作为间距值。如果间距值为正，将沿X轴、Y轴、Z轴的正方向生成阵列；间距值为负，将沿X轴、Y轴、Z轴的负方向生成阵列。

图12-18所示为创建的矩形阵列特征，其命令行提示如下。

命令: 3DARRAY✓ //调用【三维阵列】命令
选择对象: 找到 1 个
选择对象: ✓ //选择要阵列的对象
输入阵列类型 [矩形(R)/极轴(P)] <矩形>:✓
//按Enter键或空格键，系统默
认为矩形阵列模式
输入行数 (--) <1>: 2✓
输入列数 (|||) <1>: 2✓
输入层数 (...) <1>:✓
指定行间距 (--): 170✓
指定列间距 (|||): 158✓ //分别指定矩形阵列参
数，按Enter键，完成矩形阵列操作

图12-18 矩形阵列

❷ 环形阵列

在执行【环形阵列】时，需要指定阵列的数目、阵列填充的角度、旋转轴的起点和终点及对象在阵列后是否绕着阵列中心旋转。

图12-19所示为创建的环形阵列，其命令提示行如下。

命令: 3DARRAY↙ //调用【三维阵列【命令
选择对象: 找到 1 个
选择对象: ↙ //选择要阵列的对象
输入阵列类型 [矩形(R)/极轴(P)] <矩形>:p↙ //选择环形阵列模式
输入阵列中的项目数目: 6↙
指定要填充的角度（+＝逆时针，-＝顺时针）<360>:↙ //输入环形阵列所需的参数
旋转阵列对象？[是(Y)/否(N)] <Y>:↙ //按Enter键或空格键，系统默认为旋转阵列对象
指定阵列的中心点:
指定旋转轴上的第二点: //指定旋转轴两端点，即可完成旋转阵列操作

图12-21 【三维镜像】菜单命令

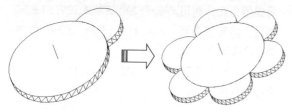

图12-19 环形阵列

12.2.4 三维镜像

使用【三维镜像】工具能够将三维对象通过镜像平面获取与之完全相同的对象，其中镜像平面可以是与UCS坐标系平面平行的平面或三点确定的平面。

在AutoCAD 2018中调用【三维镜像】有如下几种常用方法。

❤ 命令行：在命令行中输入MIRROR3D。
❤ 功能区：单击【修改】面板上的【三维镜像】工具按钮，如图12-20所示。
❤ 菜单栏：执行【修改】→【三维操作】→【三维镜像】命令，如图12-21所示。

执行上述任一命令后，即可进入【三维镜像】模式，在绘图区选取要镜像的实体后，按Enter键或右击，按照命令行提示选取镜像平面，用户可根据设计需要指定3个点作为镜像平面，然后根据需要确定是否删除源对象，右击或按Enter键即可获得三维镜像效果。

图12-22所示为创建的三维镜像实体，其命令提示行如下。

命令: MIRROR3D↙ //调用【三维镜像】命令
选择对象: 找到 1 个
选择对象: ↙ //选择要镜像的对象
指定镜像平面 (三点) 的第一个点或[对象(O)/最近的(L)/Z 轴(Z)/视图(V)/XY 平面(XY)/YZ 平面(YZ)/ZX 平面(ZX)/三点(3)] <三点>:
在镜像平面上指定第二点:
在镜像平面上指定第三点: //指定确定镜像面的三个点
是否删除源对象？[是(Y)/否(N)] <否>:↙ //按Enter键或空格键，系统默认为不删除源对象

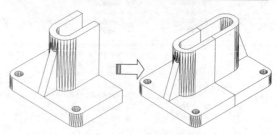

图12-22 镜像三维实体

图12-20 【三维镜像】面板按钮

12.2.5 对齐和三维对齐

在三维建模环境中，使用【对齐】和【三维对齐】工具可对齐三维对象，从而获得准确的定位效果。

这两种对齐工具都可实现两模型的对齐操作，但选取顺序却不同，分别介绍如下。

❶ 对齐

使用【对齐】工具可指定一对、两对或三对源点和目标点，从而使对象通过移动、旋转、倾斜或缩放对齐选定对象。在AutoCAD 2018中调用【对齐】有如下几种常用方法。

- ♣ 命令行：在命令行中输入ALIGN/AL。
- ♣ 功能区：单击【修改】面板上的【对齐】工具按钮，如图12-23所示。
- ♣ 菜单栏：执行【修改】→【三维操作】→【对齐】命令，如图12-24所示。

图12-23 【对齐】面板按钮

图12-24 【对齐】菜单命令

执行上述任一命令后，接下来对其使用方法进行具体了解。

★ 一对点对齐对象

该对齐方式是指定一对源点和目标点进行实体对齐。当只选择一对源点和目标点时，所选取

的实体对象将在二维或三维空间中从源点a沿直线路径移动到目标点b，如图12-25所示。

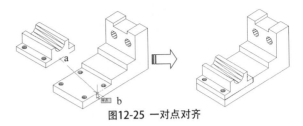

图12-25 一对点对齐

★ 两对点对齐对象

该对齐方式是指定两对源点和目标点进行实体对齐。当选择两对点时，可以在二维或三维空间移动、旋转和缩放选定对象，以便与其他对象对齐，如图12-26所示。

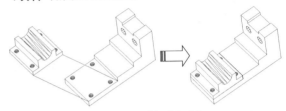

图12-26 两对点对齐对象

❷ 三对点对齐对象

该对齐方式是指定三对源点和目标点进行实体对齐。直接在绘图区连续捕捉三对对应点即可获得对齐对象操作，其效果如图12-27所示。

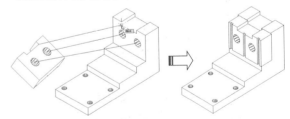

图12-27 三对点对齐对象

❸ 三维对齐

在AutoCAD 2018中，三维对齐操作是指最多3个点用以定义源平面，然后指定最多3个点用以定义目标平面，从而获得三维对齐效果。在AutoCAD 2018中调用【三维镜像】有如下几种常用方法。

- ♣ 命令行：在命令行中输入"3DALIGN"。
- ♣ 功能区：单击【修改】面板上的【三维对齐】工具按钮，如图12-28所示。

图12-28 【三维对齐】面板按钮

图12-29 【三维对齐】菜单命令

❖ 菜单栏：执行【修改】→【三维操作】→
【三维对齐】命令，如图12-29所示。

执行上述任一命令后，即可进入【三维对齐】模式，执行三维对齐操作与对齐操作的不同之处在于：执行三维对齐操作时，可首先为源对象指定1个、2个或3个点用以确定源平面，然后为目标对象指定1个、2个或3个点用以确定目标平面，从而实现模型与模型之间的对齐。图12-30所示为三维对齐效果。

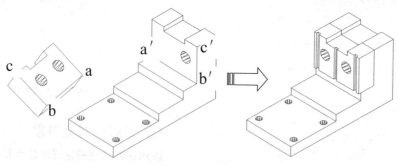

图12-30 三维对齐操作

12.3 编辑实体边

【实体】都是由最基本的面和边所组成的，AutoCAD 2018不仅提供多种编辑实体工具，同时可根据设计需要提取多个边特征，对其执行偏移、着色、压印或复制边等操作，便于查看或创建更为复杂的模型。

12.3.1 ▪ 复制边 ▪

执行【复制边】操作可将现有的实体模型上单个或多个边偏移到其他位置，从而利用这些边线创建出新的图形对象。

在AutoCAD 2018中调用【复制边】有如下几种常用方法。

❖ 功能区：单击【实体编辑】面板上的【复制边】工具按钮，如图12-31所示。

❖ 菜单栏：执行【修改】→【实体编辑】→【复制边】命令，如图12-32所示。

图12-31 【复制边】面板按钮

图12-32 【复制边】菜单命令

执行上述任一命令后，在【绘图区】选择需要复制的边线，单击鼠标右键，系统弹出快捷菜单，如图12-33所示。选择【确认】命令，并指定复制边的基点或位移，移动鼠标指针到合适的位置单击放置复制边，完成复制边的操作。其效果如图12-34所示。

图12-33 快捷菜单

图12-34 复制边

12.3.2 着色边

在三维建模环境中，不仅能够着色实体表面，同样可使用【着色边】工具将实体的边线执行着色操作，从而获得实体内、外表面边线不同的着色效果。

在AutoCAD 2018中调用【着色边】有如下几种常用方法。

☙ 功能区：单击【实体编辑】面板上的【着色边】工具按钮，如图12-35所示。

☙ 菜单栏：执行【修改】→【实体编辑】→【着色边】命令，如图12-36所示。

执行上述任一命令后，在绘图区选取待着色的边线，按Enter键或单击右键，系统弹出【选择颜色】对话框，如图12-37所示，在该对话框中指定填充颜色，单击【确定】按钮，即可执行边着色操作。

图12-35 【着色边】面板按钮

图12-36 【着色边】菜单命令

图12-37 【选择颜色】对话框

12.3.3 压印边

在创建三维模型后，往往在模型的表面加入公司标记或产品标记等图形对象，AutoCAD 2018软件专为该操作提供【压印边】工具，即通过与模型表面单个或多个表面相交图形对象压印到该表面。

在AutoCAD 2018中调用【压印边】有如下几种常用方法。

- ♣ 功能区：单击【实体编辑】面板上的【压印边】工具按钮🗗，如图12-38所示。
- ♣ 菜单栏：执行【修改】→【实体编辑】→【压印边】命令，如图12-39所示。

图12-39 【压印边】菜单命令

执行上述任一命令后，在【绘图区】选取三维实体，接着选取压印对象，命令行将显示"是否删除源对象[是（Y）/（否）]<N>："的提示信息，可根据设计需要确定是否保留压印对象，即可执行压印操作，其效果如图12-40所示。

图12-38 【压印边】面板按钮

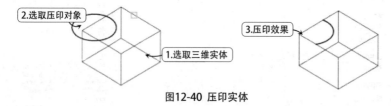

图12-40 压印实体

12.4 编辑实体面

在对三维实体进行编辑时，不仅可以对实体上单个或多个边线执行编辑操作，同时还可以对整个实体任意表面执行编辑操作，即通过改变实体表面，从而达到改变实体的目的。

12.4.1 ∷ 移动实体面 ∷

执行移动实体面操作是沿指定的高度或距离移动选定的三维实体对象的一个或多个面。移动时，只移动选定的实体面而不改变方向。

在AutoCAD 2018中调用【移动面】有如下几种常用方法。

- ♣ 功能区：单击【实体编辑】面板的【移动面】工具按钮🖼，如图12-41所示。
- ♣ 菜单栏：执行【修改】→【实体编辑】→【移动面】命令，如图12-42所示。

图12-41 【移动面】面板按钮

图12-42 【移动面】菜单命令

执行上述任一命令后，在【绘图区】选取实体表面，按Enter键并右击捕捉移动实体面的基点，然后指定移动路径或距离值，单击右键即可执行移动实体面操作，其效果如图12-43所示。

图12-43 移动实体面

12.4.2 偏移实体面

执行偏移实体面操作是在一个三维实体上按指定的距离均匀地偏移实体面，可根据设计需要将现有的面从原始位置向内或向外偏移指定的距离，从而获取新的实体面。在AutoCAD 2018中调用【偏移面】有如下几种常用方法。

❖ 功能区：单击【实体编辑】面板中的【偏移面】工具按钮图，如图12-44所示。

❖ 菜单栏：执行【修改】→【实体编辑】→【偏移面】命令，如图12-45所示。

图12-44 【偏移面】面板按钮

图12-45 【偏移面】菜单命令

执行上述任一命令后，在【绘图区】选取要偏移的面，并输入偏移距离，按Enter键，即可获得图12-46所示的偏移面特征。

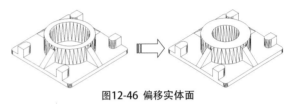

图12-46 偏移实体面

12.4.3 删除实体面

在三维建模环境中，执行删除实体面操作是从三维实体对象上删除实体表面、圆角等实体特征。在AutoCAD 2018中调用【删除面】有如下几种常用方法。

❖ 功能区：单击【实体编辑】面板上的【删除面】工具按钮图，如图12-47所示。

❖ 菜单栏：执行【修改】→【实体编辑】→【删除面】命令，如图12-48所示。

图12-47 【删除面】面板按钮

图12-48 【删除面】菜单命令

❖ 执行上述任一命令后，在【绘图区】选择要删除的面，按Enter键或单击右键即可执行实体面删除操作，如图12-49所示。

图12-49 删除实体面

12.4.4 旋转实体面

执行旋转实体面操作，能够将单个或多个实体表面绕指定的轴线进行旋转，或者旋转实体的某些部分形成新的实体。在AutoCAD 2018中调用【旋转面】有如下几种常用方法。

❖ 功能区：单击【实体编辑】面板上的【旋转面】工具按钮 ，如图12-50所示。

❖ 菜单栏：执行【修改】→【实体编辑】→【旋转面】命令，如图12-51所示。

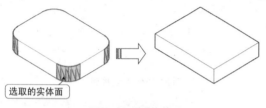

图12-50 【旋转面】面板按钮

220

图12-51 【旋转面】菜单命令

执行上述任一命令后，在【绘图区】选取需要旋转的实体面，捕捉两点为旋转轴，并指定旋转角度，按Enter键，即可完成旋转操作，效果如图12-52所示。

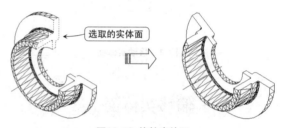

图12-52 旋转实体面

专家点拨

当一个实体面旋转后，与其相交的面会自动调整，以适应改变后的实体。

12.4.5 倾斜实体面

在编辑三维实体面时，可利用【倾斜实体面】工具，将孔、槽等特征沿矢量方向，并指定特定的角度进行倾斜操作，从而获取新的实体。在AutoCAD 2018中调用【倾斜面】有如下几种常用方法。

❖ 功能区：单击【实体编辑】面板上的【倾斜面】工具按钮 ，如图12-53所示。

❖ 菜单栏：执行【修改】→【实体编辑】→【倾斜面】命令，如图12-54所示。

图12-53　【倾斜面】面板按钮

图12-54　【倾斜面】菜单命令

执行上述任一命令后，在【绘图区】选取需要倾斜的曲面，并指定倾斜曲面参照轴线基点和另一个端点，输入倾斜角度，按Enter键或单击鼠标右键即可完成倾斜实体面操作，其效果如图12-55所示。

图12-55　倾斜实体面

12.4.6　实体面着色

执行实体面着色操作可修改单个或多个实体面的颜色，以取代该实体对象所在图层的颜色，可更方便查看这些表面。在AutoCAD 2018中调用【着色面】有如下几种常用方法。

* 功能区：单击【实体编辑】面板上的【着色

面】工具按钮，如图12-56所示。

* 菜单栏：执行【修改】→【实体编辑】→【着色面】命令，如图12-57所示。

图12-56　着色面面板按钮

图12-57　着色面菜单命令

执行上述任一命令后，在【绘图区】指定需要着色的实体表面，按Enter键，系统弹出【选择颜色】对话框。在该对话框中指定填充颜色，单击【确定】按钮，即可完成面着色操作。

12.4.7　拉伸实体面

在编辑三维实体面时，可使用【拉伸面】工具直接选取实体表面执行面拉伸操作，从而获取新的实体。在AutoCAD 2018中调用【拉伸面】有如下几种常用方法。

* 功能区：单击【实体编辑】面板【拉伸面】工具按钮，如图12-58所示。

* 菜单栏：执行【修改】→【实体编辑】→【拉伸面】命令，如图12-59所示。

图12-58 【拉伸面】面板按钮

执行上述任一命令后，在【绘图区】选取需要拉伸的曲面，并指定拉伸路径或输入拉伸距离，按Enter键即可完成拉伸实体面的操作，其效果如图12-60所示。

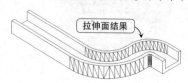

图12-59 【拉伸面】菜单命令

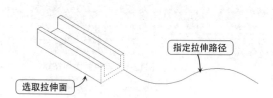

图12-60 拉伸实体面

12.4.8 复制实体面

在三维建模环境中，利用【复制实体面】工具能够将三维实体表面复制到其他位置，使用这些表面可创建新的实体。在AutoCAD 2018中调用【复制面】有如下几种常用方法。

- ❧ 功能区：单击【实体编辑】面板上的【复制面】工具按钮，如图12-61所示。
- ❧ 菜单栏：执行【修改】→【实体编辑】→【复制面】命令，如图12-62所示。

执行上述任一命令后，在【绘图区】选取需要复制的实体表面，如果指定了两个点，AutoCAD将第一个点作为基点，并相对于基点

放置一个副本。如果只指定一个点，AutoCAD将把原始选择点作为基点，下一点作为位移点。

图12-61 复制面面板按钮　　图12-62 复制面菜单命令

12.5 编辑实体

在对三维实体进行编辑时，不仅可以对实体上单个表面和边线执行编辑操作，同时还可以对整个实体执行编辑操作。

12.5.1 创建倒角和圆角

【倒角】和【圆角】工具不仅在二维环境中

能够实现，同样使用这两种工具还能够对三维对象进行倒角和圆角处理。

❶ 三维倒角

在三维建模过程中创建倒角特征主要用于孔特征零件或轴类零件，为方便安装轴上其他零件，防止擦伤或者划伤其他零件和安装人员。在AutoCAD 2018中调用【倒角】有如下几种常用方法。

- ❧ 功能区：单击【实体编辑】面板上的【倒角边】工具按钮，如图12-63所示。
- ❧ 菜单栏：执行【修改】→【实体编辑】→【倒角边】命令，如图12-64所示。

图12-63 【倒角边】面板按钮

图12-64 【倒角边】菜单命令

执行上述任一命令后，根据命令行的提示，在【绘图区】选取绘制倒角所在的基面，按Enter键分别指定倒角距离，指定需要倒角的边线，按Enter键即可创建三维倒角，效果如图12-65所示。

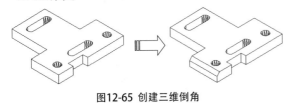

图12-65 创建三维倒角

❷ 三维圆角

在三维建模过程中创建圆角特征主要用在回转零件的轴肩处，以防止轴肩应力集中，在长时

间的运转中断裂。在AutoCAD 2018中调用【圆角】有如下几种常用方法。

- ❧ 功能区：单击【实体编辑】面板上的【圆角边】工具按钮，如图12-66所示。
- ❧ 菜单栏：执行【修改】→【实体编辑】→【圆角边】命令，如图12-67所示。

图12-66 【圆角边】面板按钮

图12-67 【圆角边】菜单命令

执行上述任一命令后，在【绘图区】选取需要绘制圆角的边线，输入圆角半径，按Enter键，其命令行出现"选择边或 [链(C)/环(L)/半径(R)]:"提示。选择【链】选项，则可以选择多个边线进行倒圆角；选择【半径】选项，则可以创建不同半径值的圆角，按Enter键即可创建三维倒圆角，如图12-68所示。

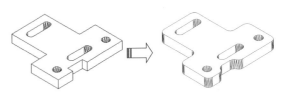

图12-68 创建三维圆角

12.5.2 ❖ 抽壳 ❖

通过执行【抽壳】操作可将实体以指定的厚度，形成一个空的薄层，同时还允许将某些指定面排除在壳外。指定正值从圆周外开始抽壳，指

定负值从圆周内开始抽壳。在AutoCAD 2018中调用【抽壳】有如下几种常用方法。

- 功能区：单击【实体编辑】面板上的【抽壳】工具按钮，如图12-69所示。
- 工具栏：单击【实体编辑】工具栏上的【抽壳】按钮 。
- 菜单栏：执行【修改】→【实体编辑】→【抽壳】命令，如图12-70所示。

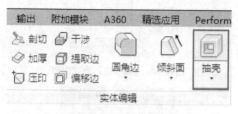

图12-69 【抽壳】面板按钮

图12-70 【抽壳】菜单命令

执行上述任一命令后，可根据设计需要保留所有面执行抽壳操作（即中空实体）或删除单个面执行抽壳操作，分别介绍如下。

❶ 删除抽壳面

该抽壳方式通过移除面形成内孔实体。执行【抽壳】命令，在绘图区选取待抽壳的实体，继续选取要删除的单个或多个表面并单击右键，输入抽壳偏移距离，按Enter键，即可完成抽壳操作，其效果如图12-71所示。

❷ 保留抽壳面

该抽壳方法与删除面抽壳操作不同之处在于：该抽壳方法是在选取抽壳对象后，直接按Enter键或单击右键，并不选取删除面，而是输入抽壳距离，从而形成中空的抽壳效果，如图12-72所示。

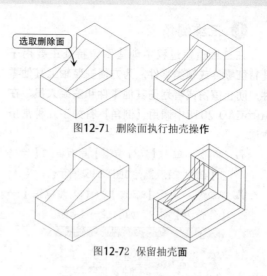

图12-71 删除面执行抽壳操作

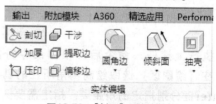

图12-72 保留抽壳面

12.5.3 剖切实体

在绘图过程中，为了表达实体内部的结构特征，可假想一个与指定对象相交的平面或曲面，将该实体剖切从而创建新的对象。可根据设计需要通过指定点、选择曲面或平面对象来定义剖切平面。在AutoCAD 2018中调用【剖切】有如下几种常用方法。

- 命令行：在命令行中输入"SLICE/SL"。
- 功能区：单击【实体编辑】面板中的【剖切】工具按钮，如图12-73所示。
- 菜单栏：执行【修改】→【三维操作】→【剖切】命令，如图12-74所示。

图12-73 【剖切】面板按钮

图12-74 【剖切】菜单命令

执行上述任一命令后，就可以通过剖切现有实体来创建新实体。作为剖切平面的对象可以是曲面、圆、椭圆、圆弧或椭圆弧、二维样条曲线和二维多段线。在剖切实体时，可以保留剖切实体的一半或全部。剖切实体不保留创建它们的原始形式的记录，只保留原实体的图层和颜色特性，如图12-75所示。

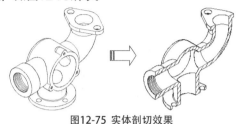

图12-75 实体剖切效果

图12-76 【加厚】面板按钮

图12-77 【加厚】菜单命令

12.5.4 加厚曲面

在三维建模环境中，可以将网格曲面、平面曲面或截面曲面等多种曲面类型的曲面通过加厚处理形成具有一定厚度的三维实体。

在AutoCAD 2018中调用【加厚】命令有如下几种常用方法。

- ♣ 命令行：在命令行中输入"THICKEN"。
- ♣ 功能区：单击【实体编辑】面板上的【加厚】工具按钮，如图12-76所示。
- ♣ 菜单栏：执行【修改】→【三维操作】→【加厚】命令，如图12-77所示。

执行上述任一命令后即可进入【加厚】模式，直接在【绘图区】选择要加厚的曲面，然后单击右键或按Enter键后，在命令行中输入厚度值并按Enter键确认，即可完成加厚操作，如图12-78所示。

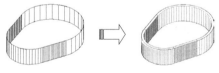

图12-78 曲面加厚

12.6 干涉检查

【干涉检查】通过从两个或多个实体的公共体积创建临时组合三维实体，来亮显重叠的三维实体，如果定义了单个选择集，干涉检查将对比检查集合中的全部实体。如果定义了两个选择集，干涉检查将对比检查第一个选择集中的实体与第二个选择集中的实体。如果在两个选择集中都包括了同一个三维实体，干涉检查将此三维实体视为第一个选择集中的一部分，而在第二个选择集中忽略它。

在AutoCAD 2018中调用【干涉检查】有如下几种常用方法。

- ♣ 命令行：在命令行中输入"INTERFERE"。
- ♣ 功能区：单击【实体编辑】面板上的【干涉】工具按钮，如图12-79所示。
- ♣ 菜单栏：执行【修改】→【三维操作】→【干涉检查】命令，如图12-80所示。

图12-79 【干涉】检查面板按钮

图12-80 【干涉检查】菜单命令

执行上述任一命令后，命令行提示如下。

选择第一组对象或 [嵌套选择(N)/设置(S)]:

默认情况下，选择第一组对象后，按Enter键，命令行将显示"选择第二组对象或 [嵌套选择(N)/检查第一组(K)] <检查>:"提示，此时按Enter键，将弹出【干涉检查】对话框，如图12-81所示。

【干涉检查】对话框可以使用户在干涉对象之间循环并缩放干涉对象，也可以指定关闭对话框时是否删除干涉对象。其中，在【干涉对象】选项区域中，显示执行【干涉检查】命令时在每组对象的数目及在期间找到的干涉数目；在【显亮】选项区域中，可以通过【上一个】和【下一个】按钮，在对象中循环时亮显干涉对象，通过选中【缩放对】复选框缩放干涉对象；通过【缩放】、【平移】和【三维动态观测器】按钮，来缩放、移动和观察干涉对象。

在命令行的"选择第一组对象或 [嵌套选择(N)/设置(S)]:"提示下，选择【嵌套选择】选项，使用户可以选择嵌套在块和外部参照中的单个实体对象。此时命令行将显示"选择嵌套对象或 [退出(X)] <退出(X)>:"提示，可以选择嵌套

对象或按Enter键返回普通对象选择。在命令行的"选择第一组对象或 [嵌套选择(N)/设置(S)]:"提示下，选择【设置】选项，系统弹出【干涉设置】对话框，如图12-82所示。

图12-81 【干涉检查】对话框

图12-82 【干涉设置】对话框

【干涉设置】对话框用于控制干涉对象的显示。其中【干涉对象】选项区域用于指定干涉对象的视觉样式和颜色，确定亮显实体的干涉对象还是亮显从干涉点对中创建的干涉对象；【视口】选项区域则用于指定检查干涉时的视觉样式，图12-83所示为得到的显示干涉对象。

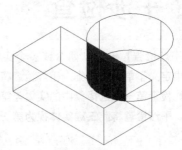

图12-83 显示干涉对象

12.7 综合实例

12.7.1 创建管道接口

绘制图12-84所示的管道接头三维实体模型，使读者了解三维实体图形的绘制工具以及编辑工具的使用。

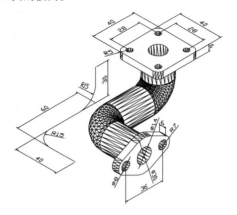

图12-84 管道接头

本实例的操作步骤如下。

1. 启动AutoCAD 2018并新建文件

单击【快速访问】工具栏中的【新建】按钮，系统弹出【选择样板】对话框，选择"acadiso.dwt"样板，单击【打开】按钮，进入 AutoCAD 绘图模式。

2. 绘制扫掠特征

01 ∗单击绘图区左上角的视图快捷控件，将视图切换至【东南等轴测】，此时绘图区呈三维空间状态，其坐标显示如图 12-85 所示。

02 ∗调用 L【直线】命令，绘制三维空间直线，如图 12-86 所示，其命令行提示如下。

```
命令: LINE ✓ //调用直线命令，绘制空间直线
指定第一点:
指定下一点或 [放弃(U)]: @-40,0,0✓
指定下一点或 [放弃(U)]: @0,60,0✓
指定下一点或 [闭合(C)/放弃(U)]: @0,0,30✓ //利用指定坐标值的方式绘制空间直线
```

03 ∗调用F【圆角】命令，绘制半径为15mm的圆角，如图 12-87 所示。

图12-85 东南等轴测　图12-86 绘制空间三维直线　图12-87 绘制圆角

04 ∗单击【坐标】面板中的【Z 轴矢量】按钮，在绘图区指定两点作为坐标系 Z 轴的方向，其新建坐标系如图 12-88 所示。

05 ∗调用 C【圆】命令，绘制直径分别为 26mm 和 14mm 的两个同心圆，如图 12-89 所示。

06 ∗调用 REG【面域】命令，然后在绘图区选择绘制的两个圆创建面域。

07 ∗创建面域求差，调用 SU【差集】命令，然后在绘图区选择直径为 26mm 的圆作为从中减去的面域，单击鼠标右键，选择直径为 14mm 的圆作为减去的面域，单击鼠标右键或按 Enter 键，完成面域求差操作。

08 ∗调用 SWEEP【扫掠】命令，选择直线为扫掠路径，选择面域为扫掠截面，生成图 12-90 所示实体模型。

图12-88 新建坐标系　图12-89 绘制圆　图12-90 扫掠实体图形

09 ∗单击【实体编辑】面板中的【拉伸面】工具按钮，在绘图区选择要拉伸的面，单击鼠标右键确定，在命令行输入 P，选择拉伸路径，完成拉伸面操作，如图 12-91 所示。

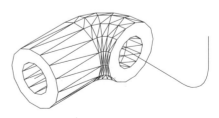

图12-91 拉伸面

10 ∗利用相同的方法拉伸其余的面，最终效果如图 12-92 所示。

③ 绘制法兰接口

01 ＊单击【坐标】面板中的【世界】按钮📷，返回到世界坐标系状态。

02 ＊单击【坐标】面板中的【UCS】按钮📐，在绘图区合适的位置单击，按 Enter 键，完成移动 UCS 坐标操作，如图 12-93 所示。

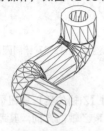 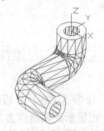

12-92 拉伸面完成效果　　图12-93 移动坐标系

03 ＊调用 REC【矩形】命令，绘制矩形，如图 12-94 所示，其命令行提示如下。

> 命令: RECTANG↙
> 指定第一个角点或 [倒角(C)/标高(E)/圆角(F)/厚度(T)/宽度(W)]: _from 基点:忽略倾斜、不按统一比例缩放的对象。<偏移>: 20,20↙
> 指定另一个角点或 [面积(A)/尺寸(D)/旋转(R)]: @-40,-40↙

04 ＊单击绘图区左上角的视图快捷控件，将视图切换至【俯视】，进入二维绘图模式。

05 ＊调用 C【圆】命令，根据命令行的提示，输入圆心坐标(14,14)，绘制半径为7mm的圆。重复操作，指定所绘制的矩形中心为圆心，绘制半径为14mm的圆，如图 12-95 所示。

06 ＊调用 AR【阵列】命令，设置行偏移和列偏移为 28mm，阵列上一步绘制的圆，如图 12-96 所示。

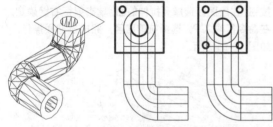

图12-94 绘制矩形　图12-95 绘制圆　图12-96 阵列图形

07 ＊调用 REG【面域】命令，将上面绘制的矩形和圆创建成面域。

08 ＊创建面域求差，调用 SU【差集】命令，然后在绘图区选择绘制的矩形作为从中减去的面域，单击鼠标右键，选择绘制的圆作为减去的面域，单击

鼠标右键或按 Enter 键，完成面域求差操作。

09 ＊调用 EXT【拉伸】命令，拉伸面域，指定高度为 6mm，如图 12-97 所示。

10 ＊调用倒圆角命令，绘制圆角特征，设置圆角半径为 5mm，如图 12-98 所示。

11 ＊单击【坐标】面板中的【面 UCS】按钮📄，在绘图区指定合适的平面，其新建坐标系如图 12-99 所示。

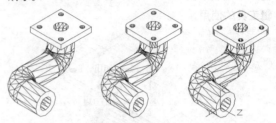

图12-97 拉伸面域　图12-98 绘制圆角　图12-99 新建坐标系

12 ＊调用 C【圆】命令，绘制圆图形，如图 12-100 所示，各圆大小及位置尺寸如图 12-84 所示。

13 ＊调用 L【直线】命令，捕捉切点绘制直线，如图 12-101 所示。

14 ＊调用 TR【修剪】命令，修剪多余的线条，如图 12-102 所示。

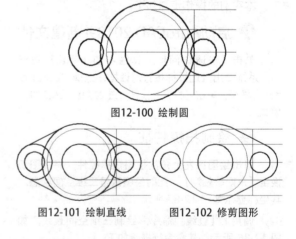

图12-100 绘制圆

图12-101 绘制直线　　　图12-102 修剪图形

15 ＊调用 REG【面域】命令，在绘图区选择绘制的图形，单击鼠标右键创建面域。

16 ＊创建求差面域，调用 SU【差集】命令，然后在绘图区选择要从中减去的面域，单击鼠标右键，选择要减去的圆孔面域，单击鼠标右键或按 Enter 键，完成面域求差操作。

17 ＊调用 EXT【拉伸】命令，拉伸面域，指定拉伸高度为 6mm，如图 12-103 所示。

18 ＊创建实体求和，调用 UNI【并集】命令，然后窗选所有的实体图形，单击鼠标右键，完成并集操作，如图 12-104 所示。着色后的三维实体图形如

图 12-105 所示。

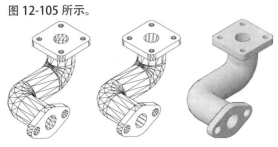

图12-103 拉伸面域 图12-104 并集后消 图12-105 着色图形
隐模式

12.7.2 绘制别墅实体模型

本例将根据别墅施工图创建别墅实体模型，以练习AutoCAD常用建模方法。别墅建筑平面及立面施工图如图12-106所示。

❶ 启动AutoCAD 2018并新建文件

单击【快速访问】工具栏中的【打开】按钮，打开配套光盘中的"别墅建模文件.dwg"，进入 AutoCAD 绘图模式。

图12-106 别墅平面及立面图

❷ 制作三视图

01 * 按 M 键启用【移动】工具，选择正立面与左立面图形，通过某参考点将其与平面图对齐，如图 12-107 所示。

图12-107 对齐平面与立面图

02 * 单击绘图区左上角的视图快捷控件，将视图切换至【东南等轴测】，并使用 3DROTATE【旋转】命令将别墅正立面旋转 90°，以方便创建模型，如图 12-108 所示。

图12-108 旋转正立面

03 * 重复类似的操作，调整左侧立面图与平面图的关系，如图 12-109 所示。

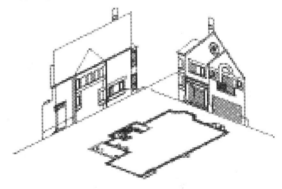

图12-109 旋转左立面

❸ 建立正立面模型

01 * 首先建立台阶模型，调用 REC【矩形】命令，捕捉平面图中的端点创建一个矩形，如图 12-110 所示。

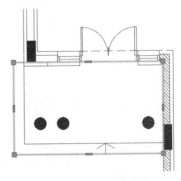

图12-110 创建矩形

02 * 输入 DI【测量】命令，测量到台阶高度为

150mm，如图 12-111 所示。

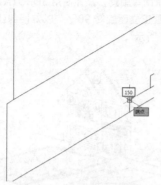

图12-111 测量台阶高度

03 ∗调用 EXT【拉伸】命令，选择创建好的矩形，将其拉伸 150mm，如图 12-112 所示。得到第一个台阶实体模型，如图 12-113 所示。

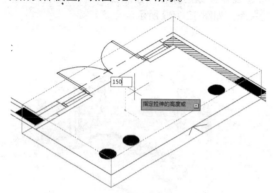

图12-112 拉伸台阶

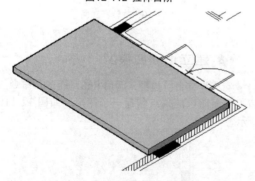

图12-113 得到台阶实体模型

04 ∗重复以上操作，完成第二个台阶实体模型的制作。

05 ∗接下来制作装饰圆柱实体模型。切换视图至右视图，输入 PL【多段线】命令，如图 12-114 所示勾勒半个圆柱轮廓。

06 ∗调用 REV【旋转】命令，得到图 12-115 所示的圆柱实体模型。

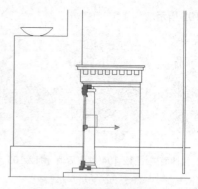

图12-114 勾勒圆柱轮廓

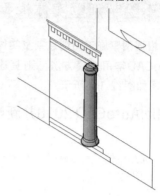

图12-115 通过旋转获得圆柱实体模型

07 ∗将视图转换至"俯视图"，调用 CO【复制】命令，对圆柱进行复制。

08 ∗单击绘图区左上角的视图快捷控件，将视图切换至【前视】，选择制作好的圆柱实体模型，参考平面图中标识的数量与位置，选择 DI【测量】命令和 M【移动】命令，移动得到图 12-116 所示的模型效果。

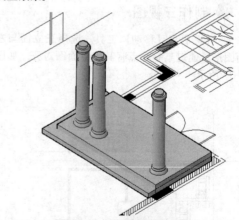

图12-116 复制并调整圆柱位置

09 ∗圆柱制作完成后，接下来制作其上方的门头造型，将视图切换至前视图，参考立面图，利用矩形工具绘制图 12-117 所示的矩形。

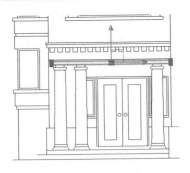

图12-117 绘制矩形

10 ✳在左侧立面图中测量其长度，如图 12-118 所示。然后利用 EXT【拉伸】命令得到实体模型，并调整其位置，如图 12-119 所示。

图12-118 测量长度

图12-119 调整位置

11 ✳重复类似的操作，完成门头效果，如图 12-120 所示。接下来进行其装饰细节的制作。

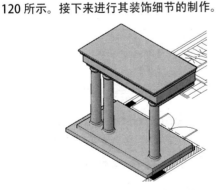

图12-120 门头效果

12 ✳调用 REC【矩形】命令，参考左侧立面图纸绘

制多个矩形，如图 12-121 所示。

图12-121 绘制多个矩形

13 ✳利用 EXT【拉伸】命令将其拉伸 50mm，得到实体模型，再利用旋转与复制工具完成图 12-122 所示的门头装饰细节的制作。

图12-122 绘制装饰细节

14 ✳再次调用 REC【矩形】、EXT【拉伸】命令，完成其上方造型的制作，得到门头的最终效果如图 12-123 所示。

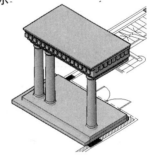

图12-123 门头完成效果

15 ✳制作右侧车库门墙体。首先参考正立面图，利用 PL【多段线】命令绘制轮廓线，如图 12-124 所示。

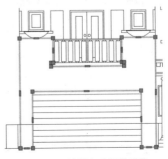

图12-124 绘制车库门轮廓线

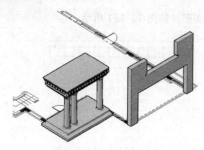

图12-125 拉伸实体

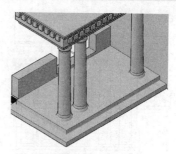

图12-129 拉伸墙垛实体

16 ＊选择轮廓线形将其拉伸 300mm，得到图 12-125 所示的实体模型效果。然后继续绘制图 12-126 所示的墙体模型。

17 ＊完成正立面右侧墙体的绘制后，调用 PL【多段线】、EXT【拉伸】以及 REV【旋转】命令，绘制图 12-127 所示的栏杆与花盆实体模型。

20 ＊调用 PL【多段线】命令，参考正立面图勾勒出图 12-130 所示轮廓线形。

21 ＊将其拉伸250mm得到实体模型，并调整其位置，如图 12-131 所示。

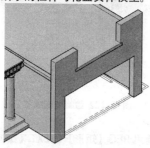

图12-126 绘制墙体

图12-130 绘制下层墙体轮廓线形

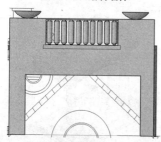

图12-127 绘制栏杆与花盆

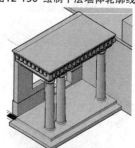

图12-131 拉伸墙体

18 ＊调用 PL【多段线】命令，绘制正立面左侧下层墙体，如图 12-128 所示。

19 ＊将其拉伸300mm，并调整其位置，如图 12-129 所示。再绘制其上方的墙体实体模型。

22 ＊调用 PL【多段线】命令，参考正立面图勾勒出图 12-132 所示的墙体线形。

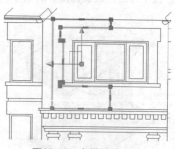

图12-132 勾勒墙体线形

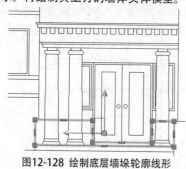

图12-128 绘制底层墙垛轮廓线形

23 ＊调用 MI【镜像】命令，复制出右侧的墙体线形，然后利用夹点编辑功能，调整其形状，如图 12-133 所示。

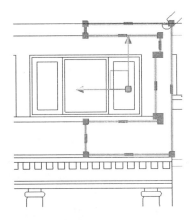

图12-133　调整左侧线形

24 ＊调整好轮廓线形后将其拉伸 250mm，得到图 12-134 所示的实体效果。

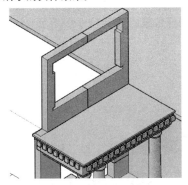

图12-134　拉伸出左侧墙体模型

25 ＊调用 PL【多段线】命令，参考正立面平面图勾勒出图 12-135 所示的墙体轮廓线形。

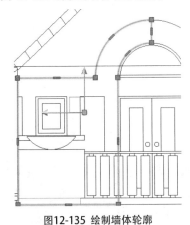

图12-135　绘制墙体轮廓

26 ＊选择轮廓线形将其拉伸 250mm，获得图 12-136 所示墙体实体模型。

27 ＊根据窗洞大小制作一个长方体，然后利用 SU【差集】运算，如图 12-137 所示制作出窗洞效果。

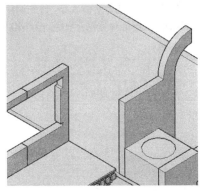

图12-136　拉伸墙体实体模型

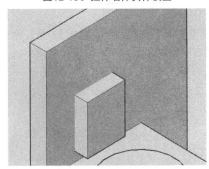

图12-137　布尔运算制作窗洞

28 ＊调用 MI【镜像】命令制作另一侧墙体模型，如图 12-138 所示。

图12-138　镜像右侧墙体

29 ＊完成第二层所有墙体的绘制后，最终调整墙体的位置如图 12-139 所示。

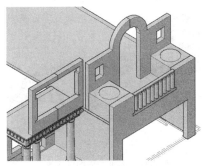

图12-139　调整墙体位置

30 ✳接下来制作上层墙体实体模型,首先调用PL【多段线】命令勾勒上层墙体线形,如图 12-140 所示。

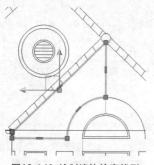

图12-140 绘制墙体轮廓线形

31 ✳调用 EXT【拉伸】命令、MI【镜像】命令,完成上层右侧墙体模型,如图 12-141 所示。

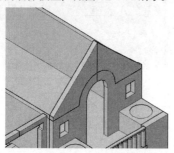

图12-141 上层右侧墙体实体模型

32 ✳调用 PL【多段线】、EXT【拉伸】命令以及布尔差集运算,完成上层左侧墙体模型,如图 12-142 所示。

图12-142 上层左侧墙体实体模型

33 ✳完成正立面的模型制作,使用类似的方法制作其他立面的墙体效果,如图 12-143 所示。

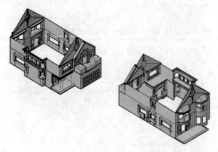

图12-143 其他立面的墙体效果

34 ✳完成墙体模型的制作后,再通过多段线工具与拉伸命令完成屋顶模型如图 12-144 所示。

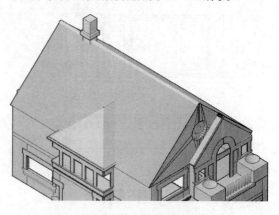

图12-144 制作屋顶模型

35 ✳根据图样中的门窗数据,绘制好所有门窗模型并调整好位置,如图 12-145 所示。最终别墅完成效果如图 12-146 所示。

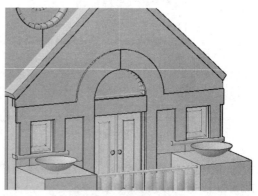

图12-145 制作门窗模型

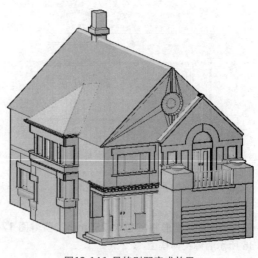

图12-146 最终别墅完成效果

12.8 习 题

1. 填空题

（1）在 AutoCAD 2018 中，可以通过对简单三维实体执行 _____、_____ 以及 _____ 布尔运算来绘制出复杂的三维实体。

（2）执行【修改】→【三维操作】菜单中的子命令，可以对三维空间中的对象进行 _____、_____、_____、_____、_____ 等操作。

（3）在进行三维矩形阵列时，需要指定的参数有 _____、_____ 和 _____。

2. 操作题

（1）绘制图 12-147 所示的各三维实体。

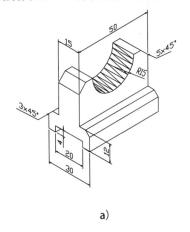 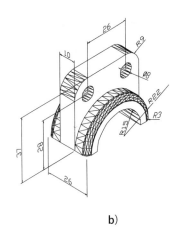

a)　　　　　　　　　　　　　　　　b)

图12-147 绘图练习

（2）利用图 12-148 所示的二维视图，绘制三维实体模型。

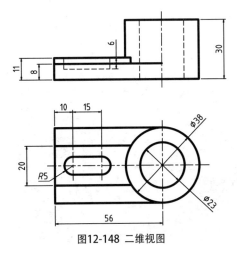

图12-148 二维视图

235

第 13 章

打印与输出

当完成所有的设计和制图工作之后，就需要将图形文件通过绘图仪或打印机输出为图样。本章主要讲述 AutoCAD 出图过程中涉及的一些问题，包括模型空间与图样空间的转换、打印样式、打印比例设置等。

本章主要内容：

❀ 创建和管理布局

❀ 打印图形

❀ 输出各种图形文件

❀ 输入 PDF 文件

13.1 模型空间与布局空间

模型空间和布局空间是AutoCAD的两个功能不同的工作空间，单击绘图区下面的标签页，可以在模型空间和布局空间切换，一个打开的文件中只有一个模型空间和两个默认的布局空间，用户也可创建更多的布局空间。

13.1.1 模型空间

当打开或新建一个图形文件时，系统将默认进入模型空间，如图13-1所示。模型空间是一个无限大的绘图区域，可以在其中创建二维或三维图形，以及进行必要的尺寸标注和文字说明。

模型空间对应的窗口称为模型窗口，在模型窗口中，十字光标在整个绘图区域都处于激活状态，并且可以创建多个不重复的平铺视口，以展示图形的不同视口，可以从不同的角度观测图形。在一个视口中对图形做出修改后，其他视口也会随之更新，如图13-2所示。

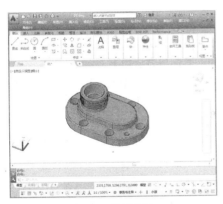

图13-1 模型空间

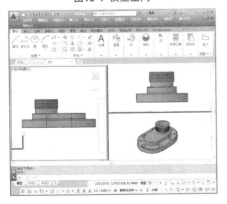

图13-2 模型空间的视口

13.1.2 布局空间

布局空间又称为图纸空间，主要用于出图。模型建立后，需要将模型打印到纸面上形成图样。使用布局空间可以方便地设置打印设备、纸张、比例尺、图样布局，并预览实际出图的效果，如图13-3所示。

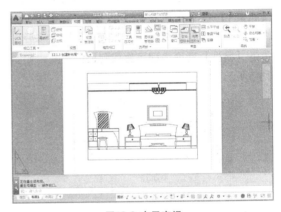

图13-3 布局空间

布局空间对应的窗口称为布局窗口，可以在同一个AutoCAD文档中创建多个不同的布局图，单击工作区左下角的各个布局按钮，可以从模型窗口切换到各个布局窗口，当需要将多个视图放在同一张图样上输出时，布局就可以很方便地控制图形的位置、输出比例等参数。

13.1.3 空间管理

右击绘图窗口下【模型】或【布局】选项卡，在弹出的快捷菜单中选择相应的命令，可以对布局进行删除、新建、重命名、移动、复制、页面设置等操作，如图13-4所示。

图13-4 【布局】快捷菜单

① 空间的切换

在模型中绘制完图样后，若需要进行布局打印，可单击绘图区左下角的布局空间选项卡，即【布局1】和【布局2】，进入布局空间，对图样打印输出的布局效果进行设置。设置完毕后，单击【模型】选项卡即可返回到模型空间，如图13-5所示。

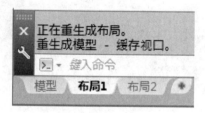

图13-5 空间切换

② 创建新布局

布局是一种图纸空间环境，它模拟显示图纸页面，提供直观的打印设置，主要用来控制图形的输出，布局中所显示的图形与图纸页面上打印出来的图形完全一样。

调用【创建布局】的方法如下。

- ♣ 菜单栏：执行【工具】→【向导】→【创建布局】命令，如图13-6所示。
- ♣ 命令行：在命令行中输入LAYOUT。
- ♣ 功能区：在【布局】选项卡中，单击【布局】面板中的【新建】按钮，如图13-7所示
- ♣ 快捷方式：右击绘图窗口下的【模型】或【布局】选项卡，在弹出的快捷菜单中，选择【新建布局】命令。

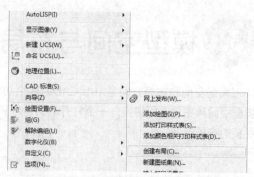

图13-6 从【菜单栏】调用【创建布局】命令

图13-7 从【功能区】调用【新建布局】命令

【创建布局】的操作过程与新建文件相差无几，同样可以通过功能区中的选项卡来完成。下面便通过一个具体案例来进行说明。

③ 插入样板布局

在AutoCAD中，提供了多种样板布局供用户使用。其创建方法如下。

- ♣ 菜单栏：执行【插入】→【布局】→【来自样板的布局】命令，如图13-8所示。
- ♣ 功能区：在【布局】选项卡中，单击【布局】面板中的【从样板】按钮，如图13-9所示。
- ♣ 快捷方式：右击绘图窗口左下方的布局选项卡，在弹出的快捷菜单中选择【来自样板】命令。

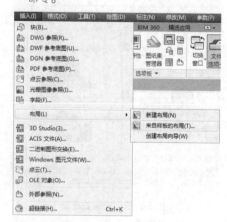

图13-8 从【菜单栏】调用【来自样板的布局】命令

图13-9 从【功能区】调用【从样板】新建布局命令

执行上述命令后，系统将弹出【从文件选择样板】对话框，可以在其中选择需要的样板创建布局。

④ 布局的组成

布局图中通常存在3个边界，如图13-10所示，最外层的是纸张边界，是在【纸张设置】中由纸张类型和打印方向确定的。靠里面的是一个

虚线线框打印边界，其作用就好像Word文档中的页边距一样，只有位于打印边界内部的图形才会被打印出来。位于图形四周的实线线框为视口边界，边界内部的图形就是模型空间中的模型，视口边界的大小和位置是可调的。

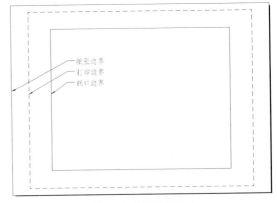

图13-10 布局图的组成

13.2 打印样式

在图形绘制过程中，AutoCAD可以为单个的图形对象设置颜色、线型、线宽等属性，这些样式可以在屏幕上直接显示出来。在出图时，有时用户希望打印出来的图样和绘图时图形所显示的属性有所不同，例如在绘图时一般会使用各种颜色的线型，但打印时仅以黑白打印。

打印样式的作用就是在打印时修改图形外观。每种打印样式都有其样式特性，包括端点、连接、填充图案，以及抖动、灰度等打印效果。打印样式特性的定义都以打印样式表文件的形式保存在AutoCAD的支持文件搜索路径下。

13.2.1 ◆ 打印样式的类型 ◆

AutoCAD中有两种类型的打印样式：【颜色相关样式（CTB）】和【命名样式（STB）】

♣ 颜色相关样式以对象的颜色为基础，共有255种颜色相关打印样式。在颜色相关打印样式模式下，通过调整与对象颜色对应的打印样式可以控制所有具有同种颜色的对象的打印方式。颜色相关样式表文件的后缀名为".ctb"。

♣ 命名样式可以独立于对象的颜色使用，可以给对象指定任意一种打印样式，不管对象的颜色是什么。命名样式表文件的后缀名为".stb"。

简而言之，".ctb"的打印样式是根据颜色来确定线宽的，同一种颜色只能对应一种线宽；而".stb"则是根据对象的特性或名称来指定线宽的，同一种颜色打印出来可以有两种不同的线宽，因为它们的对象可能不一样。

13.2.2 ◆ 打印样式的设置 ◆

使用打印样式可以多方面控制对象的打印方式，打印样式属于对象的一种特性，它用于修改打印图形的外观。用户可以设置打印样式来代替其他对象原有的颜色、线型和线宽等特性。在同一个AutoCAD图形文件中，不允许同时使用两种不同的打印样式类型，但允许使用同一类型的

多个打印样式。例如，若当前文档使用命名打印样式时，图层特性管理器中的【打印样式】属性项是不可用的，因为该属性只能用于设置颜色打印样式。

设置【打印样式】的方法如下。

☢ 菜单栏：执行【文件】→【打印样式管理器】命令。

☢ 命令行：在命令行中输入STYLESMANAGER。

执行上述任一命令后，系统自动弹出图13-11所示对话框。所有CTB和STB打印样式表文件都保存在这个对话框中。

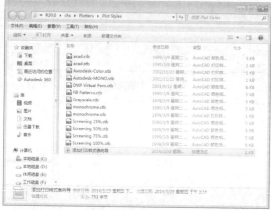

图13-11 打印样式管理器

双击【添加打印样式表向导】文件，可以根

据对话框提示逐步创建新的打印样式表文件。将打印样式附加到相应的布局图，就可以按照打印样式的定义进行打印了。

在系统盘的AutoCAD存储目录下，可以打开图13-11所示的【Plot Styles】文件夹，其中便存放着AutoCAD自带的10种打印样式（.ctp），各打印样式含义说明如下。

☢ acad.ctp：默认的打印样式表，所有打印设置均为初始值。

☢ fillPatterns.ctb：设置前 9 种颜色使用前 9 个填充图案，所有其他颜色使用对象的填充图案。

☢ grayscale.ctb：打印时将所有颜色转换为灰度。

☢ monochrome.ctb：将所有颜色打印为黑色。

☢ screening 100%.ctb：对所有颜色使用 100% 墨水。

☢ screening 75%.ctb：对所有颜色使用 75% 墨水。

☢ screening 50%.ctb：对所有颜色使用 50% 墨水。

☢ screening 25%.ctb：对所有颜色使用 25% 墨水。

13.3 布局图样

在正式出图之前，需要在布局窗口中创建好布局图，并对绘图设备、打印样式、纸张、比例尺和视口等进行设置。布局图显示的效果就是图样打印的实际效果。

13.3.1 创建布局

打开一个新的AutoCAD图形文件时，就已经存在了两个布局，即【布局1】和【布局2】。在布局图标签上右击，弹出快捷菜单。在快捷菜单中选择【新建布局】命令，可以新建更多的布局图。

【创建布局】命令的方法如下。

☢ 菜单栏：执行【插入】→【布局】→【新建布局】命令。

☢ 功能区：在【布局】选项卡中，单击【布局】面板中的【新建】按钮 。

☢ 命令行：在命令行中输入LAYOUT。

☢ 快捷方式：在【布局】选项卡上单击鼠标右键，在弹出的快捷菜单中选择【新建布局】命令。

上述介绍的方法所创建的布局，都与图形自带的【布局1】与【布局2】相同，如果要创建新的布局格式，只能通过布局向导来创建。下面通过一个例子来进行介绍。

13.3.2 ·调整布局·

创建好一个新的布局图后，接下来的工作就是对布局图中的图形位置和大小进行调整和布置。

❶ 调整视口

视口的大小和位置是可以调整的，视口边界实际上是在图样空间中自动创建的一个矩形图形对象，单击视口边界，4个角点上出现夹点，可以利用夹点拉伸的方法调整视口，如图13-12所示。

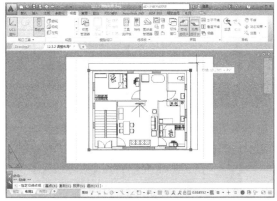

图 13-12 利用夹点调整视口

如果出图时只需要一个视口，通常可以调整视口边界到充满整个打印边界。

❷ 设置图形比例

设置比例尺是出图过程中最重要的一个步骤，该比例尺反映了图上距离和实际距离的换算关系。

AutoCAD制图和传统纸面制图在设置比例尺这一步骤上有很大的不同。传统制图的比例尺一开始就已经确定，并且绘制的是经过比例换算后的图形。而在AutoCAD建模过程中，在模型空间中始终按照1∶1的实际尺寸绘图。只有在出图时，才按照比例尺将模型缩放到布局图上进行出图。

如果需要观看当前布局图的比例尺，首先应在视口内部双击，使当前视口内的图形处于激活状态，然后单击工作区间右下角【图样】/【模型】切换开关，将视口切换到模式空间状态。然后打开【视口】工具栏。在该工具栏右边文本框中显示的数值，就是图样空间相对于模型空间的比例尺，同时也是出图时的最终比例。

❸ 在图样空间中增加图形对象

有时需要在出图时添加一些不属于模型本身的内容，例如制图说明、图例符号、图框、标题栏、会签栏等，此时可以在布局空间状态下添加这些对象，这些对象只会添加到布局图中，而不会添加到模型空间中。

13.4 视口

视口是在布局空间中构造布局图时涉及的一个概念，布局空间相当于一张空白的纸，要在其上布置图形时，先要在纸上开一扇窗，让存在于里面的图形能够显示出来，视口的作用就相当于这扇窗。可以将视口视为布局空间的图形对象，并对其进行移动和调整，这样就可以在一个布局内进行不同视图的放置、绘制、编辑和打印。视口可以相互重叠或分离。

13.4.1 ·删除视口·

打开布局空间时，系统就已经自动创建了一个视口，所以能够看到分布在其中的图形。

在布局中，选择视口的边界，如图13-13所示，按Delete键可删除视口，删除后，显示于该视口的图像将不可见，如图13-14所示。

图13-13 选择视口

图13-14 删除视口

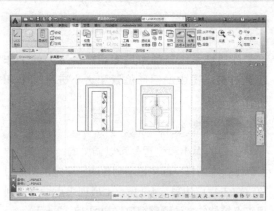

图13-16 创建多个视口

13.4.2 新建视口

系统默认的视口往往不能满足布局的要求，尤其是在进行多视口布局时，这时需要手动创建新视口，并对其进行调整和编辑。

【新建视口】的方法如下。

- 功能区：在【输出】选项卡中，单击【布局视口】面板中各按钮，可创建相应的视口。
- 菜单栏：执行【视图】→【视口】命令。
- 命令行：VPORTS。

❶ 创建标准视口

执行上述命令下的【新建视口】子命令后，将打开【视口】对话框，如图 13-15 所示。在【新建视口】选项卡的【标准视口】列表中可以选择要创建的视口类型，在右边的预览窗口中可以进行预览。可以创建单个视口，也可以创建多个视口（见图 13-16），还可以选择多个视口的摆放位置。

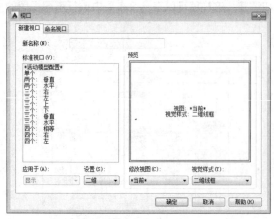

图 13-15 【视口】对话框

调用多个视口的方法如下。

- 功能区：在【布局】选项卡中，单击【布局视口】中的各按钮，如图13-17所示。
- 菜单栏：执行【视图】→【视口】命令，如图13-18所示。
- 命令行：VPORTS。

图13-17 从【功能区】调用【视口】命令

图13-18 从【菜单栏】调用【视口】命令

❷ 创建特殊形状的视口

执行上述命令中的【多边形视口】命令，可以创建多边形的视口，如图13-19所示。甚至还可以在布局图样中手动绘制特殊的封闭对象边界，如多边形、圆、样条曲线或椭圆等，然后使用【对象】命令，将其转换为视口，如图13-20所示。

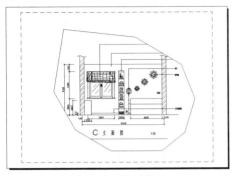

图13-19 多边形视口

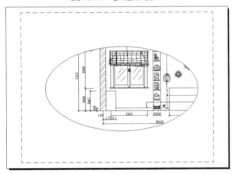

图13-20 转换为视口

视口创建后，为了使其满足需要，还需要对视口的大小和位置进行调整，相对于布局空间，视口和一般的图形对象没有什么区别，每个视口均被绘制在当前层上，且采用当前层的颜色和线型。因此可使用通常的图形编辑方法来编辑视口。例如，可以通过拉伸和移动夹点来调整视口的边界，如图13-21所示。

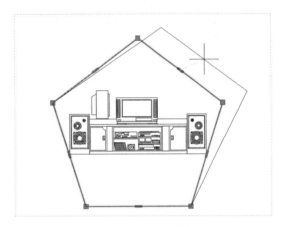

图13-21 利用夹点调整视口

13.5 页面设置

页面设置是出图准备过程中的最后一个步骤，打印的图形在进行布局之前，先要对布局的页面进行设置，以确定出图的纸张大小等参数。页面设置包括打印设备、纸张、打印区域、打印方向等参数的设置。页面设置可以命名保存，可以将同一个命名页面设置应用到多个布局图中，也可以从其他图形中输入命名页面设置并将其应用到当前图形的布局中，这样就避免了在每次打印前都进行打印设置的麻烦。

页面设置在【页面设置管理器】对话框中进行，调用【新建页面设置】的方法如下。

☘ 菜单栏：执行【文件】→【页面设置管理器】命令，如图13-22所示。

☘ 命令行：在命令行中输入PAGESETUP。

☘ 功能区：在【输出】选项卡中，单击【布局】面板或【打印】面板中的【页面设置管理器】按钮，如图13-23所示。

☘ 快捷方式：右击绘图窗口下的【模型】或【布局】选项卡，在弹出的快捷菜单中，选择【页面设置管理器】命令。

图13-22 从【菜单栏】调用【页面设置管理器】命令

图13-23 从【功能区】调用【页面设置管理器】命令

执行该命令后，将打开【页面设置管理器】对话框，如图13-24所示，对话框中显示了已存在的所有页面设置的列表。通过右击页面设置，或单击右边的工具按钮，可以对页面设置进行新建、修改、删除、重命名和当前页面设置等操作。

图13-24 【页面设置管理器】对话框

单击对话框中的【新建】按钮，新建一个页面，或选中某页面设置后单击【修改】按钮，都将打开图13-25所示的【页面设置】对话框。在该对话框中，可以进行打印设备、图样、打印区域、比例等选项的设置。

图13-25 【页面设置】对话框

13.5.1 指定打印设备

【打印机/绘图仪】选项组用于设置出图的绘图仪或打印机。如果打印设备已经与计算机或网络系统正确连接，并且驱动程序也已经正常安装，那么在【名称】下拉列表框中就会显示该打印设备的名称，可以选择需要的打印设备。

AutoCAD将打印介质和打印设备的相关信息储存在后缀名为.pc3的打印配置文件中，这些信息包括绘图仪配置设置指定端口信息、光栅图形和矢量图形的质量、图样尺寸以及取决于绘图仪类型的自定义特性。这样使得打印配置可以用于其他AutoCAD文档，能够实现共享，避免了反复设置。

单击功能区【输出】选项卡【打印】组面板中的【打印】按钮，系统弹出【打印-模型】对话框，如图13-26所示。在对话框【打印机／绘图仪】功能框的【名称】下拉列表中选择要设置的名称选项，单击右边的【特性】按钮，系统弹出【绘图仪配置编辑器】对话框，如图13-27所示。

图13-26 【打印-模型】对话框

图13-27 【绘图仪配置编辑器】对话框

切换到【设备和文档设置】选项卡，选择各个节点，然后进行更改即可。在这里，如果更改了设置，所做更改将出现在设置名旁边的尖括号 (< >) 中。修改过其值的节点图标上还会显示一个复选标记。

对话框中共有【介质】、【图形】、【自定义特性】和【用户定义图纸尺寸与校准】这4个主节点，除【自定义特性】节点外，其余节点均有子菜单。下面对各个节点进行介绍。

★ 【介质】节点

该节点可指定纸张来源、大小、类型和目标，在点选此选项后，在【尺寸】选项列表中指定。有效的设置取决于配置的绘图仪支持的功能。对于 Windows 系统打印机，必须使用"自定义特性"节点配置介质设置。

★ 【图形】节点

为打印矢量图形、光栅图形和 TrueType 文字指定设置。根据绘图仪的性能，可修改颜色深度、分辨率和抖动。可为矢量图形选择彩色输出或单色输出。在内存有限的绘图仪上打印光栅图像时，可以通过修改打印输出质量来提高性能。如果使用支持不同内存安装总量的非系统绘图仪，则可以提供此信息以提高性能。

★ 【自定义特性】节点

点选【自定义特性】选项，单击【自定义特性】按钮，系统弹出【PDF选项】对话框，如图13-28所示。在此对话框中可以修改绘图仪配置的特定设备特性。每一种绘图仪的设置各不相同。如果绘图仪制造商没有为设备驱动程序提供"自定义特性"对话框，则"自定义特性"选项不可用。对于某些驱动程序，例如 ePLOT，这是显示的唯一树状图选项。对于 Windows 系统打印机，多数设备特有的设置在此对话框中完成。

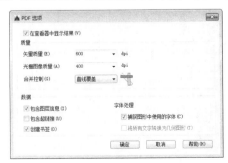

图13-28 【PDF特性】对话框

★ 【用户定义图纸尺寸与校准】主节点

用户定义图纸尺寸与校准节点。将 PMP 文件附着到 PC3 文件，校准打印机并添加、删除、修订或过滤自定义图纸尺寸，具体步骤介绍如下。

01 ＊在【绘图仪配置编辑器】对话框中点选【自定义图纸尺寸】选项，单击【添加】按钮，系统弹出【自定义图纸尺寸 - 开始】对话框，如图 13-29 所示。

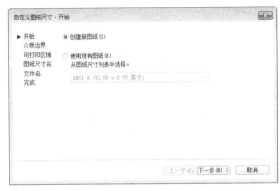

图13-29 【自定义图纸尺寸-开始】对话框

02 ＊在对话框中选择【创建新图纸】单选项，或者选择现有的图纸进行自定义，单击【下一步】按钮，系统跳转到【自定义图纸尺寸 - 介质边界】对话框，如图 13-30 所示。在文本框中输入介质边界的宽度和高度值，这里可以设置非标准 A0、A1、A2 等规格的图框，有些图形需要加长打印便可在此设置。并确定单位名称为毫米。

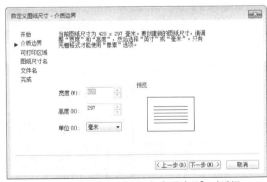

图13-30 【自定义图纸尺寸-介质边界】对话框

03 ＊再单击【下一步】按钮，系统跳转到自定义图纸尺寸 - 可打印区域对话框，如图 13-31 所示。在对话框中可以设置图纸边界与打印边界的距离，即设置非打印区域。大多数驱动程序根据与图纸边界的指定距离来计算可打印区域。

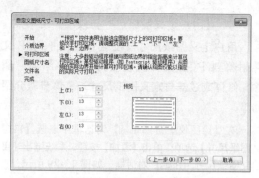

图13-31 【自定义图纸尺寸-可打印区域】对话框

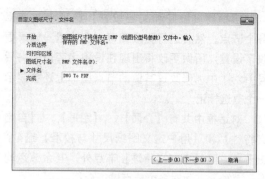

图13-33 【自定义图纸尺寸-文件名】对话框

04 ＊单击【下一步】按钮，系统跳转到【自定义图纸尺寸 - 图纸尺寸名】对话框，如图 13-32 所示。在【文件名】文本框中输入图纸尺寸名称。

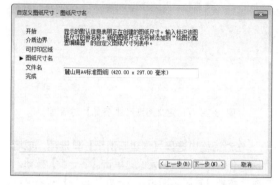

图 13-32 【自定义图纸尺寸-图纸尺寸名】对话框

05 ＊单击对话框【下一步】按钮，系统跳转到【自定义图纸尺寸 - 文件名】对话框，如图 13-33 所示。在【PMP 文件名】文本框中输入文件名称。PMP 文件可以跟随 PC3 文件。输入完成单击【下一步】按钮，再单击【完成】按钮。至此完成整个自定义图纸尺寸的设置。

在配置编辑器中可修改标准图纸尺寸。通过节点可以访问"绘图仪校准"和"自定义图纸尺寸"向导，方法与自定义图纸尺寸方法类似。如果正在使用的绘图仪已校准过，则绘图仪型号参数（PMP）文件包含校准信息。如果 PMP 文件还未附着到正在编辑的 PC3 文件中，那么必须创建关联才能够使用 PMP 文件。如果创建当前 PC3 文件时在"添加绘图仪"向导中校准了绘图仪，则 PMP 文件已附着。使用"用户定义的图纸尺寸和校准"下面的"PMP 文件名"选项将 PMP 文件附着到或拆离正在编辑的 PC3 文件。

除此之外，dwg图纸还可以通过命令将选定对象输出为不同格式的图像，例如使用JPGOUT命令导出JPG图像文件、使用BMPOUT命令导出BMP图像文件、使用TIFOUT命令导出TIF图像文件、使用WMFOUT命令导出Windows图元文件等，但是导出的这些格式的图像分辨率很低，如果图形比较大，就无法满足印刷的要求，如图13-34所示。

图13-34 分辨率很低的图像文件

不过，学习了指定打印设备的方法后，就可以通过修改图纸尺寸的方式，来输出高分辨率的jpg图片。下面通过一个例子来介绍具体的操作方法。

13.5.2 ▪ 设定图纸尺寸 ▪

在【图纸尺寸】下拉列表框中选择打印出图时的纸张类型，控制出图比例。

工程制图的图纸有一定的规范尺寸，一般采用英制A系列图纸尺寸，包括A0、A1、A2等标准型号，以及A0+、A1+等加长图纸型号。图纸加长的规定是：可以将边延长1/4或1/4的整数倍，最多可以延长至原尺寸的两倍，短边不可延长。标准图纸尺寸见表13-1。

表 13-1 标准图纸尺寸

图纸型号	长宽尺寸
A0	1189mm×841mm
A1	841mm×594mm
A2	594mm×420mm
A3	420mm×297mm
A4	297mm×210mm

新建图纸尺寸的步骤为首先在打印机配置文件中新建一个或若干个自定义尺寸，然后保存为新的打印机配置大3文件。这样，以后需要使用自定义尺寸时，只需要在【打印机/绘图仪】对话框中选择该配置文件即可。

13.5.3 ▪ 设置打印区域 ▪

在使用模型空间打印时，一般在【打印】对话框中设置打印范围，如图13-35所示。

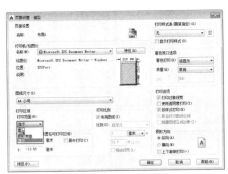

图 13-35 设置打印范围

【打印范围】下拉列表用于确定设置图形中需要打印的区域，其各选项含义如下。

- ❧ 【布局】：打印当前布局图中的所有内容。该选项是默认选项，选择该项可以精确地确定打印范围、打印尺寸和比例。
- ❧ 【窗口】：用窗选的方法确定打印区域。单击该按钮后，【页面设置】对话框暂时消失，系统返回绘图区，可以用鼠标在模型窗口中的工作区间拉出一个矩形窗口，该窗口内的区域就是打印范围。使用该选项确定打印范围简单方便，但是不能精确比例尺和出图尺寸。
- ❧ 【范围】：打印模型空间中包含所有图形对象的范围。
- ❧ 【显示】：打印模型窗口当前视图状态下显示的所有图形对象，可以通过ZOOM命令调整视图状态，从而调整打印范围。

在使用布局空间打印图形时，单击【打印】面板中的【预览】按钮，预览当前的打印效果。图签有时会出现部分不能完全打印的状况，如图13-36所示，这是因为图签大小超越了图纸可打印区域的缘故。可以通过【绘图配置编辑器】对话框中的【修改标准图纸尺寸（可打印区域）】选择重新设置图纸的可打印区域来解决，如图13-37所示的虚线表示了图纸的可打印区域。

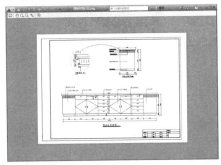

图 13-36 打印预览

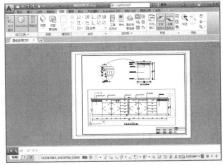

图 13-37 可打印区域

单击【打印】面板中的【绘图仪管理器】按钮，系统弹出【Plotters】对话框，如图 13-38 所示，双击所设置的打印设备。系统弹出【绘图配置编辑器】，在对话框单击选择【修改标准图纸尺寸（可打印区域）】选项，重新设置图纸的可打印区域，如图 13-39 所示。也可以在【打印】对话框中选择打印设备后，再单击右边的【特性】按钮，打开【绘图仪配置编辑器】对话框。

图 13-38 【Plotters】对话框

图 13-39 绘图仪配置编辑器

在【修改标准图纸尺寸】栏中选择当前使用的图纸类型（即在【页面设置】对话框中的【图纸尺寸】列表中选择的图纸类型），如图 13-40 所示光标所在的位置（不同打印机有不同的显示）。

单击【修改】按钮，弹出【自定义图纸尺寸】对话框，如图 13-41 所示，分别设置上、下、左、右页边距（使打印范围略大于图框即可），两次单击【下一步】按钮，再单击【完成】按钮，返回【绘图仪配置编辑器】对话框，单击【确定】按钮关闭对话框。

图 13-40 选择图纸类型

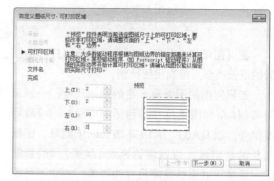

图 13-41 【自定义图纸尺寸】对话框

修改图纸可打印区域之后，此时布局效果如图 13-42 所示（虚线内表示可打印区域）

在命令行中输入 LAYER，调用【图层特性管理器】命令，系统弹出【图层特性管理器】对话框，将视口边框所在图层设置为不可打印，如图 13-43 所示，这样视口边框将不会被打印。

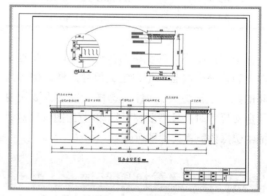

图 13-42 布局效果

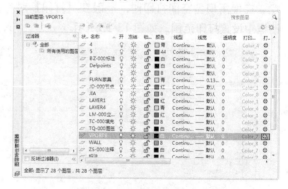

图 13-43 设置视口边框图层属性

再次预览打印效果，如图 13-44 所示，图形可以正确打印。

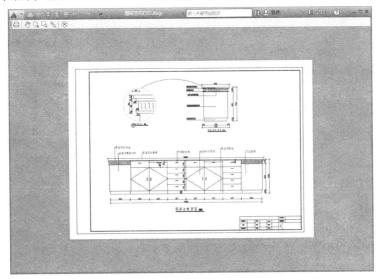

图 13-44 修改页边距后的打印效果

13.5.4 设置打印偏移

【打印偏移】选项组用于指定打印区域偏离图样左下角的 X 方向和 Y 方向偏移值，一般情况下，都要求出图充满整个图样，所以设置 X 和 Y 偏移值均为 0，如图 13-45 所示。

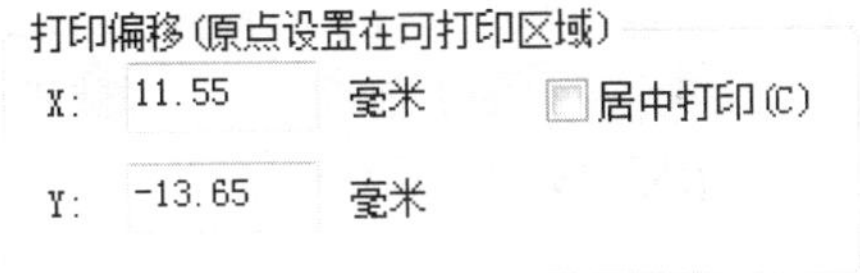

打印偏移(原点设置在可打印区域)

X: 11.55 毫米 □居中打印(C)

Y: -13.65 毫米

图 13-45 【打印偏移】设置选项

通常情况下打印的图形和纸张的大小一致，不需要修改设置。选中【居中打印】复选框，则图形居中打印。这个【居中】是指在所选纸张 A1、A2 等尺寸的基础上居中，也就是 4 个方向上各留空白，而不只是卷筒纸的横向居中。

13.5.5 设置打印比例

1. 打印比例

【打印比例】选项组用于设置出图比例尺。在【比例】下拉列表框中可以精确设置需要出图的比例尺。如果选择【自定义】选项，则可以在下方的文本框中设置与图形单位等价的英寸数来创建自定义比例尺。

如果对出图比例尺和打印尺寸没有要求，可以直接选中【布满图样】复选框，这样 AutoCAD会将打印区域自动缩放到充满整个图样。

【缩放线框】复选框用于设置线宽值是否按打印比例缩放。通常要求直接按照线宽值打印，而不按打印比例缩放。

在 AutoCAD 中，有两种方法控制打印出图比例。

- 在打印设置或页面设置的【打印比例】区域设置比例，如图 13-46 所示。
- 在图纸空间中使用视口控制比例，然后按照 1:1 打印。

图 13-46 【打印比例】设置选项

2. 图形方向

工程制图多需要使用大幅的卷筒纸打印，在使用卷筒纸打印时，打印方向包括两个方面的问题：第一，图纸阅读时所说的图纸方向，是横宽还是竖长；第二，图形与卷筒纸的方向关系，是顺着出纸方向还是垂直于出纸方向。

在 AutoCAD 中分别使用图纸尺寸和图形方向来控制最后出图的方向。在【图形方向】区域

可以看到小示意图 >，其中白纸表示设置图纸尺寸时选择的图纸尺寸是横宽还是竖长，字母A表示图形在纸张上的方向。

13.5.6 ▪ 指定打印样式表 ▪

【打印样式表】下拉列表框用于选择已存在的打印样式，从而非常方便地用设置好的打印样式替代图形对象的原有属性，并体现到出图格式中。

13.5.7 ▪ 设置打印方向 ▪

在【图形方向】选项组中选择纵向或横向打印，选中【反向打印】复选框，可以允许在图样中上下颠倒地打印图形。

13.6 打印

在完成上述的所有设置工作后，就可以开始打印出图了。

调用【打印】命令的方法如下。

♣ 功能区：在【输出】选项卡中，单击【打印】面板中的【打印】按钮🖨。

♣ 菜单栏：执行【文件】→【打印】命令。

♣ 命令行：PLOT。

♣ 快捷操作：Ctrl+P。

在AutoCAD中打印分为两种形式：模型打印和布局打印。

13.6.1 ▪ 模型打印 ▪

在模型空间中，执行【打印】命令后，系统弹出【打印】对话框，如图13-47所示，该对话框与【页面设置】对话框相似，可以进行出图前的最后设置。

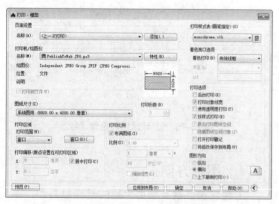

图13-47 模型空间【打印】对话框

13.6.2 ▪ 布局打印 ▪

在布局空间中，执行【打印】命令后，系统

弹出【打印】对话框，如图 13-48所示。可以在【页面设置】选项组中的【名称】下拉列表框中直接选中已经定义好的页面设置，这样就不必再反复设置对话框中的其他设置选项了。

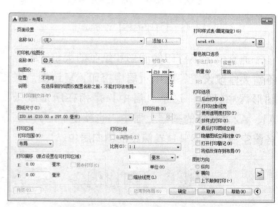

图 13-48 布局空间【打印】对话框

布局打印又分为单比例打印和多比例打印。单比例打印就是当一张图纸上多个图形的比例相同时，就可以直接在模型空间内插入图框出图了。而布局多比例打印可以对不同的图形指定不同的比例来进行打印输出。

13.7 文件的输出

AutoCAD拥有强大、方便的绘图能力，有时利用其绘图后，需要将绘图的结果用于其他程序，在这种情况下，需要将AutoCAD图形输出为通用格式的图像文件，如JPG、PDF等。

13.7.1 输出为dxf文件

dxf是Autodesk公司开发的用于AutoCAD与其他软件之间进行CAD数据交换的CAD数据文件格式。

不同类型的计算机（如PC及其兼容机与SUN工作站具体不同的CPU用总线）哪怕是用同一版本的文件，其dwg文件也是不可交换的。为了克服这一缺点，AutoCAD提供了dxf类型文件，其内部为ASCII码，这样不同类型的计算机可通过交换dxf文件来达到交换图形的目的，由于dxf文件可读性好，用户可方便地对它进行修改、编程，达到从外部图形进行编辑、修改的目的。

将AutoCAD图形输出为.dxf文件后，就可以导入至其他的建模软件中打开，如UG、Creo、草图大师等。dxf文件适用于AutoCAD的二维草图输出。下面以一个简单的图形输出为例。

01 ＊打开要输出 dxf 的素材文件 "第 13 章 /13.7.1 输出 dxf 文件 .dwg"，如图 13-49 所示。

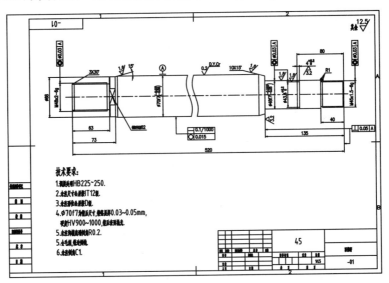

图13-49 素材文件

02 ＊单击【快速访问】工具栏【另存为】按钮，或按快捷键 Ctrl+Shift+S，打开【图形另存为】对话框，选择输出路径，输入新的文件名，在【文件类型】下拉列表中选择【AutoCAD2000/LT2000 图形（*.dxf）】选项，如图 13-50 所示。

03 ＊在建模软件中导入生成 13.7.1 .dxf 文件，具体方法请见各软件有关资料，最终效果如图 13-51所示。

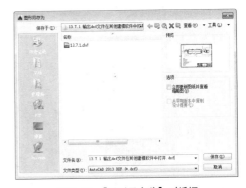

图13-50 【图形另存为】对话框

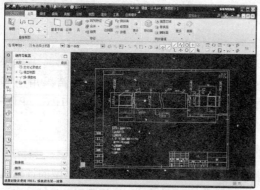

图13-51 在其他软件（UG）中导入的dxf文件

图13-53 输出其他格式

13.7.2 输出为stl文件

stl文件是一种平板印刷文件，可以将实体数据以三角形网格面形式保存，一般用来转换AutoCAD的三维模型。近年来发展迅速的3D打印技术就需要使用该种文件格式。除了3D打印之外，stl数据还用于通过沉淀塑料、金属或复合材质的薄图层的连续性来创建对象。生成的部分和模型通常用于以下方面。

❖ 可视化设计概念，识别设计问题。

❖ 创建产品实体模型、建筑模型和地形模型，测试外形、拟合和功能。

❖ 为真空成型法创建主文件。

除了专业的三维建模，AutoCAD 2016所提供的三维建模命令也可以使得用户创建出自己想要的模型，并通过输出stl文件来进行3D打印，下面以一个简单的图形输出为例。

01 ❖ 打开素材文件"第 13 章 /13.7.2 输出 stl 文件并用于 3D 打印 .dwg"，其中已经创建好了一个三维模型，如图 13-52 所示。

02 ❖ 单击【应用程序】按钮 ▲，在弹出的快捷菜单中选择【输出】选项，在右侧的输出菜单中选择【其他格式】命令，如图 13-53 所示。

03 ❖ 系统自动打开【输出数据】对话框，在文件类型下拉列表中选择【平板印刷（*.stl）】选项，单击【保存】按钮，如图 13-54 所示。

04 ❖ 单击【保存】按钮后系统返回绘图界面，命令行提示选择实体或无间隙网络，手动将整个模型选中，然后按 Enter 键完成选择，即可在指定路径生成 stl 文件，如图 13-55 所示。

05 ❖ 该 stl 文件可支持 3D 打印，具体方法请参阅 3D 打印的有关资料。

图13-54 【输出数据】对话框

图13-52 素材模型

13.7.2 输出stl文件并用于3D打印.stl

图13-55 输出.stl文件

13.7.3 输出为PDF文件

PDF（Portable Document Format意为"便携式文档格式"）由Adobe Systems用于与应用程序、操作系统、硬件无关的方式进行文件交换所发展出的文件格式。PDF文件以PostScript语言图像模型为基础，无论在哪种打印机上都可保证精确的颜色和准确的打印效果，即PDF会忠实地再现原稿的每一个字符、颜色以及图像。

PDF这种文件格式与操作系统平台无关，也就是说，PDF文件不管是在Windows、Unix还是在苹果公司的Mac OS操作系统中都是通用的。这一特点使它成为在Internet上进行电子文档发行和数字化信息传播的理想文档格式。越来越多的电子图书、产品说明、公司文告、网络资料、电子邮件在开始使用PDF格式文件。

对于AutoCAD用户来说，掌握PDF文件的输出尤为重要。因为有些客户并非设计专业，在他们的计算机中不会装有AutoCAD或者简易的DWF Viewer，这样进行设计图交流的时候就会很麻烦：直接通过截图的方式交流，截图的分辨率又太低；打印成高分辨率的jpeg图形又不好添加批注等信息。这时就可以将dwg图形输出为PDF，既能高清地还原AutoCAD图纸信息，又能添加批注，更重要的是PDF普及度高，任何平台、任何系统都能有效打开。下面以一个简单的图形输出为例进行介绍。

01 * 打开素材文件"第 13 章 /13.7.3 输出 PDF 文件供客户快速查阅 .dwg"，其中已经绘制好了一幅完整的图样，如图 13-56 所示。

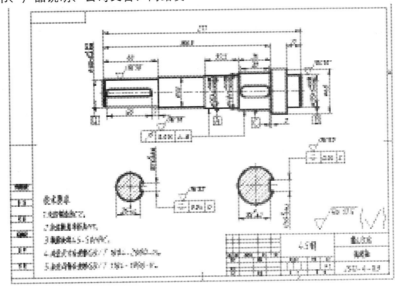

图13-56 素材模型

02 * 单击【应用程序】按钮▲，在弹出的快捷菜单中选择【输出】选项，在右侧的输出菜单中选择【PDF】，如图 13-57 所示。

03 * 系统自动打开【另存为 PDF】对话框，在对话框中指定输出路径、文件名，然后在【PDF 预设】下拉列表框中选择【AutoCAD PDF（High Quality Print）】，即"高品质打印"，读者也可以自行选择要输出 PDF 的品质，如图 13-58 所示。

图13-57 输出PDF文件

图13-58 【另存为PDF】对话框

04 ✳ 在对话框的【输出】下拉列表中选择【窗口】，系统返回绘图界面，然后点选素材图形的对角点即可，如图 13-59 所示。

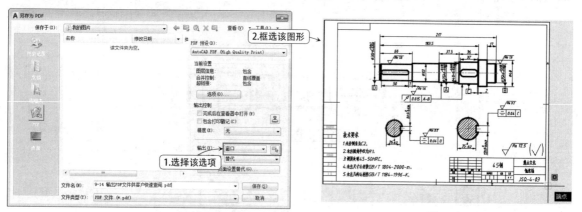

图13-59 定义输出窗口

05 ✳ 在对话框的【页面设置】下拉列表中选择【替代】，再单击下方的【页面设置替代】按钮，打开【页面设置替代】对话框，在其中定义好打印样式和图纸尺寸，如图 13-60 所示。

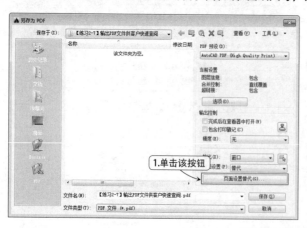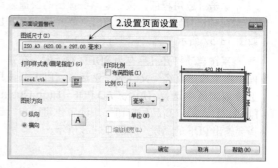

图13-60 定义页面设置

06 ✳ 单击【确定】按钮返回【另存为 PDF】对话框，再单击【保存】按钮，即可输出 PDF，效果如图 13-61 所示。

254

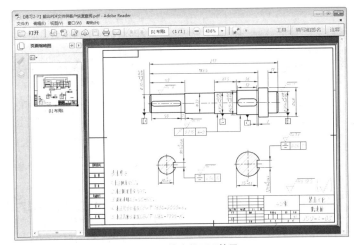

图13-61 输出的PDF效果

13.7.4 ■ 图纸的批量输出与打印 ■

图纸的【批量输出】或【批量打印】，历来是读者问询较多的问题。很多时候都只能通过安装AutoCAD的插件来完成，但这些插件并不稳定，使用效果也差强人意。

其实在AutoCAD中，可以通过【发布】功能来实现批量打印或输出的效果，最终的输出格式可以是电子版文档，如PDF、DWF，也可以是纸质文件。下面通过一个具体案例来进行说明。

01 ＊打开素材文件"第 13 章 /13.7.4 批量输出PDF 文件 .dwg"，其中已经绘制好了 4 张图纸，如图 13-62 所示。

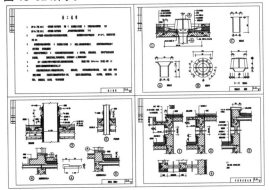

图13-62 素材文件

02 ＊在状态栏中可以看到已经创建好了对应的 4个布局，如图 13-63 所示。每一个布局对应一张图纸，并控制该图纸的打印。

模型 热工说明 管道泛水屋面出口图 铸铁章图 平屋面天窗大样图 ＋

图13-63 素材创建好的布局

操作技巧

如需打印新的图纸，读者可以自行新建布局，然后分别将各布局中的视口对准至要打印的部分即可。

03 ＊单击【应用程序】按钮▲，在弹出的快捷菜单中选择【发布】选项，打开【发布】对话框，在【发布为】下拉列表中选择【PDF】选项，在【发布选项】中定义发布位置，如图 13-64 所示。

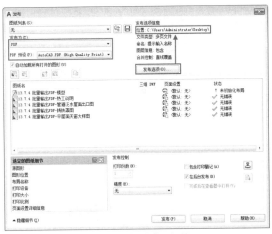

图13-64 【发布】对话框

04 ＊在【图纸名】列表栏中可以查看到要发布为DWF 的文件，用鼠标右键单击其中的任一文件，在弹出的快捷菜单中选择【重命名图纸】选项，如图 13-65 所示，为图形输入合适的名称。最终效果如图 13-66 所示。

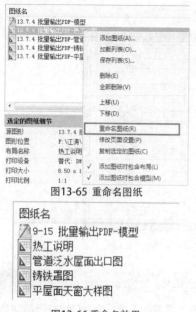

图13-65 重命名图纸

图13-66 重命名效果

05 ＊设置无误后，单击【发布】对话框中的【发布】按钮，打开【指定 PDF 文件】对话框，在【文件名】文本框中输入发布后 PDF 文件的文件名，单击【选择】按钮即可发布，如图 13-67 所示。

图13-67 【指定DWF文件】对话框

06 ＊如果是第一次进行 PDF 发布，会打开【发布 - 保存图纸列表】对话框，如图 13-68 所示，单击【否】按钮即可。

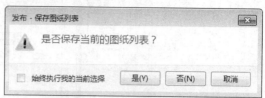

图13-68 【发布-保存图纸列表】对话框

07 ＊此时 AutoCAD 弹出的对话框如图 13-69 所示，开始处理 PDF 文件的输出；输出完成后在状态栏右下角出现图 13-70 所示的提示，PDF 文件即输出完成。

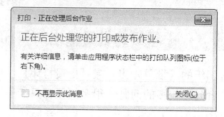

图13-69 【打印-正在处理后台作业】对话框

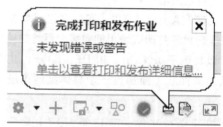

图13-70 完成打印和发布作业的提示

08 ＊打开输出后的 PDF 文件，效果如图 13-71 所示。

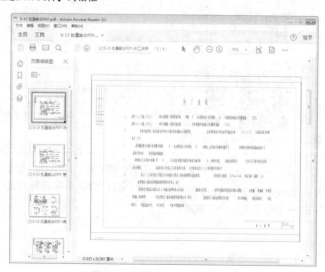

图13-71 DWF Viewer软件界面

13.7.5 ■■ 输入PDF文件 ※新功能※ ■

在之前的版本中，AutoCAD 已经实现了包括输出PDF在内的多种图形格式文件的功能。但是反过来，将PDF、JPEG等图形格式文件转换为可编辑的DWG文件功能却始终没能实现。

而这次AutoCAD 2018的升级中，终于实现了将PDF文件无损转换为DWG文件的功能，尤其是从AutoCAD 图形生成的 PDF 文件（包含 SHX 文字），甚至可以将文字也存储为几何对象。用户可以在软件中使用 PDFSHXTEXT 命令将 SHX 几何图形重新转换为文字。此外，TXT2MTXT 命令已通过多项改进得到增强，可以用于强制执行文字的均匀行距选项。下面通过一个具体案例来进行说明。

01 ＊双击桌面上的 AutoCAD 2018 快捷图标，启动软件，然后单击【标准】工具栏上的【新建】按钮 □，新建一空白的图纸对象。

02 ＊单击【应用程序】按钮 █，在弹出的快捷菜单中选择【输入】选项，在右侧的输出菜单中选择【PDF】，如图 13-72 所示。

图13-72 输入PDF

03 ＊此时命令行提示在绘图区中选择 PDF 图像，或者执行"文件（F）"命令，打开保存在计算机中其他位置的 PDF 文件。

04 ＊此处可直接按 Enter 键或空格键，执行"文件（F）"命令，打开"选择 PDF 文件"对话框，然后定位至"第 13 章 / 齿轮 .pdf"文件，如图 13-73 所示。

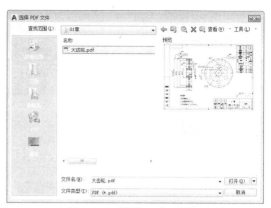

图13-73 【选择PDF】对话框

05 ＊此时单击对话框中的"打开"按钮，系统自动转到【输入 PDF】对话框，如图 13-74 所示。在其中可以按要求自行设置各项参数。

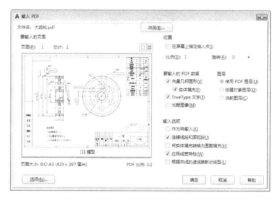

图13-74 【输入PDF】对话框

06 ＊参数设置完毕后，单击"确定"按钮，即可将PDF文件导入至AutoCAD 2018，如图 13-75 所示。

07 ＊使用该新功能导入的图形文件，具备 DWG 图形的一切属性，可以被单独选择、编辑、标注，对象上也有夹点，如图 13-76 所示。而不是像之前版本一样被视作一个单一的整体。

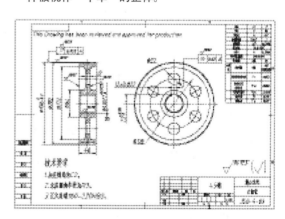

图13-75 由PDF转换而来的DWG图形

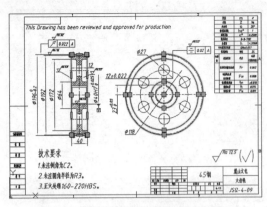

图13-76 转换后的图形具有DWG图形的效果

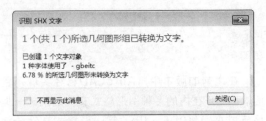

图13-77 【识别SHX文字】对话框

08 ✴ 使转换后图形中的文字对象被分解为若干零散的直线对象，不具备文字的属性，此时可在命令中输入 PDFSHXTEXT 指令，然后选择要转换为文字的部分，单击 Enter 键弹出【识别 SHX 文字】对话框，提示转换成功，如图 13-77 所示。

09 ✴ 文字对象转换前后的对比如图 13-78 所示。

专家点拨

从 PDF 转换至 DWG 文件后，文字对象只能通过 PDFSHXTEXT 指令再次执行转换，才可以变为可识别和编辑的 AutoCAD 文本（即多行文字、单行文字命令创建的文本）。且目前只对英文文本有效，汉字仍不能通过 PDFSHXTEXT 进行转换。

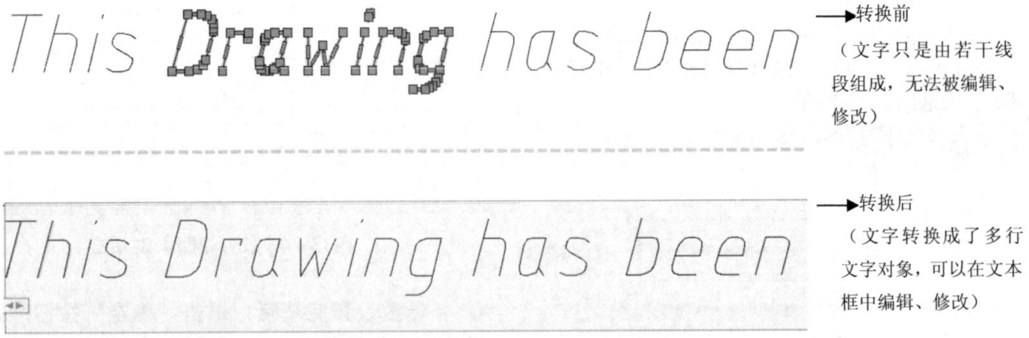

This Drawing has been ──► 转换前
（文字只是由若干线段组成，无法被编辑、修改）

This Drawing has been ──► 转换后
（文字转换成了多行文字对象，可以在文本框中编辑、修改）

图13-78 转换前后的文字选择效果对比

13.8 综合实例

13.8.1 ▪ 打印零件图形 ▪

单比例打印通常用于打印简单的图形，机械图纸多为此种方法打印。通过本实战的操作，熟悉布局空间的创建、多视口的创建、视口的调整、打印比例的设置、图形的打印等。

01 ✴ 单击【快速访问】工具栏中的【打开】按钮 📂，打开配套光盘提供的"第 13 章 /13.8.1 打印零件图 .dwg"素材文件，如图 13-79 所示。

02 ✴ 按 Ctrl+P 组合键，弹出【打印】对话框。然后在【名称】下拉列表框中选择所需的打印机，本例以【DWG To PDF.pc3】打印机为例。该打印机可以打印出 PDF 格式的图形。

03 ✴ 设置图纸尺寸。在【图纸尺寸】下拉列表框中选择【ISO full bleed A3（420.00 x 297.00 毫米）】选项，如图 13-80 所示。

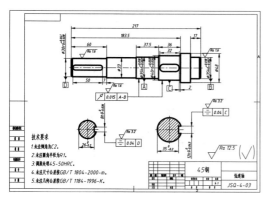

图13-79 素材文件

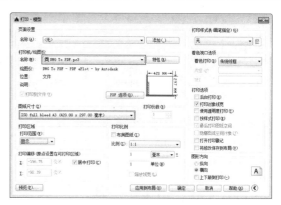

图13-80 指定打印机

04 ＊设置打印区域。在【打印范围】下拉列表框中选择【窗口】选项，系统自动返回至绘图区，在其中框选出要打印的区域即可，如图 13-81 所示。

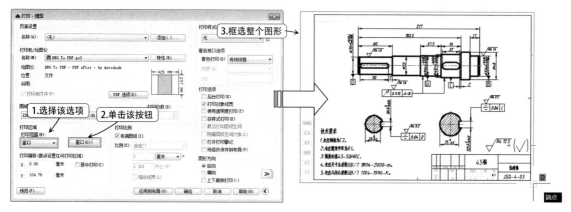

图13-81 设置打印区域

05 ＊设置打印偏移。返回【打印】对话框之后，勾选【打印偏移】选项区域中的【居中打印】选项，如图 13-82 所示。

06 ＊设置打印比例。取消勾选【打印比例】选项区域中的【布满图纸】选项，然后在【比例】下拉列表中选择 1:1 选项，如图 13-83 所示。

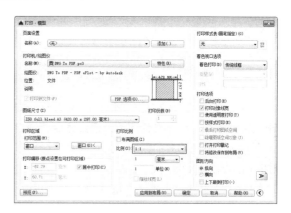

图13-83 设置打印比例

07 ＊设置图形方向。本例图框为横向放置，因此在【图形方向】选项区域中选择打印方向为【横向】，如图 13-84 所示。

08 ＊打印预览。所有参数设置完成后，单击【打印】对话框左下角的【预览】按钮进行打印预览，效果如图 13-85 所示。

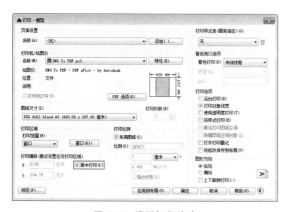

图13-82 设置打印偏移

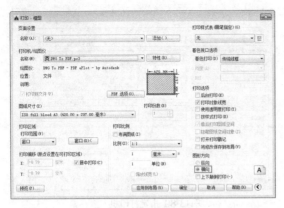

图13-84 设置图形方向

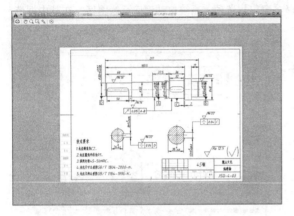

图13-85 打印预览

09 ＊打印图形。图形显示无误后，便可以在预览窗口中单击鼠标右键，在弹出的快捷菜单中选择【打印】选项，即可输出打印。

13.8.2 ▪ 输出高清的jpg图片 ▪

在13.7节中已经介绍了几种常见文件的输出，除此之外，dwg文件还可以通过命令将选定对象输出为不同格式的图像，如具有高清分辨率的jpg图片格式文件。

01 ＊打开"第 13 章 /13.8.2 输出高清的 JPG 图片 .dwg"，其中绘制好了某公共绿地平面图，如图 13-86 所示。

02 ＊按 Ctrl+P 组合键，弹出【打印 - 模型】对话框。然后在【名称】下拉列表框中选择所需的打印机，本例要输出 JPG 图片，便选择【PublishToWeb JPG. pc3】打印机，如图 13-87 所示。

图13-86 素材文件

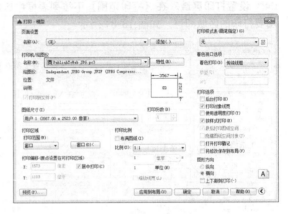

图13-87 指定打印机

03 ＊单击【PublishToWeb JPG.pc3】右边的【特性】按钮 特性(R)... ，系统弹出【绘图仪配置编辑器】对话框，选择【用户定义图纸尺寸与校准】节点下的【自定义图纸尺寸】，然后单击右下方的【添加】按钮，如图 13-88 所示。

04 ＊系统弹出【自定义图纸尺寸 - 开始】对话框，选择【创建新图纸】单选项，然后单击【下一步】按钮，如图 13-89 所示。

图13-88 【绘图仪配置编辑器】对话框

图13-89 【自定义图纸尺寸-开始】对话框

05 ＊调整分辨率。系统跳转到【自定义图纸尺寸 - 介质边界】对话框，这里会提示当前图形的分辨率，可以酌情进行调整，本例修改分辨率如图 13-90 所示。

图13-90 调整分辨率

操作技巧

设置分辨率时，要注意图形的长宽比与原图一致。如果所输入的分辨率与原图长、宽不成比例，则会失真。

06 ＊单击【下一步】按钮，系统跳转到【自定义

图纸尺寸 - 图纸尺寸名】对话框，在【名称】文本框中输入图纸尺寸名称，如图 13-91 所示。

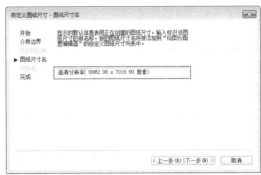

图13-91 【自定义图纸尺寸-介质边界】对话框

07 ＊单击【下一步】按钮，再单击【完成】按钮，完成高清分辨率的设置。返回【绘图仪配置编辑器】对话框后单击【确定】按钮，再返回【打印 - 模型】对话框，在【图纸尺寸】下拉列表中选择刚才创建好的【高清分辨率】，如图 13-92 所示。

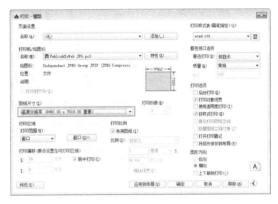

图13-92 选择图纸尺寸（即分辨率）

08 ＊单击【确定】按钮，即可输出高清分辨率的 JPG 图片，局部截图效果如图 13-93 所示（也可打开素材中的效果文件进行观察）。

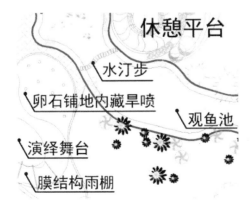

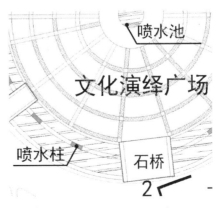

图13-93 局部效果

13.9 习题

❶ 填空题

（1）在 AutoCAD 2018 中，使用【输入文件】对话框，可以输入 _____、_____ 和 _____ 图形格式文件。

（2）通过 AutoCAD 的 _____ 功能，可将电子图形文件发布到 Internet 上，所创建的文件以 Web 图形格式保存。

（3）使用 _____ 命令可以从图纸空间切换到模型空间。

❷ 操作题

绘制图 13-94 所示的零件图，并将其发布为 DWF 文件，然后使用 Autodesk DWF Viewer 预览发布的图形。

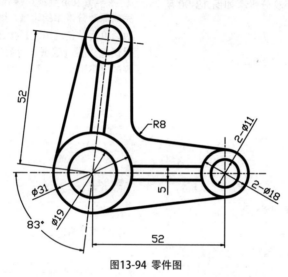

图13-94 零件图

第14章

综合实例

本章综合运用前面章节所学的知识，深入讲解 AutoCAD 在机械设计、建筑设计、室内设计、电气设计以及工业设计等行业的应用和绘图技法，以达到学以致用的目的。

本章主要内容:
- ❀ 机械设计
- ❀ 建筑设计
- ❀ 室内设计
- ❀ 电气设计
- ❀ 工业设计

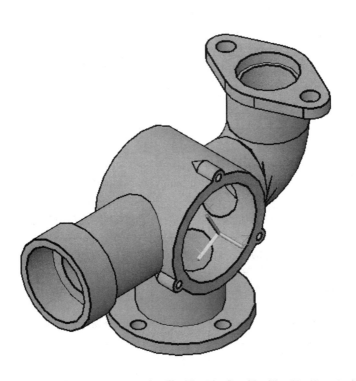

14.1 二维机械零件图绘制

机械制图是用图样确切表示机械的结构形状、尺寸大小、工作原理和技术要求的学科，而AutoCAD则是实现该目的的一种工具。使用AutoCAD可以更加方便、快捷和精确地绘制机械图形。

本节以绘制图14-1所示的摇臂零件为例，讲解机械绘图的方法和技巧。

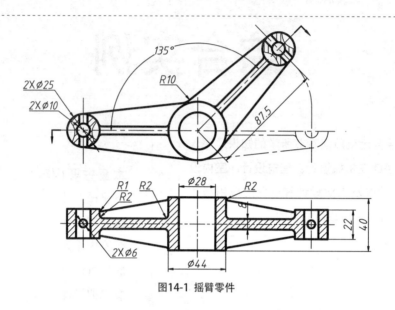

图14-1 摇臂零件

❶ 设置图层

用AutoCAD绘制零件图时各种线条要分层，这样便于管理和更改，尤其是图形复杂时。首先建立几个常用的图层，每个图层上的线条类型不同，或者宽度不同。

建立图层，图上的线条类型有轮廓线、中心线、剖面线，根据这几个线条类型和线宽建立图层，见表14-1所示。

表 14-1 图层设置

序号	图层名	描述内容	线宽	线型	颜色	打印属性
1	轮廓线	绘制图形轮廓	0.3mm	实线(CONTINUOUS)	白色	打印
2	细实线	绘制辅助线或断面线	默认	实线(CONTINUOUS)	白色	打印
3	中心线	绘制中心线或辅助线	默认	点画线(CENTER)	红色	打印
4	标注线	绘制标注、文字等内容	默认	实线(CONTINUOUS)	绿色	打印
5	虚线	绘制隐藏对象或运动轮廓	默认	虚线(DASHED)	紫色	打印
6	剖面线	绘制剖面线	默认	实线(CONTINUOUS)	蓝色	打印

01 ＊启动 AutoCAD2016, 新建名为"摇臂 .dwg"的文件, 在图层中单击【图层特性】, 弹出【图层特性管理器】选项板, 单击【新建图层】按钮 ⇗, 如图 14-2 所示。

图14-2 新建图层

02 ＊按前面章节介绍的方法创建"轮廓线""中心线""虚线"和"标注线"等图层, 最终完成效果如图 14-3 所示。

图14-3 最终效果图

2 创建俯视图

01 ＊将"中心线"图层置为当前, 然后在命令行中输入 L, 执行【直线】命令, 指定任意点为起点, 绘制一长度为 220mm 的水平线段, 在线段中间绘制一长度为 50mm 的竖直线段, 按 Enter 键结束操作。输入 O 执行【偏移】命令, 将竖直中心线向左偏移 87.5mm, 效果如图 14-4 所示。

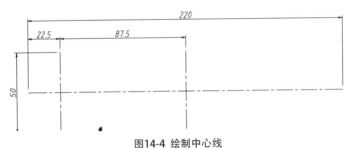

图14-4 绘制中心线

02 ＊将"轮廓线"图层置为当前, 执行【直线】命令, 绘制两条辅助线, 水平直线长度为 100mm, 垂直直线长度为 20mm, 如图 14-5 所示。

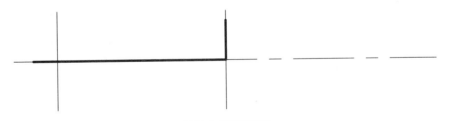

图14-5 绘制辅助线

03 ＊单击【修改】面板中的【偏移】 ⿺ 按钮, 将水平辅助线向上依次偏移 4mm、9mm、11mm、18mm 和 20mm; 将垂直辅助线向左依次偏移 14mm、22mm、75mm、82mm、93mm 和 100mm, 效果如图 14-6 所示。

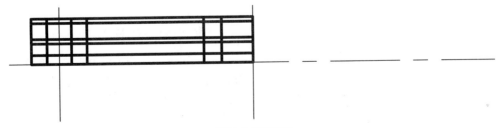

图14-6 偏移直线

04 ＊修剪图形。在命令行中输入 TR，执行【修剪】命令，修剪多余线段，修剪效果如图 14-7 所示。

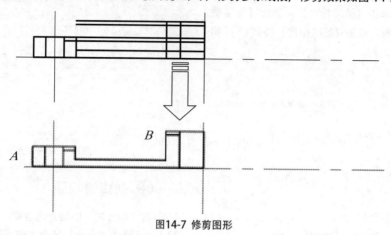

图14-7 修剪图形

05 ＊执行【直线】命令，连接图 14-7 的 A、B 两点，然后输入 F 执行【圆角】命令，对线段进行圆角处理，圆角半径分别为 1mm 和 2mm，结果如图 14-8 所示。

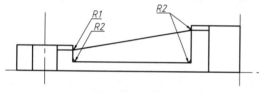

图14-8 圆角图形

06 ＊在命令行中输入 TR，执行【修剪】命令，修剪多余图形修剪效果如图 14-9 所示。

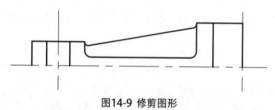

图14-9 修剪图形

07 ＊单击【修改】面板中的【镜像】按钮，框选所绘制的轮廓图形为镜像对象，单击右键完成选择，然后捕捉水平中心线的两个端点，以此为镜像中心线，接着按 Enter 键确认【镜像】操作，效果如图 14-10 所示。

08 ＊输入 C 执行【圆】命令，以交点为圆心，绘制半径为 3mm 的圆，如图 14-11 所示。

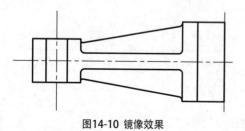

图14-10 镜像效果

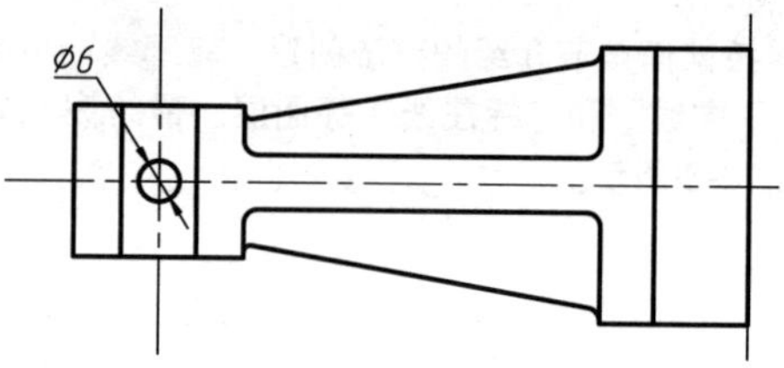

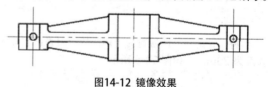

图14-11 绘制圆形

09 ＊继续单击【修改】面板中的 MI【镜像】按钮，以垂直中心线为镜像线，效果如图 14-12 所示。

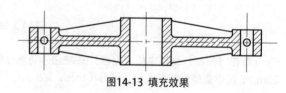

图14-12 镜像效果

10 ＊将【剖面线】设置为当前图层，单击【绘图】面板中的【图案填充】按钮，选择填充图案为【ANSI31】，填充比例为 1，角度为 0，进行填充，结果如图 14-13 所示。

图14-13 填充效果

3. 创建主视图

01 ＊将"中心线"图层置为当前，单击【绘图】面板中的 L【直线】按钮，在俯视图上方绘制一条水平中心线和两条垂直中心线，长度值分别为 220mm、50mm 和 50mm，效果如图 14-14 所示。

02 ＊将 "虚线" 图层置为当前, 在命令行中输入 RAY, 执行【射线】命令, 选取左侧圆与水平中心线的交点, 绘制射线, 效果如图 14-15 所示。

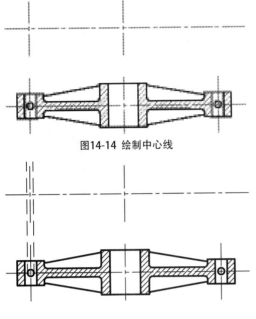

图14-14 绘制中心线

图14-15 绘制射线

03 ＊将 "轮廓线" 图层置为当前, 使用 C【圆】命令, 以中心线的交点为圆心, 分别绘制图 14-16 所示的圆。

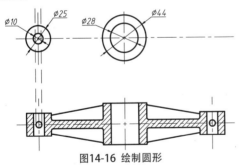

图14-16 绘制圆形

04 ＊单击【绘图】面板中的【直线】按钮 ／, 绘制两个圆的公切线, 如图 14-17 所示。

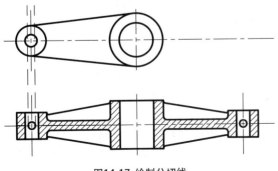

图14-17 绘制公切线

05 ＊单击【修改】面板中的【偏移】按钮 ⌷, 将水平中心线分别向上、向下偏移 3mm, 如图 14-18 所示。

06 ＊使用 TR【修剪】和 F【圆角】命令, 配合绘制, 圆角半径为 2mm, 结果如图 14-19 所示。

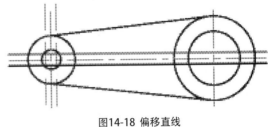

图14-18 偏移直线

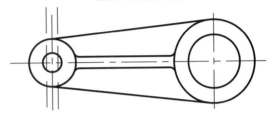

图14-19 修剪和圆角后的效果图

07 ＊单击虚线, 将【图层】切换至 "轮廓线", 配合【修剪】命令对两直线进行修剪, 效果图如图 14-20 所示。

08 ＊将 "细实线" 图层置为当前, 然后单击【绘图】面板中的【样条曲线】按钮 ∿, 绘制曲线。然后执行 H【图案填充】命令, 进行填充, 效果如图 14-21 所示。

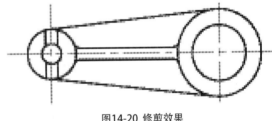

图14-20 修剪效果

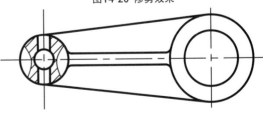

图14-21 局部剖效果

09 ＊单击【修改】面板中的【镜像】按钮 ⚎, 框选所绘制的轮廓图形为镜像对象, 单击右键完成选择, 然后捕捉竖直中心线的两个端点, 以此为镜像中心线, 接着按 Enter 键确认【镜像】操作, 结构如图 14-22 所示。

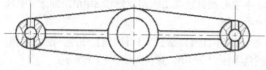

图14-22 镜像效果

10 ＊旋转复制图形。执行 RO【旋转】命令，捕捉上一步中镜像的对象，按 Enter 键确认后，捕捉中间两中心线的交点作为基点，在命令行中输入字母 C，确认后输入旋转角度为 45°，如图 14-23 所示。

11 ＊单击【修改】面板中的 TR【修剪】按钮 -/--，修剪效果如图 14-24 所示。

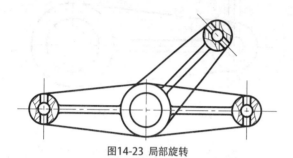

图14-23 局部旋转

图14-24 修剪图形

操作技巧

当机件内部结构用一个剖视平面不能完全表达，且这个机件在整体上又具有回转轴时，可采用两个相交于该回转轴的剖切面剖开，并把倾斜平面剖开的结构旋转到与选定的基本投影面平行，然后进行投影，这样既反映了倾斜结构的实形，又便于画图。

12 ＊将"中心线"图层置为当前，输入 C 执行【圆】命令，在命令行中输入 T，分别选取两条中心线为切线，输入半径为 44mm，如图 14-25 所示。

13 ＊下面进行修剪及删除。单击【修改】面板中的 TR【修剪】按钮 -/--，修剪效果如图 14-26 所示。

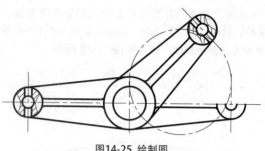

图14-25 绘制圆

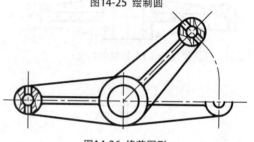

图14-26 修剪图形

14 ＊转换线型。选择上一步中修剪剩下的对象，然后将图层切换至"中心线"。输入 F 执行【圆角】命令，设置圆角半径为 10mm，结果如图 14-27 所示。

15 ＊将"细实线"图层置为当前，在命令行中输入 LE，执行【快速引线】命令，绘制剖切符号，在主视图上用剖切符号表示剖切位置和投影方向，效果如图 14-28 所示。

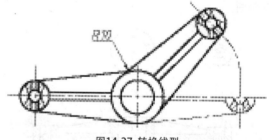

图14-27 转换线型

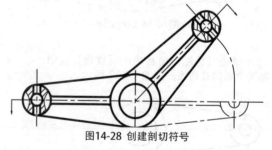

图14-28 创建剖切符号

❹ 图形标注

01 ＊切换到"标注线"图层，执行 DLI【线性】标注命令，选取要进行标注的尺寸界线的两个端点，在绘图的合适位置单击。然后双击 28，输入"%%C28"；双击"44"，输入"%%C44"，效果如图 14-29 所示。

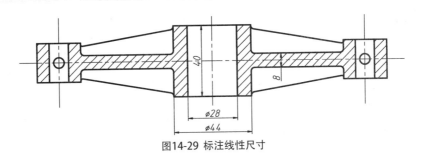

图14-29 标注线性尺寸

02 ＊再分别执行【注释】面板中的【半径】以及【直径】命令，标注图形，绘制效果如图 14-30 所示。

03 ＊再分别执行【注释】面板中的【角度】和【对齐】命令，标注图形，结果如图 14-31 所示。

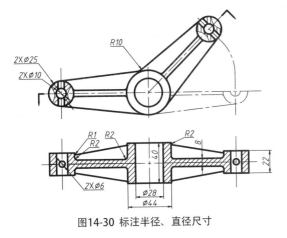

图14-30 标注半径、直径尺寸

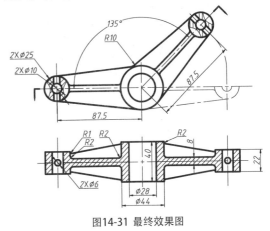

图14-31 最终效果图

14.2 建筑平面图绘制

建筑平面图用来表明建筑物的平面形状，各种房间的布置及相互关系，门、窗、入口、走道、楼梯的位置，建筑物的尺寸、标高，房间的功能或编号。建筑平面图是该建筑施工放线、砌砖、混凝土浇注、门窗定位和室内装修的依据。

下面通过绘制图 14-32 所示建筑平面图，巩固之前所学的内容。

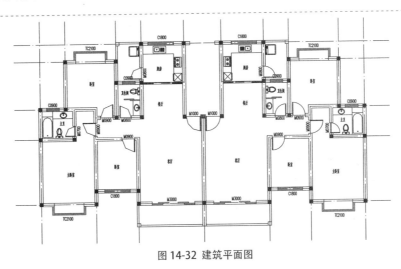

图 14-32 建筑平面图

❶ 绘制轴线

01 ∗新建【轴线】图层，设置图层颜色为红色，线型为【CENTER2】，将其置为当前图层。

02 ∗调用 L【直线】命令，配合 O【偏移】命令，绘制轴线，如图 14-33 所示。

03 ∗调用 TR【修剪】命令，修剪编辑轴线，如图 14-34 所示。

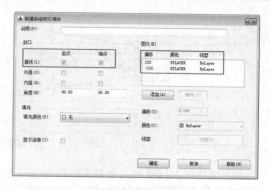

图14-35 设置墙线样式

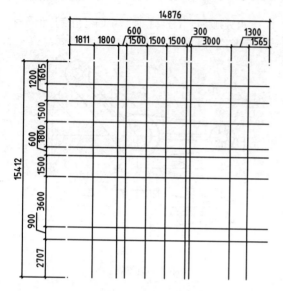

图14-33 绘制轴线

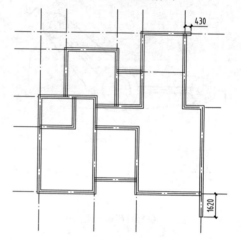

图14-36 绘制墙体

04 ∗新建【立柱】图层，设置图层颜色为黄色，并将其置为当前图层。

05 ∗绘制立柱。调用 REC【矩形】命令，绘制尺寸为240mm×240mm 的矩形，调用 H【图案填充】命令，设置填充图案【SOLID】，其余参数默认，对矩形进行图案填充。调用 CO【复制】命令，将填充完的矩形复制到墙体其他部位，如图 14-37 所示。

06 ∗编辑墙线。调用 X【分解】命令、TR【修剪】命令，对墙体转角处线条进行编辑，如图 14-38 所示。

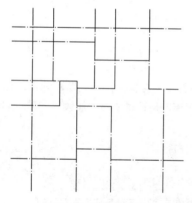

图14-34 修剪编辑轴线

❷ 绘制墙体和立柱

01 ∗新建【墙体】图层，设置颜色为白色，并将其置为当前图层。

02 ∗设置多线样式。调用 MLSTYLE【多线样式】命令，新建【墙体】样式，并置为当前，其设置如图 14-35 所示。

03 ∗绘制墙体。调用 ML【多线】命令，设置【对正＝无，比例＝1.00，样式＝墙线】，绘制墙体，如图 14-36 所示。

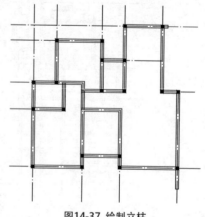

图14-37 绘制立柱

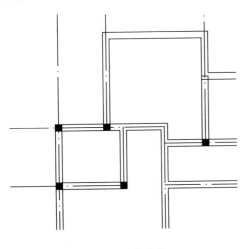

图14-38 编辑墙线

③ 绘制阳台

01 ＊新建【阳台】图层，设置图层颜色为洋红色，并将其置为当前图层。

02 ＊调用【插入】命令，插入阳台栏杆平面图，如图 14-39 所示。

03 ＊调用 L【直线】命令、REC【矩形】命令，绘制另一处阳台栏杆，如图 14-40 所示。

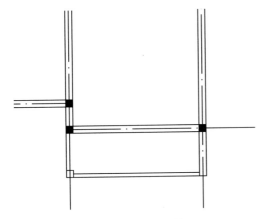

图14-39 插入阳台栏杆

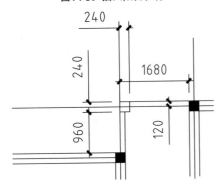

图14-40 绘制另一处阳台栏杆

④ 绘制门

01 ＊开门洞。将【墙体】层置为当前图层，调用 L【直线】命令、O【偏移】命令，绘制图 14-41 所示的门洞。

02 ＊修剪门洞轮廓。调用 TR【修剪】命令，修剪门洞轮廓，如图 14-42 所示。

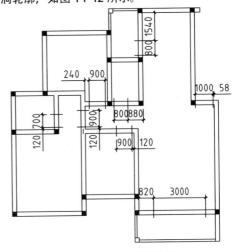

图14-41 确定门洞位置

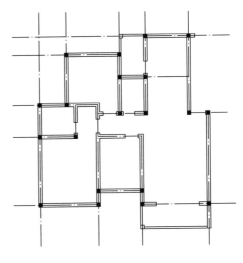

图14-42 修剪门洞轮廓

03 ＊新建【门】图层，设置图层颜色为黄色，并将其置为当前图层。

04 ＊插入门图块。调用【插入】命令，插入【普通门】和【推拉门】图块及厨房位置的【隔断门】图块。并调整其方向和大小，最终结果如图 14-43 所示。

⑤ 绘制窗体

01 ＊开窗洞。将【墙体】图层置为当前图层，调用 L【直线】命令、O【偏移】命令，绘制图 14-44 所示的窗洞。

271

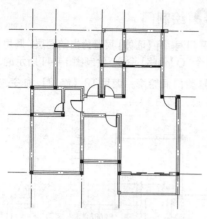

图14-43 插入门图块

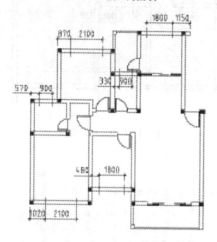

图14-44 确定窗洞位置

02 ✻ 修剪窗体轮廓。调用 TR【修剪】命令，修剪窗洞轮廓，如图 14-45 所示。

03 ✻ 新建【窗体】图层，设置图层颜色为黄色，并将其置为当前图层。

04 ✻ 插入飘窗图块。调用【插入】命令，插入【飘窗】图块，并调整其方向和大小，最终结果如图 14-46 所示。

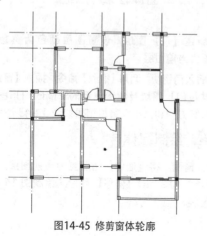

图14-45 修剪窗体轮廓

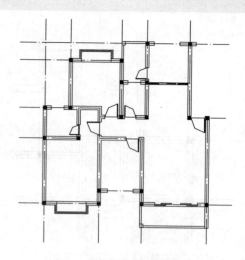

图14-46 插入飘窗图块

05 ✻ 设置多线样式。调用 MLSTYLE【多线样式】命令，新建【窗线】样式，并置为当前，其设置如图 14-47 所示。

06 ✻ 绘制窗体。调用 ML【多线】命令，设置【对正 = 无，比例 =1.00，样式 = 窗线】，绘制其余窗体，结果如图 14-48 所示。

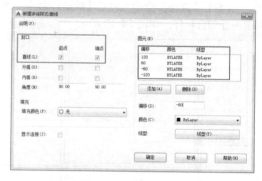

图14-47 设置窗线样式

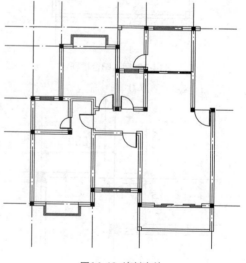

图14-48 绘制窗体

6. 绘制厨卫设施

01 ＊新建【设施】图层，设置图层颜色为黄色，并将其置为当前图层。

02 ＊绘制料理台。调用 PL【多段线】命令，在图形上方中间位置的厨房空间绘制图 14-49 所示的料理台。

03 ＊插入厨房图块。调用【插入】命令，插入【洗衣机】、【微波炉】、【打火炉】、【冰箱】等图块，如图 14-50 所示。

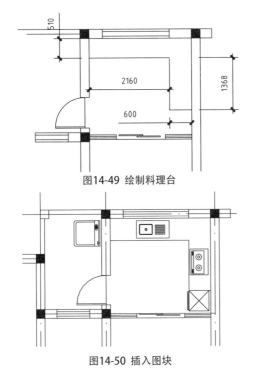

图14-49 绘制料理台

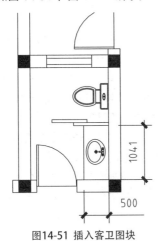

图14-50 插入图块

04 ＊用同样的方法绘制客卫和主卫的洗手台并插入【坐便器】、【浴池】以及【洗漱台】【隔断】等图块，如图 14-51 和图 14-52 所示。

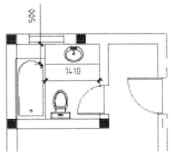

图14-52 插入主卫图块

7. 文字标注

01 ＊设置文字样式。调用 ST【文字样式】命令，新建【样式 1】，其参数设置如图 14-53 所示，并将其置为当前样式。

02 ＊新建【标注】图层，设置图层颜色为绿色，并将其置为当前图层。

03 ＊调用 DT【单行文字】命令，输入单行文字，表示室内空间布局和门窗规格与型号，结果如图 14-54 所示。

图14-53 设置文字标注样式

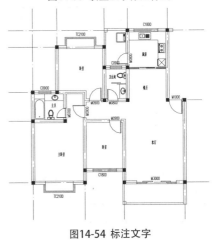

图14-54 标注文字

8. 完善图形

镜像图形。调用 MI【镜像】命令，根据命令行的提示以图形右侧垂直轴线为镜像线对图形进行镜像复制，如图 14-32 所示。

图14-51 插入客卫图块

14.3 室内平面布置图绘制

平面布置图是室内装饰施工图样中的关键性图样。它是在原建筑结构的基础上，根据业主的要求和设计师的设计意图，对室内空间进行详细的功能划分和室内设施定位。

本例以图14-55所示的原始户型图为基础绘制图14-56所示的平面布置图。其一般绘制步骤为：先对原始平面图进行整理和修改，然后分区插入室内家具图块，最后进行文字和尺寸等标注。

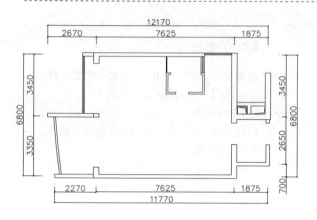

图14-55 原始平面图

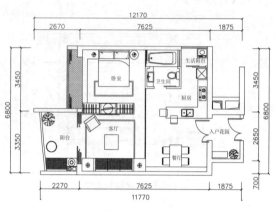

图14-56 平面布置图

1. 修整平面图形

01 ＊打开素材文件"第 14 章 /14.3 小户型原始户型图 .dwg"，如图 14-55 所示。

02 ＊绘制橱柜台面。调用 L【直线】命令，绘制直线；调用 O【偏移】命令，偏移直线；调用 TR【修剪】命令，修剪线段，绘制橱柜如图 14-57 所示。

图14-58 绘制矩形

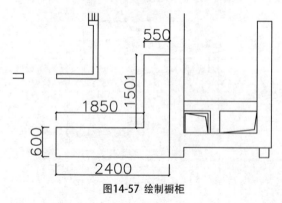

图14-57 绘制橱柜

03 ＊调用 REC【矩形】命令，绘制尺寸为100mm×80mm 的矩形，如图 14-58 所示。

04 ＊调用 REC【矩形】命令，绘制尺寸为 740mm×40mm 的矩形；调用 CO【复制】命令，移动复制矩形，绘制厨房与生活阳台之间的推拉门，如图 14-59 所示。

05 ＊调用 REC【矩形】命令，绘制尺寸为 700mm×40mm 的矩形，表示卫生间推拉门，如图 14-60 所示。

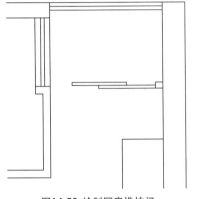

图14-59 绘制厨房推拉门

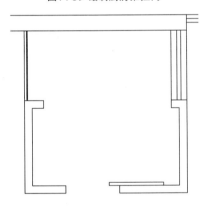

图14-60 绘制卫生间推拉门

06 ＊调用 L【直线】命令，绘制直线，表示卫生间沐浴区与洗漱区地面有落差，如图 14-61 所示。

07 ＊重复调用 L【直线】命令，绘制分隔卧室和厨房的直线，结果如图 14-62 所示。

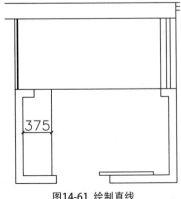

375

图14-61 绘制直线

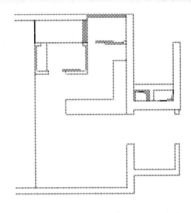

图14-62 绘制分隔卧室和厨房的直线

08 ＊调用 O【偏移】命令，设置偏移距离分别为 23mm、11mm、7mm，向右偏移直线，结果如图 14-63 所示，完成卧室、客厅与厨房之间的地面分隔绘制。

09 ＊调用 REC【矩形】命令，绘制尺寸为 740mm×40mm 的矩形；调用 CO【复制】命令，移动复制矩形。阳台推拉门的绘制结果如图 14-64 所示。

图14-63 偏移直线

图14-64 绘制推拉门

❷ 布置卧室

01 ＊绘制装饰墙体。调用 REC【矩形】命令，绘制尺寸为 600mm×40mm 的矩形，调用 CO【复制】命令，移动复制矩形，绘制结果如图 14-65 所示，在装饰墙体和推拉门之间将安装窗帘。

02 ✽ 绘制卧室衣柜。调用 L【直线】命令、O【偏移】命令、TR【修剪】命令，绘制图 14-66 所示的图形。

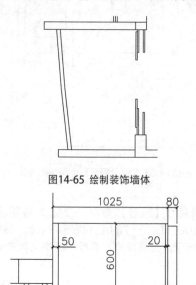

图14-65 绘制装饰墙体

图14-66 绘制衣柜轮廓

03 ✽ 绘制挂衣杆。调用 L【直线】命令，绘制直线；调用 O【偏移】命令，偏移直线，结果如图 14-67 所示。

04 ✽ 绘制衣架图形。调用 REC【矩形】命令，绘制尺寸为 450mm×40mm 的矩形, 调用 CO【复制】命令，移动复制矩形，绘制结果如图 14-68 所示。

图14-67 绘制挂衣杆

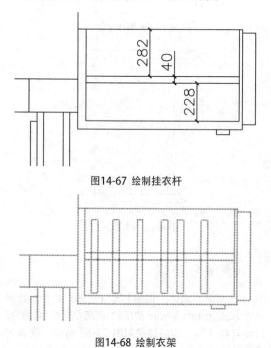

图14-68 绘制衣架

05 ✽ 调用 MI【镜像】命令，镜像复制完成的衣柜图形，结果如图 14-69 所示。

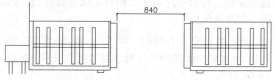

图14-69 镜像复制衣柜图形

06 ✽ 调用 L【直线】命令，绘制直线，结果如图 14-70 所示。

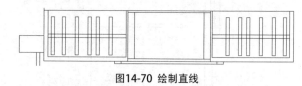

图14-70 绘制直线

07 ✽ 调用 H【填充】命令，在弹出的【图案填充和渐变色】对话框中设置参数，如图 14-71 所示。

08 ✽ 单击【添加: 拾取点】按钮 ，在绘图区中拾取填充区域，完成卧室窗台填充，结果如图 14-72 所示。

图14-71 设置参数

图14-72 填充窗台

09 ✽ 创建文字标注。用 MT【多行文字】命令，在绘图区指定文字标注的两个对角点，在弹出的【文字格式】对话框中输入该房间的名称；单击【确定】按钮，关闭【文字格式】对话框，文字标注结果如图 14-73 所示。

10 ＊沿用相同的方法，为其他房间标注文字，结果如图 14-74 所示。

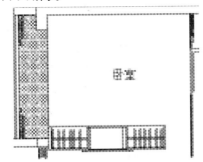

图14-73 标明卧室

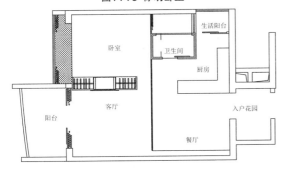

图14-74 标明其他房间名称

> **设计点拨**
>
> 对各个房间进行文字标注之后，就可以针对各区域来插入家具图块。插入家具图块的过程可以看做是进行真实的室内布置，因此不可以随意插入，每一个图块要根据实际情况合理地放置到室内设计图的各个房间当中。本书结合当前的业内经验，对各房间的布置进行讲解。

③ 布置各个房间

01 ＊对入户花园进行布置。按 Ctrl+O 组合键，打开"第 14 章 / 家具图例 .dwg"文件，在其中找到合适的玄关用具，如鞋柜、门等，将其插入至大门处，如图 14-75 所示。

> **设计点拨**
>
> 本例的入户花园就是门厅，即所谓的玄关，是进入住宅空间的过渡空间，面积较小，功能也很单纯，一般用来存放鞋、雨具、外衣等物件。本例可按客户要求放置一些绿化植物。

02 ＊对餐厅进行布置。按 Ctrl+O 组合键，打开"第 14 章 / 家具图例 .dwg"文件，在其中找到合适的餐厅用具，如茶几、餐桌椅等，将其插入至餐厅当中，如图 14-76 所示。

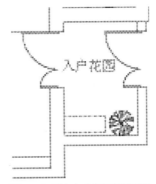

图14-75 插入入户花园设施图块

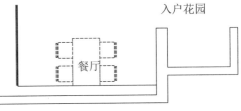

图14-76 插入餐厅设施图块

> **设计点拨**
>
> 餐厅是全家日常进餐和宴请亲朋好友的地方，使用频率非常高，家具的摆放应满足方便、舒适的功能，营造出一种亲切、洁净、令人愉快的用餐气氛。常见的餐厅形式有三种：独立的空间、与客厅相连的空间及与厨房同处一体的空间。本例属于第二种，餐厅与客厅连在一起，且中间有落差。

03 ＊对客厅进行布置。按 Ctrl+O 组合键，打开"第 14 章 / 家具图例 .dwg"文件，在其中找到合适的客厅用具，如沙发、电视机、茶几等，将其插入至客厅当中，如图 14-77 所示。

图14-77 插入客厅设施图块

设计点拨

客厅是家庭群体活动的主要空间，具有多功能的特点。其家具包括沙发、茶几、电视柜等，一般以茶几为中心布置沙发群，作为会客、聚谈的中心。本例采用面向电视的单排沙发，中间布置简单的茶几，是一款经典设计。

04 ＊对卧室进行布置。按 Ctrl+O 组合键，打开"第14 章 / 家具图例 .dwg"文件，在其中找到合适的卧室用具，如床、衣柜、梳妆台等，将其插入至卧室当中，如图 14-78 所示。

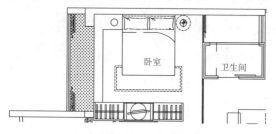

图14-78 插入卧室设施图块

设计点拨

卧室是人们主要的休息场所，除了用于睡眠休息外，有时也兼做学习、梳妆等活动场所。根据家庭成员的不同，卧室可分为主卧室、小孩房、家庭其他成员的次卧室、工人房等。本例所设计的现代小户型，适合独居，因此卧室布置宜紧密温馨，切忌大而空洞。

05 ＊对厨房进行布置。按 Ctrl+O 组合键，打开"第14 章 / 家具图例 .dwg"文件，在其中找到合适的厨房用具，如燃气灶、清洗池、冰箱等，将其插入至厨房当中，如图 14-79 所示。

图14-79 插入厨房设施图块

设计点拨

一间完善而实用的现代化厨房，通常包含储藏、配餐、烹调和备餐四个区域。厨房的平面布置就是以调整这四个工作区的位置为主要内容，其格局通常由空间大小决定。厨房用具摆放时，应注意清洗池、灶台的位置安排和空间处理。由于清洗池是使用最频繁的家务活动区，所以其位置最好设计在冰箱与炉灶之间，且两侧留出足够的活动空间。而本例考虑到住户的生活习惯，可能会在灶台上使用较大体积的炒锅，所以在其两侧应留出300mm左右的活动空间。

06 ＊对卫生间进行布置。按 Ctrl+O 组合键，打开"第14 章 / 家具图例 .dwg"文件，在其中找到合适的卫生间用具，如马桶、洗漱台、浴缸等，将其插入至卫生间当中，如图 14-80 所示。

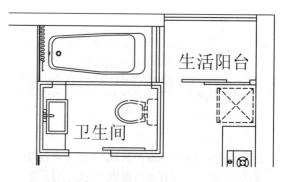

图14-80 插入卫生间设施图块

设计点拨

现代卫生间除了用厕外，还具有盥洗、洗浴、洗衣等多种功能，相应地要设置浴缸、马桶、洗面盆等卫生洁具。本例所设计的小户型，要符合现代青年所追求的轻奢、精致生活风格，因此在卫生间可以安装一些较高档次、占地面积较大的洁具，如按摩浴盆、蒸气浴盆等，供主人消除疲劳、放松身心使用。

07 ＊布置阳台与其他区域。打开"第 14 章 / 家具图例 .dwg"文件，按客户要求在其中找到其他合适

的用具，如绿化植物、洗衣机等，将其插入至阳台
与其他区域中，如图 14-81 所示。

08 ＊沿用相同的方法，为其他区域插入图块或标
注文字，完成小户型平面布置图的绘制，结果如图
14-82 所示。

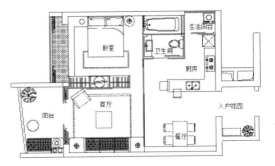

图14-81 插入阳台设施图块

设计点拨

由于小户型使用面积有限，很难分隔出如书房
之类的居室，因此可以将大一点的阳台改造为
供住户阅读、书写和从事研究的空间。只需保
证其环境的安静，故其位置应尽量选择在整个
住宅较僻静的部位，要先用隔音、吸音效果佳
的装饰材料作为墙体的隔断，再放置沙发、书
桌和绿化植物即可。另一个小一点的阳台可作
为生活阳台，放置洗衣机等最为吵闹的生活家
电，这种设计就可以帮助住户做到生活学习两
不误。

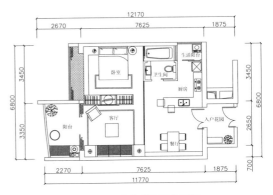

图14-82 小户型平面布置图

14.4 绘制住宅首层照明平面图

　　照明平面图一般是在建筑平面图的基础上，用规定的电气图形符号以单线图的形式绘制的图样。
主要用来表示电源的进户装置、照明配电箱、灯具、插座、开关等电气设备的数量、型号规格、安装位
置、安装高度，表示照明线路的敷设位置、敷设方式、敷设路径、导线的型号规格等。

　　本节以某住宅楼为例，介绍该住宅楼首层照明平面图的绘制流程，使读者掌握这些图的绘制方法
以及相关知识。

❶ 设置绘图环境

01 ＊单击【快速访问】工具栏中的【打开】按钮
📂，打开配套光盘提供的 "14.4 住宅首层平面图"
文件，结果如图 14-83 所示。

02 ＊新建图层。单击【图层】面板中的【图层特
性管理器】按钮📑，在弹出的【图层特性管理器】
对话框中，新建【照明电气】以及【连接线路】图层，
结果如图 14-84 所示，单击右上角的关闭按钮，关
闭对话框，完成图层的设置。

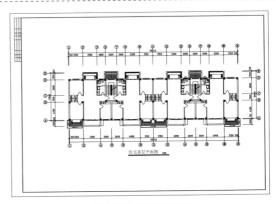

图14-83 打开平面图

图14-84 新建图层

2. 布置照明电器元器件

"首层住宅平面图"是对称的户型，可以先将其中一户的电气布置好，再调用MI【镜像】命令完成照明平面图的绘制。

01 ＊单击【图层】面板中的【图层控制】下拉列表框中，将【电气照明】图层置为当前。

02 ＊调用【插入】命令，将"14.4 照明电器元器件图例"文件插入到当前文件的空白位置，插入的图例文件如图 14-85 所示。

主要材料表

序号	图例	名称	规格	单位	数量	备注	序号	图例	名称	规格	单位	数量	备注
1	▬	用户照明配电箱	XSA2-18	台	4	安装高度为下距地1.5m	6	◡	壁灯	用户自理	盏	4	
2	✕	灯口带声光控开关照明灯	1x40W	盏	2		7	✎	暗装单极开关	86系列-250v10A	个	20	安装高度为中距地1.4m
3		天棚灯	1x40W	盏	8		8	✎	暗装三极开关	86系列-250v10A	个	4	安装高度为中距地1.4m
4	⊗	普通灯	用户自理	盏	4		9	✎	暗装双极开关	86系列-250v10A	个	8	安装高度为中距地1.4m
5	⊖	花灯	用户自理	盏	4		10	⊙	浴霸	用户自理	盏	4	

图14-85 图例文件

03 ＊调用 X【分解】命令，将插入的图块对象分解。

04 ＊将【用户照明配电箱】图块选中，调用 CO【复制】、M【移动】等命令将配电箱复制到洗衣间的外边墙上，如图 14-86 所示。

05 ＊用同样的方法，将【天棚灯】、【普通灯】、【花灯】、【壁灯】等图块复制移动到各个房间的中间位置，并调用 RO【旋转】命令调整方向，如图 14-87 所示。

设计点拨

灯具的选择应根据具体房间的功能而定，并宜采用直接照明和开启式灯具，本书将业内的布置经验具体总结如下。

❧ 起居室(厅)、餐厅等公共活动场所的照明应在屋顶至少预留一个电源出线口。

❧ 卧室、书房、卫生间、厨房的照明宜在屋顶预留一个电源出线口，灯位居中。

❧ 卫生间等潮湿场所，宜采用防潮易清洁的灯具；装有淋浴或浴盆卫生间的照明回路，宜装设剩余电流动作保护器。

❧ 起居室、通道和卫生间照明开关，宜选用夜间有光显示的面板。

❧ 有自然光的门厅、公共走道、楼梯间等的照明，宜采用光控开关。

❧ 住宅建筑公共照明宜采用定时开关、声光控制等节电开关和照明智能控制系统。

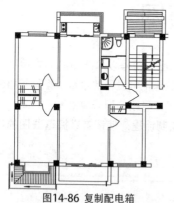

图14-86 复制配电箱

06 ＊选中【暗装单极开关】图块，调用 CO【复制】命令将其复制到墙边上，再调用 RO【旋转】命令调整开关方向，结果如图 14-88 所示。

07 ＊用同样的方法，将【暗装双极开关】、【暗装三极开关】插入到平面图上的合适位置，结果如图 14-89 所示。

图14-87 复制灯具

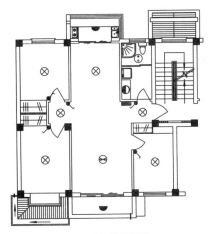

图14-88 单极开关

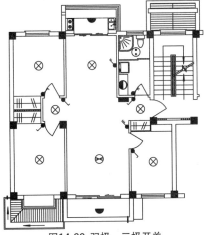

图14-89 双极、三极开关

設計点拨

照明系统中的每一单相分支回路电流不宜超过16A，灯具数量不宜超过25个；大型建筑组合灯具每一单相回路电流不宜超过25A，光源数量不宜超过60个（当采用LED光源时除外）。

❸ 绘制连接线路

01 ∗ 在【图层】面板中的【图层控制】下拉列表框中，将【连接线路】图层置为当前。

02 ∗ 根据线路连接各电气元器件的控制原理，调用PL【多段线】命令，将线宽设置为30mm，先绘制出从配电箱引出，顺次连接【单极开关 •】、【普通灯 ✕】、【花灯 】、【天棚灯 ⏜】的一条线路，结果如图 14-90 所示。

03 ∗ 用同样的方法，绘制出其他的从配电箱引出，连接至其他灯具、开关的连接线路，结果如图 14-91 所示。

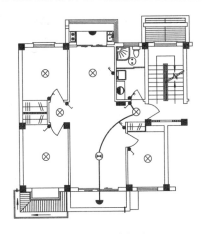

图14-90 连接灯具

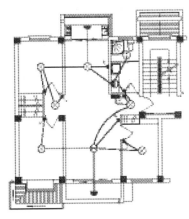

图14-91 连接线路

設計点拨

连线时使用多段线将各顶灯一一连接即可，但注意电线不要横穿卫生间，因为卫生间水汽太大，水会顺着瓷砖缝隙渗透，影响电线的寿命，且有安全隐患。

04 ∗ 调用 MI【镜像】命令，将最左侧户型绘制好的灯具、开关、线路等图形镜像至右侧相邻的户型，结果如图 14-92 所示。

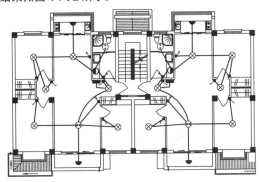

图14-92 镜像图形

05 ＊调用 CO【复制】、M【移动】等命令，在楼梯间内绘制【灯口带声光控开关照明灯】，结果如图 14-93 所示。

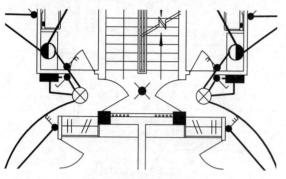

图14-93 绘制楼梯间灯具

06 ＊调用 PL【多段线】命令，先设置线宽为 0mm，绘制一条长 400mm、角度为 45°的线段，再设置起点宽度为 100mm、端点宽度为 0mm 的箭头，结果如图 14-94 所示。

07 ＊调用 DO【圆环】命令，绘制直径为 150mm 的实心圆。复制多段线箭头，与实心圆组合成【由下引来向上配线】的线路走向符号，结果如图 14-95 所示。

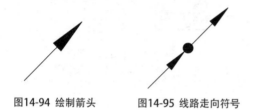

图14-94 绘制箭头　　　　图14-95 线路走向符号

08 ＊调用 M【移动】、CO【复制】命令，将线路走向符号布置到恰当位置，结果如图 14-96 所示。

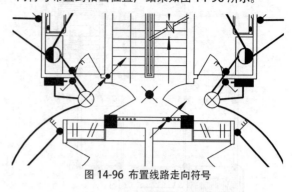

图 14-96 布置线路走向符号

09 ＊再次调用 PL【多段线】命令，将线宽设置为 30mm，将两户电路与楼梯间的电路相连接，结果如图 14-97 所示。

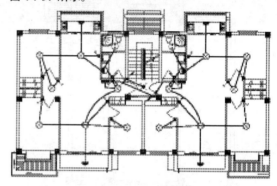

图14-97 线路连接

10 ＊调用 MI【镜像】命令，完善照明平面图，结果如图 14-98 所示。

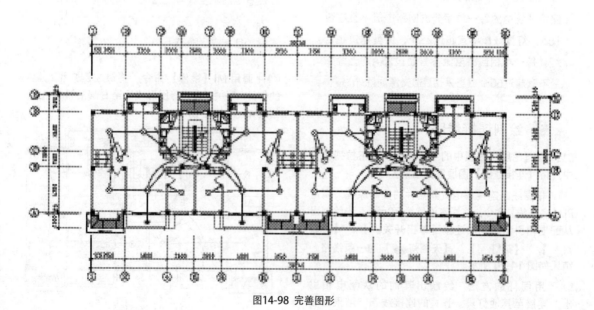

图14-98 完善图形

4. 标注说明

01 ＊将【标注】图层置为当前。

02 ＊将插入的"照明电器元器件图例"文件移动到合适位置。

03 ＊利用文字的编辑功能，修改图名标注，结果如图 14-99 所示。

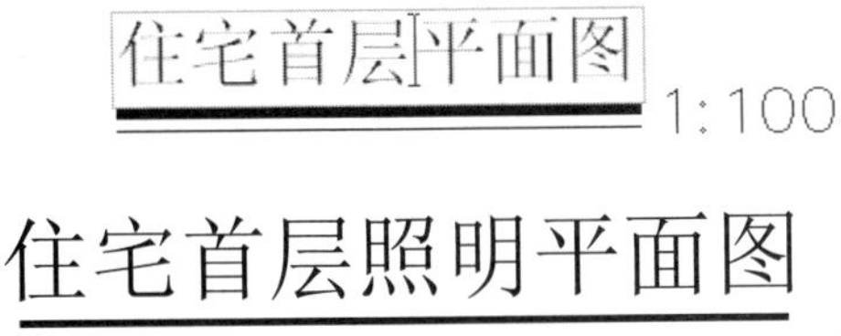

住宅首层平面图 1：100

住宅首层照明平面图

图14-99 修改图名标注

04 ＊住宅首层照明平面图的最终绘制结果如图 14-100 所示。

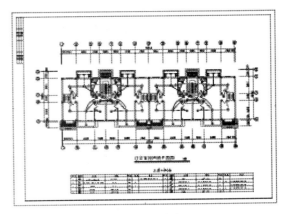

图14-100 最终结果

14.5 分流底座三维造型设计

分流底座主要应用于液压系统中，它能根据需要将液压系统中的介质液体分流到不同的管道中。在创建该分流底座时，可以将其分为底座、泵体、左端接口和右端法兰接口五个部分来进行实体的创建。其中主要涉及到圆柱体、拉伸以及扫掠等操作，最后利用【并集】工具将创建的各个部分合并为一个整体，即可完成整个分流底座三维实体的创建。

本实例通过创建图14-101所示的分流底座三维实体模型，加深读者对三维建模的认识。

图14-101 分流底座三维实体模型

1. 创建零件基本特征

01 ＊创建圆柱体。单击绘图区左上角的视图快捷控件，将视图切换至【西南等轴测】，单击【建模】面板中的【圆柱体】工具按钮，输入圆柱体底面圆中心点坐标（0，0，0），按回车键确认，创建一个 $R55mm \times 9mm$ 的圆柱体。重复【圆柱体】命令，输入底面圆中心点坐标（0，0，0），按回车键确认，创建一个 $R33mm \times 9mm$ 的圆柱体。继续重复【圆柱体】命令，输入底面圆中心点坐标（－44，0，0），按回车键确认,创建一个 R6mm×9mm 的圆柱体,如图 14-102 所示。

02 * 阵列圆柱体。调用 AR【阵列】命令,将所创建的 R6mm×9mm 的圆柱体,进行阵列操作,如图 14-103 所示。

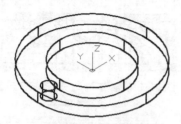

图14-102 创建圆柱体

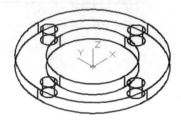

图14-103 阵列圆柱体

03 * 创建孔特征。调用 SU【差集】命令,将上步操作所创建的 R6mm×9mm 的圆柱体和 R33mm×9mm 的圆柱体从大圆柱体中去除,如图 14-104 所示。

04 * 创建圆柱体。单击【建模】面板中的【圆柱体】工具按钮,输入圆柱体底面圆中心点坐标 (0, 0, 0),按回车键确认,创建一个 R33mm×87mm 的圆柱体,结果如图 14-105 所示。

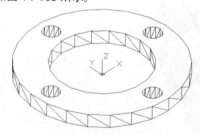

图14-104 创建孔特征

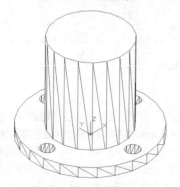

图14-105 创建圆柱体

05 * 绘制多段线。首先在命令行输入【UCS】并按回车键,将 X 轴旋转 90°。调用 PL【多段线】命令,首先指定起点坐标 (-102, 87, 0),配合极轴追踪命令,绘制长为 162mm 的直线,再激活圆弧选项,根据命令行的提示,接着激活半径选项,输入半径值为 32mm,再输入端点坐标 (@32,32),再激活直线选项,绘制长为 33mm 的直线,按回车键结束操作,如图 14-106 所示。

06 * 绘制圆。首先在命令行输入【UCS】并按回车键,将 Y 轴旋转 90°。调用 C【圆】命令,以多段线左端点为圆心,绘制半径为 30mm 的圆,如图 14-107 所示。

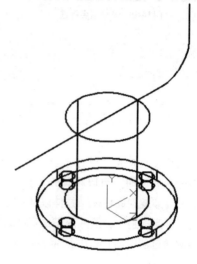

图14-106 绘制多段线

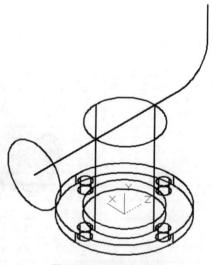

图14-107 绘制圆轮廓线

07 * 扫掠对象。调用 SWEEP【扫掠】命令,选取上步操作所绘制的圆为扫掠对象,多段线为扫掠路径,进行扫掠操作,结果如图 14-108 所示。

08 ＊创建圆柱体。首先在命令行输入【UCS】并按回车键，将 Y 轴旋转 90°。然后单击【建模】面板中的【圆柱体】工具按钮，输入圆柱体底面圆中心点坐标（0，87，-40），按回车键确认，创建一个 R48mm×80mm 的圆柱体，结果如图 14-109 所示。

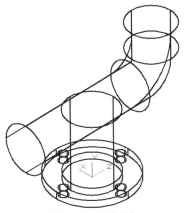

图14-108 扫掠对象

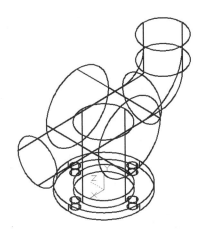

图14-109 创建圆柱体

2 编辑零件基本特征

01 ＊合并实体。调用 UNI【并集】命令，将各部分合并为一个整体。

02 ＊抽壳操作。单击【实体编辑】面板中的【抽壳】工具按钮，选取上步操作所合并的实体为抽壳对象。选择分流管的各截面作为抽壳删除面，抽壳距离为 9mm，进行抽壳操作，如图 14-110 所示。

3 创建零件装饰特征

01 ＊创建坐标系。调用 UCS 命令，以箭头所指圆的圆心为原点创建坐标系，如图 14-111 所示。单击鼠标右键，在弹出的快捷菜单中选择【隔离】→【隐藏对象】命令，隐藏之前绘制的三维图形。

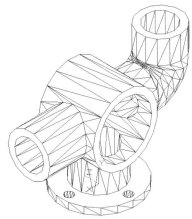

图14-110 抽壳

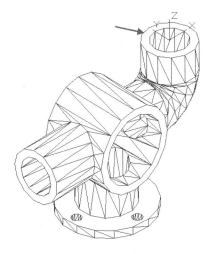

图14-111 创建坐标系

02 ＊绘制圆轮廓线和切线。然后调用 C【圆】命令、L【直线】命令，配合【对象捕捉】功能在 XY 平面内绘制图 14-112 所示的圆轮廓线和切线。

03 ＊修剪操作和创建面域。调用 TR【修剪】命令，修剪多余的圆弧。调用 REG【面域】命令，将所绘制的轮廓线创建成面域，如图 14-113 所示。

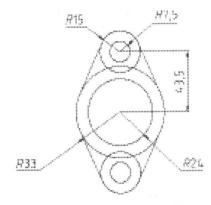

图14-112 绘制圆轮廓线和切线

285

图14-113 修剪操作和创建面域

04 ✳ 拉伸实体。单击绘图区左上角的视图快捷控件，将视图切换至【西南等轴测】，调用 EXT【拉伸】命令，将所创建的面域沿 Z 轴方向拉伸 9mm，如图 14-114 所示。

05 ✳ 创建孔特征。调用 SU【差集】命令，将小圆柱体从大圆柱体中去除，结果如图 14-115 所示。右击鼠标，在弹出的快捷菜单中选择【隔离】→【结束对象隔离】命令，显示之前隐藏的模型。

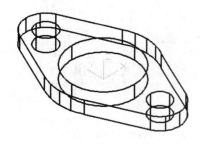

图14-114 拉伸实体

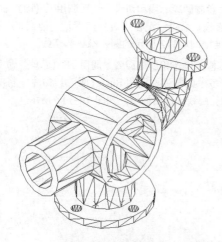

图14-115 创建孔特征

06 ✳ 创建坐标系。调用 UCS 命令，以箭头所指圆的圆心为原点，创建图 14-116 所示的坐标系。

07 ✳ 创建圆柱体。单击【建模】面板中的【圆柱体】工具按钮，分别创建 R30mm×27mm 和 R36mm×27mm 的圆柱体，如图 14-117 所示。

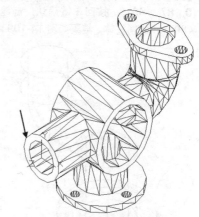

图14-116 创建坐标系

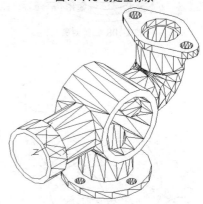

图14-117 创建圆柱体

08 ✳ 创建孔特征。调用 SU【差集】命令，将上步操作所创建的小圆柱体从大圆柱体中去除，如图 14-118 所示。

09 ✳ 创建坐标系。调用 UCS 命令，在绘图区空白处创建图 14-119 所示的 Y 轴与着色面垂直的坐标系。

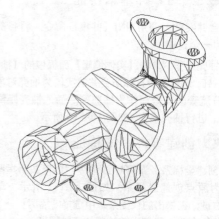

图14-118 创建孔特征

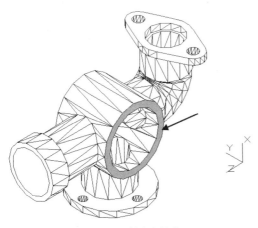

图14-119 创建坐标系

10 ∗绘制轮廓线。调用 PL【多段线】命令，绘制图 14-120 所示的尺寸直线，再调用 REG【面域】命令，将绘制的轮廓线创建成面域。

11 ∗旋转操作。调用 REV【旋转】命令，选取上步操作所创建的面域为旋转对象，将其进行旋转操作，结果如图 14-121 所示。

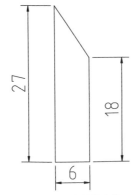

图14-120 绘制轮廓线

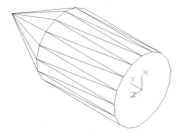

图14-121 旋转操作

12 ∗移动实体。调用 M【移动】命令，选取上步操作所创建的特征为移动对象，将其移动至圆心与着色面的外圆上且移动对象的圆面与着色面共面，圆心的连线与 X 轴平行，如图 14-122 所示。

13 ∗阵列实体。调用 UCS 命令，创建以箭头所指的

圆环的圆心为原点，并且 Z 轴垂直于该圆环面的坐标系。调用 AR【阵列】命令，选取前面操作所创建的实体为阵列对象，将其进行阵列操作，结果如图 14-123 所示。

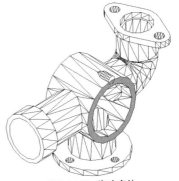

图14-122 移动实体

图14-123 阵列实体

14 ∗合并实体。调用 UNI【并集】命令，将各个部分合并为一个整体，结果如图 14-124 所示。

15 ∗创建圆柱体。单击【建模】面板中的【圆柱体】工具按钮，创建一个 R3mm×15mm 的圆柱体，结果如图 14-125 所示。

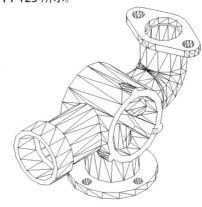

图14-124 合并实体

287

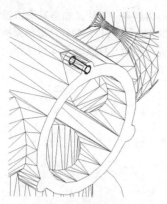

图14-125 创建圆柱体

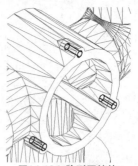

图14-126 阵列圆柱体

16 ＊阵列实体。调用 AR【阵列】命令，选取前面操作所创建的实体为阵列对象，将其进行阵列操作，结果如图 14-126 所示。

17 ＊创建孔特征。调用 SU【差集】命令，将上步操作所创建的圆柱体从主体中去除，单击绘图区左上角的视觉样式快捷控件，将视觉样式切换至【概念】，结果如图 14-127 所示。至此，整个分流底座三维实体创建完成。

图14-127 创建孔特征